U0178573

动物生活史

[英] 约翰·亚瑟·汤姆森 ——— 著

胡学亮 ——— 译

The Outline of Natural History

John Arthur Thomson

岳麓書社·长沙　博集天卷 CS-BOOKY

图书在版编目(CIP)数据

动物生活史/(英)约翰·亚瑟·汤姆森著;胡学亮译.—长沙:岳麓书社,2021.9

ISBN 978-7-5538-1515-2

Ⅰ.①动… Ⅱ.①约… ②胡… Ⅲ.①动物—普及读物 Ⅳ.①Q95-49

中国版本图书馆 CIP 数据核字(2021)第 131759 号

DONGWU SHENGHUO SHI

动物生活史

[英]约翰·亚瑟·汤姆森 著 胡学亮 译

责任编辑:蒋 浩 奉懿梓

责任校对:舒 舍

封面设计:左左工作室

岳麓书社出版

地址:湖南省长沙市爱民路 47 号

邮编:410006

版次:2021 年 9 月第 1 版

印次:2021 年 9 月第 1 次印刷

开本:680mm×955mm 1/16

印张:24.5

字数:375 千字

书号:ISBN 978-7-5538-1515-2

定价:88.00 元

承印:雅迪云印(天津)科技有限公司

如有质量问题,请致电质量监督电话:010-59096394

团购电话:010-59320018

　　研究博物学有许多有效的途径，而最容易成功的途径之一，就是观察动物的日常生活，研究它们各自是怎样解决觅食、寻偶、地盘、种族这四大永久性问题的，这些问题也是本书所研究的主题。我们一旦踏入这个领域，就立刻会对动物表示同情，因为动物的难题实际上就是我们人类的难题。

　　任何一种活着的生物，都在生命的大戏剧中充当一个演员，其轻重亦如它们所扮演的角色。至于人类，则在这一出戏剧里饰演着最高明的角色。整个世界就是一个千变万化的剧场，上演的戏目历经许多万年，绵延至今，而且还要继续演下去。不过，自从人类开始观察剧中的演员，并探究剧本中的情节以来，所经历的岁月，比起整部戏剧的时长，只能算是短短的一瞬。

　　本书偏重讲述动物的野外生活，并重点讲述脊椎动物里的哺乳动物和鸟类。原因非常简单，因为我们对它们的了解最为详细，也最为确定。一旦我们开始研究动物，不久就会明白，如果不是举出——虽不是最郑重地举出——生物学的若干基本问题，研究简直是无法前进的。我们的宗旨之一就是要表明：古老的博物学中有一种训练思维的法则，发展成为现代的生态学，正和解剖学以及生理学等相对富于分析性的研究方法所包含的一样。除了训练思维外，我们还希望本书的叙述能够打动人们，从而吸引众多读者共享生命中最深刻的快乐之一——即使不是深不可测，也是最深的一种。

动 物 生 活 史

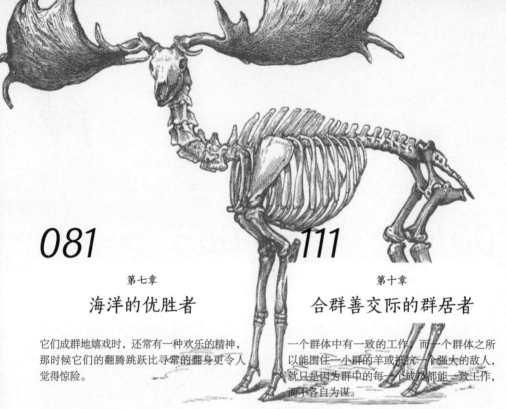

the Outline of Natural History

第一章

高智力的
哺乳动物

它们在森林中生活，
敏捷是它们天然的属性，
它们善于发现周围瞬间的变化和动静，
觉察到新出现的异常现象。

动 物 生 活 史

动物大致可分为脊椎动物和无脊椎动物两大部分，而这两大部分又各自可分出许多纲。其中，脊椎动物可分为：（1）哺乳纲，大都有四只脚且身上有毛；（2）鸟纲，有两只脚且有羽毛；（3）有鳞的爬行纲，如蜥蜴和蛇；（4）光皮的两栖纲，如蛙类和水螈；（5）鱼纲，有鳃和鳍。无脊椎动物可分为：（1）软体动物，如蜗牛及双壳纲；（2）蜘蛛及其亲属；（3）昆虫纲；（4）甲壳纲，如蟹和虾；（5）多种蠕虫；（6）海盘车、海胆及其族类；（7）水母等类似植物的动物；（8）海绵以及最简单的动物；（9）只含有一个细胞或生活质的单体动物。

我们先讲哺乳纲，人类也属于这一纲，尽管比其中的任何一种别的动物都要高级许多。这一纲包括猴类、肉食动物、有蹄动物、食虫目及啮齿类动物，等等。

猴类的生活状态

猿猴这一目（灵长目）包括许多不同的等级，最高级的猴类智力已超出除人以外的任何动物。它们可分为：（1）新时代的猴，如蜘蛛猴和吼猴；（2）旧时代的猴，如猕猴和狒狒；（3）类人猿，类人猿也只限于旧时代，如长臂猿、合趾猿、黑猩猩、大猩猩及猩猩都属于这一类。

我们先讲一下猴类的感官，因为感觉器官是智慧的大门，且又能协调发出动作。猴类都具有极好的感觉器官。犬与马的眼睛是向旁边横视的，而猴的眼睛是向前直视的，这与我们人类相同。这极为重要，因为这样使得猴类任何时候所见的东西之中的大部分总是可以两眼同时看到。这就是所谓的立体视觉，能辨识物体的长度、宽度及高度。猴类还能辨别不同的形状（甚至于印刷的字母）及不同的颜色。它们在森林中生活，敏捷是它们天然的属性，它们善于发现周围瞬间的变化和动静，觉察到新出现的异常现象。猴类的听觉也极为敏锐，但嗅觉则不如犬类发达。

手可以自由活动是猴类与其他哺乳动物最大的区别之一。虽然它们仍用手行走，但它们的手并不像狗的前脚那样不能脱离地面。它们的手已经具备攀、攥、提、握等功能，具有敏锐的触觉和抓握物体的能力。当然，我们也能看到其他哺乳动物有类似的举动，比如松鼠将果仁捧在手中，但是猴类的手有操纵其他物体的能力，而且手和眼睛能够协调并用。猴类使用它们的手，就像在使用工具一样，大家都知道它们是怎样拆散东西，或将刷子柄拧上拧下，并且以此为乐的。

无休止的试验

要了解猴类，必须要认识到它们有比较发达的大脑，并且进化到了很高级的阶段。观察一只强壮的猴子的双眼，就能察觉到它心中好像有若干情绪的变化。猴子非常聪慧，非常不安定。桑代克教授说："我们观察一只猫或一只狗时会发现，它们做的事情相对很少，而且安于长时间无所事事。而如果观察一只猴，你简直数不清它做了多少事情。无论什么都能吸引它，它只是为了活动而活动。"

如果有什么东西可以找到但还未找到，猴类就总是不满意，一定要尽快找到才肯罢休，它们的不安定可见一斑。吉卜林（英国小说家、诗人，诺贝尔文学奖获得者）告诉我们，里奇·提奇·泰维（小说《丛林之书》中的灰獴）一生是以发现事物为己任的，但这对于猴类来说更为可信。如果说它们对世界是有好奇心的，似乎也不为过。

桑代克教授的一只猴子偶然触碰了一条突起的金属线，金属线颤动了，它对此非常感兴趣，这只猴子在以后的很长时间里只玩这个游戏，反复尝试达数百次之多。虽然它得不到什么，但它已经沉醉于这金属线的嗡嗡声中了。

猴子的动作往往非常快，当它脑中闪现出一种想法，便会立刻付诸行动。在我们还没有看出猴子要做某件事时，它往往已经把那件事做完了。在学习将两种事物（如声音与动作）相联系时，猴类是所有动物中最敏捷的。萨莉是伦敦动物园中一只著名的黑猩猩，老师教它依所报的数目而举出相应的稻秆，不久它便学到了5。它听到"5"或"4"或"3"的声音时，便如数拾起稻秆，它因此会得到老师的奖励。老师企图教它"5"以上的数字，但都不太成功，也许这与它的耐性有限有关。教它"5"以上的数字时，它常常将稻秆在拇指与其他指头之间折成两折，两端在一处露出来，当作是两根稻秆。把稻秆折叠，也许是为节省时间而采取的一种聪明的做法，虽然老师从不曾因此奖赏它，但它常常如此。

福尔摩斯教授养了一只冠毛猕猴，名叫莉齐，它与直布罗陀的猕猴是同祖兄弟。莉齐对能做或不能做的事都饶有兴致。它的铁笼前面是竖铁条，可容莉齐的手臂伸出来。有一次，一个苹果放在它的手够不着的一块木板上，但木板有柄，离笼较近，它可以抓握。莉齐立刻伸手抓木板的柄，把木板拖近到铁笼旁，从而取得苹果。它的动作毫不迟疑，或许拖动长有果实的树枝使之靠近身体，本来就是它这一族的一种习惯。

还有一次，教授把一个盖着软木塞的瓶子给莉齐，瓶中有一粒花生，摇之就会发出声响。它基于本能立刻抓着瓶子咬扯，把软木塞用牙拔出，但是却不会把瓶子倒立而使花生掉出来。这是一个显示其智力有限的有趣例子。它最终拿到了花生，而且若干次后它所花费的时间要比前几次少得多，但它却总不能理解其中的奥秘。它的进步似乎在于减少了没用的动作，但这是一种低等阶段的学习。如果莉齐很聪明的话，它应当知道使瓶子倒过来。

猴子学习怎样打开迷笼要比猫和狗灵敏得多，会按照一定的次序消除种种阻碍，这与它们高级的手所掌握的技能密切相关。它们一次又一次地尝试，排除了种种的误差，因此成绩在莉齐对于瓶子的经验（我们不能说是试验）之上。

有一次，一只猴子在时隔 8 个月之后，仍然能立刻打开迷笼的门，这显示出它有很好的记忆力。对于有些猴子，我们可以教它们从类似于汉普顿宫迷宫的建筑中寻找出路，这种游戏的关键在于记忆迷宫中的转弯与曲折处。有一个很有趣的记录显示，有两只猕猴在它们将到终点时，张口作声，仿佛在说："我们这次成功了，离奖赏近了。"

一般以为猴子非常善于模仿他人的动作，但我们认为这个观点只是部分正确。有一次，我们在观察两只黑猩猩清拭它们的小橱时，发现了一个很有趣的现象，它们扯咬湿布的样子与洗衣的妇女非常相似。这或许仅仅是因为它们看到过这样的动作，所以它们便这样做了。但根据猴类试验的结果所得出的结论是：总体而言，每一只猴子都是自己找出问题的解决方法的。除非问题极其简单，比如用一根树枝去把较远的食物移动到自己身旁，否则，你仅仅是做给它看的话，对它而言往往是没有什么帮助的。不过这也不是绝对的，我们要知道，猴类包括很多等级，有些猴子比别的要聪明很多。

虽然猴类是不安定的，但它们却是坚定的试验家，它们尝试依靠手的技能解决非常难的问题，而且能够记得问题是怎样解决的。有一只表演杂技的名叫彼得的黑猩猩，它也许可以称得上是我们所研究过的最聪明的猴

（准确来说是猿）了，它能够溜冰、骑自行车、穿针、解结、吸纸烟、串念珠、敲钉子以及偷钥匙开锁等。

彼得表演得最精彩的杂技是骑着自行车在排列成"8"字形的5个瓶子中间旋绕出入；最有趣的是用锤子敲钉子，用螺旋刀拧螺丝钉，各当其用，一点也不混乱。有一次，我们用一把异形的锤子来试验它，它很仔细地抚摸锤头的两端，然后用平的一端而不是用圆的一端来敲钉子。彼得在台上进行不同的表演能有36场之多，它依次表演，表演得很好的时候，可以不用什么明显的提示来帮助它。它的教练员除了帮它预备台上的用具外，似乎不用做其他事情。彼得很乐于表演杂技，但也许是因为过于劳累，不久它就死了，当时只有7岁。

纽约动物园的董事霍纳迪博士在他所著的《野生动物的心理与行为》（1922年出版）一书中告诉我们，有一只受过训练的黑猩猩，名叫苏才脱，是个表演自行车杂技的明星，在滑冰的时候，神情非常安详。它可以直立在大的木球上，用精巧的平衡法以及脚上的功夫把球滚上一个陡峭的斜面，再滚下许多级扶梯，而后安然地回到台上，一次也没有失去平衡。这种技术需要的智力程度非常难以测定，但有一点可以断定，它的成功全靠它敏捷而果断的判断能力。

大家必定都承认猴与猿，正如马、狗、猫、大象，原本就有智慧的行为。我们的意思是，如果不假定它们有一定的思考能力，那么我们是不能圆满地描述它们所做的事情的。如果我们不假定它们常常会在脑海中自言自语，"如果这样，然后那样"，那么对于它们所做的事情，我们就更不明所以了。我们必须要相信它们有些微弱的思想，用术语说就是"知觉的推论"。这就是说，它们的心中有个小小的实验游戏，而这一游戏的筹码就是记忆的影像或事物的图像。如果它们以"概括的观念"如"人"或"奖赏"为实验，如我们有时所做的一样，则应当称之为"理性"或"概念的推论"了，但是动物表现出具有超出人类水平线以上智力的情况确实不曾有过。

将这一件事弄清楚是很重要的。让我们通过讨论大猩猩来说明这个问题吧。

大　猩　猩

1918 年，潘尼少校在伦敦的一家商店买了一只年轻的雌性大猩猩，将它从恶劣的环境中解救了出来。这只幼小的猩猩由坎宁汉女士来教养，她把它的成长记录编成了一本册子。自从生活境况改变了以后，约翰（猩猩的名字）就开始变得快乐起来。它开始喜欢整洁，每天主要的食物是热牛奶和新鲜水果（也是经过加热的）。尽管它吃得很慢，在饭桌上的状态却很好。如果把水龙头拧开，它取水喝完之后，仍会把水龙头拧上。它独自嬉戏，或者与一个 3 岁儿童一起嬉戏。它喜欢小动物，如小羊、小牛之类的，但害怕已经长大成熟的动物。它喜欢在走廊里游戏，并且会把窗框上的栓子打开，把窗户推开以便窗外的行人能够看到它。它常常鼓掌或者用拳头击打胸部，正如杜·沙伊鲁所描述的那样。约翰非常小心，对周围的人——如果有人在高高的窗户上眺望——感到非常好奇。它并非总是很乖，但肉体上的惩罚是用不着的。（我们觉得处置约翰的唯一方法就是责怪它太顽皮，并且把它从我们身边推开，这个时候它便会在地板上打滚哭喊，并表示自己会悔改，随后扶着人的膝盖，把它的头伏在人的脚上。）

有一件很有趣的事情，那就是它对于 3 岁的游伴摔倒做出的反应。如果那个女孩哭了，而她的母亲不来扶她的话，约翰便当即抓捏那位母亲，或者用力打那位母亲一下，认定她就是女孩哭的原因。这只年幼的猩猩究竟想的是什么呢？这是非常不容易判断的。或许它想的是："我的小伙伴哭了，正如我被所爱的人推开而在地板上哭一样，她的母亲竟然不把她从地上扶起来，我对她的母亲该怎么办呢？我要到她母亲的身边打她一下，就是让我哭喊，我也是在所不

_大猩猩

惜的。"如果这真是它的想法，那么它做的事情就是非常明智的。当然，如果认为这与我们人类经常做的事情一样，那是错误的，但不管怎么说，这总是体现其智慧的行为。换一种解释，如果我们能相信大猩猩约翰对它自己说的话是："这是莫大的不公平，任由我可爱的游伴啼哭，我大猩猩约翰必须抗议。"那么，我们便要相信它是有理性或者说是有概括的想法的了。但这种解释太过牵强了，第一种假设也是这样。大概这只大猩猩愤怒了、困惑了，它之所以打那位母亲，正与小孩子有时候所做的行为相同，与它用手掌击打自己的胸部相似，并不包含过多的智力成分。

坎宁汉女士告诉我们一件大猩猩约翰做出的与人类特性极其相似的事情："一块露出骨头的牛排，恰好从屠户那里送来，因为我有时候给它小块的生牛排肉吃，所以把牛排上较差的肉切了一小块给它。它尝了一口，就郑重其事地还给了我，拿着我的手放在肉的精良部分上，我从那里切了一小片给它，它吃了。这个时候，我的小侄女回来了，她不相信这件事，让我重新试验一次，而结果是相同的，粗劣的肉它甚至尝都不尝。"

有一天，坎宁汉女士准备外出，约翰要求坐在她的膝上，这是它的"荣誉宝座"。但坎宁汉女士拒绝了它的要求，因为她穿了一件浅色的衣服，担心被它弄脏了。约翰按着它的习惯，滚在地板上哭了一会儿，起身取了一张报纸铺在坎宁汉女士的腿上。按照坎宁汉女士的说法，这是它所做过的事情当中最为聪慧的一件了，如果用语言来形容的话，可以假想它会说："她不许我坐在她的腿上，怕把衣服弄脏，但用一张报纸垫着的话，便不会弄脏了，所以我要取一张报纸。"如果这确实与约翰心中所想的一样，并且它从来不曾见到过一张报纸被这样使用过的话，那么它的行为虽然不是理性的，但值得被称为很有智慧。但要科学地断定此事，我们得细问那只大猩猩是否见过坎宁汉女士把报纸铺在衣橱的抽屉底下，或用隔板垫在什么地方过，更要追究细问的是坎宁汉女士用刷子给约翰梳洗时是不是常常穿围裙。简而言之，除了故事的表象之外，我们还要细究许多事情。即便说这只猩猩的行为是有智慧的，但其智慧的程度需要再做进一步研究。我们在博物学上得出论点比以前严密多了，不愿轻易地去接受每一个记录的事件。

大猩猩有两种：北部刚果森林、英法属喀麦隆及加蓬地区的西非低地种，西北坦干伊喀湖及基伍火山的高原东孔戈种。巴恩斯先生最近会研究上述第二种，他曾有过在猿的产地观察最大的猿的经历。

高原上，猿的活动范围可以达到 1 000 英尺（1 英尺约合 0.3 米）的山上，这和它的主要食物——生在热带非洲高地的竹笋——有关。它能在高山活动是因为它的皮肤上长着厚而暗黑的毛（因为高山上的气候比较冷），只有胸部除外；它的头顶也有一大簇毛，与英国士兵的熊皮帽非常相似。

大猩猩体格硕大。有一只被巴恩斯先生射死的大猩猩，从头到脚的长度达 6 英尺 2 英寸（1 英寸为 2.54 厘米）。另外有一只手臂长 19 英寸，重 32 英石 [每英石等于 14 磅（1 磅约合 0.45 千克）]，即使是学过日本柔术的运动员也不能抵御一只发育成熟的大猩猩。它可以掰断粗树枝、撕裂狮子的前腿或者豹头，它当然也能将哈肯施密特或山道（二人均为健美运动员——编者注）的肢体在几分钟内撕碎。如果有人不幸惹怒了一只大猩猩，他必须开枪或者打开留声机——并不是因为音乐可以安抚这野蛮的巨兽，而是由于某种神秘的原因，它听了之后会受不住。

我们自幼就相信，猿类归根结底是猿类，因为它们一直在树上生活，而人类的祖先是住在地上的。不过，巴恩斯先生坚持认为大猩猩不是树居的，它的手和脚都不过是用来攀树罢了。这种巨大的动物有一种奇妙的行走方式，在竹林中走得极快，它把竹竿当高跷一般使用。如果有人在高处观望，可以看见它那黑色的头颅起起落落，长大的手臂伸上伸下，好像怪物们在碧海中游泳一般。在平地上，除非它手握头顶上的树枝，或者可能被它唯一的天敌——人类——攻击时，它是很少直立行走的。实际上，大猩猩是四脚着地曳步而行的，而且它的手指弯曲成拳，手背与地面相接触。

高原上的猩猩从来就不在树上筑巢，它们是贴近或卧在地上生活的。实际上，它们并没有什么危险，唯一要避免的，就是自己的身体被经常下起的暴风雨浸透打湿。因此，大猩猩一般会卧在空树洞中，或极其茂密的树枝下，或一个铺有羊齿类植物和嫩树枝的穴中，或一片广阔的竹林墩地上。在竹林墩地上，大猩猩享受着日光浴，时而来回徘徊，时而采摘嫩草。

高原上的大猩猩的食谱似乎没有低地上的那么丰富，它们既不专心吃水果，也不掘食植物的根。如果可以的话，它们也会吃蜜，但主要食物仅是竹笋及有汁的草，如酸模、芹科草等。

按照巴恩斯先生的说法，猿类已经有了小家庭，其中包含雄猿、几只完全长成的雌猿及四五只幼猿。但关于这一重要的问题，我们必须得参考多次极严密的观察才行。有时我们看见，失去了家庭的老猿是独自居住的，它们或许是被年轻强壮的同类打败而被驱逐出来的，它们不像那些老鳏夫，它们只是衰老的父辈。

如果我们进一步观察猿的话就会发现，它们的胸部很发达（胸围 60 英寸），牙床极大，有可怕的齿，叫声似水牛而声音尖锐。但平常情况下，猿类是很沉静的，足见它们并不是天生喜好争吵。它们在高兴而且好奇时，发出很大的鸣声，好像大狗一样，接着便用自己的拳头击打自己那无毛的胸，其声"乒乓"，以传达危险或者亲近的信号。我想它们有时只是在鼓舞自己而已，因为我听到这声音的时候，并没有发现有什么危险足以使它们感到惊骇。

一只完全长成的雄猿，身高超过 6 英尺，毛色黑而灰，有时略带红色，见过它的人都会印象深刻。然而，巴恩斯先生却向我们保证，猿类的可怕程度远远比不上伦敦的交叉路口。

若不是因为猿类的双臂比双腿长很多，给人一种不符合比例的感觉，它也算是很美观的了。幼猿与小孩玩具中的大腹熊非常相似，应该得到称赞。如果不带偏见地看它们，大猩猩也不能算是丑陋的。

　　大猩猩的视觉、听觉、嗅觉都不是很灵敏，它们唯一的长处就是力气大。它们有应有的聪明，从试验来看，它们有大量的潜在智力，若加以适当的引导和刺激，就可以激发出来。有种观点认为，在动物或人的遗传中不应包括没有使用的潜在智力，这其实是错误的。大猩猩若不遭受饥饿、疾病等侵害，也许可以比人类生存得更长久。

　　以为大猩猩是凶恶的，这多是出于某种误会。巴恩斯先生所见到的大猩猩都是虚张声势而已，它们绝对不会故意挑衅人。最近，人们在斯堪的纳维亚考察时打死的大猩猩足足有 14 只，我们以为这是远远超过科学用途所需的。巴恩斯先生曾经说过一句极为人道的话："但凡稍有感情的人，在狩猎这些大猿的时候，都会想到杀猿是与杀人非常类似的。"它们很有趣，很通人性，幼猿知道危险是何物，大猿富有好奇心，所以猎猿绝不能算作一种娱乐游戏。我们应当乐意看到孔戈的猩猩庇护所，因为我们虽然不能把大猩猩放在我们祖先的队列当中去，但它们还是应该受到我们的庇护，而且也很少有像大猩猩那样更应当受到人类保护的动物。

　　心理学家科勒教授曾经有极好的机会研究黑猩猩。他对我们说，有一只气息微弱的黑猩猩竭尽全力恳求看守者不要责罚另一只黑猩猩。此外，雌猿还会奔到因患病而倒卧在地的幼猿面前来帮助它，虽然它并不是幼猿的母亲，但它却像母亲那样对它，很费力地将那只平躺无力的幼猿扶起来。还有许许多多类似的令人感动的例子，在此就不再一一赘述了。

　　有一次，科勒教授在黑猩猩的注视下，把两只梨埋在笼子前面的沙地里。过了一会儿——在不同的试验中间隔的时间不同，最长的一次达到一刻钟——把一支棍子放在笼中，黑猩猩立即拿起棍子，并从笼子的缝隙中伸出来，掘出埋在沙子中的梨。这必须算作是智慧的行为了。

　　后来又用数只黑猩猩做了类似的试验，有一次梨子埋下长达 16 个小时，

_黑猩猩

黑猩猩得到棍子后，还是可以直接从沙子里挖出。必要控制下的重复试验也做过许多次，但结果都一样。这作为黑猩猩的智慧行为的表现，似乎已经是毋庸置疑了。它们对于想要得到的东西有记忆的影像，又能精确地控制其动作，使得挖掘位置与记忆中埋梨的地方相符。但是即使在这里使用含义比"智力"更为广泛的"理性"一词的人，也不会认为这发现埋梨的行为中确有一些理性的暗示。

黑猩猩是生活在树上的动物，虽然它们在地上活动的时间比较多。它们住在树枝之间，但会下树掘取植物的根及球根，甚至还会到它们认为比较适宜的其他树上去。晚上它们将新鲜多叶的树枝做成一个平台，平台离地面大约有15~20英尺，它们睡在平台上面，一直到第二天天明。它们虽然常常呼啸，却能静悄悄地在树上吃东西，而且不让东西落到地上，使人知道它们在树上。它们似乎很少发出声音。克里斯蒂博士的书上说，白天黑猩猩有一部分时间在大树上度过，生活看来很安逸，摘取嫩芽或者果实，与同伴嬉戏或扮鬼脸，或没有目的地荡秋千，有时还在树下的大木头上假装睡觉。倘若发现危险的讯息，戒备的雄性便离开家，从树顶上下来，只需要跳几次，降落一次，便已经在地上行走了。它用长臂帮助自己在树枝间停驻、攀援，或推开挡路的藤蔓和树枝，却不大用长臂来行走。黑猩猩不用它的臂行走，还可以从其行迹来证明，因为我们所见的仅仅是足印，间或有一两处指节印，这是由于它在林中行走，常常会随地拾起树叶。

但在我们看来，它们的行为却也有一两处接近理性的阶段。霍纳迪博士告诉我们，有一只被捕捉到的名叫桃洪的猩猩，似乎有发现或发明杠杆的爱好。他说："它发明了杠杆，正如阿基米德发现了螺旋的原理。"他故意用了"原理"这个词，但是发生的事实确实是很奇异的。桃洪自己发现了怎样运用杠杆之后，它又做了其他的杠杆，有时做得很大，可以说它是很聪慧的，因为它的做法已经超出当时的情境了。它把从这一件事上得到的教训和经验应用于其他的事上，虽然其特殊的情境都已经不同了。它极其欢乐地运用它的杠杆，拆掉了笼中的支架，并毁坏了阳台上的两个寝箱。它已经烦恼了很长时间，因为它不能把头探出笼外窥视邻居们的动静——这是一种很自然的欲望。"自从它发现了杠杆的作用，不久便把笼上横着的铁条掀到笼子的顶部，并且使其一端从笼子的钢框及靠边第一根铁条中脱漏出来，然后很敏捷地将直列的两根铁条向外掰弯，因此它可以将头伸出笼外，尽情地观看了。"如果世界上有最喜好毁坏东西的动物，那便是这只猩猩了。

总之，我们必须确信猿与猴有着永不休息且敏捷的头脑，有对外探求的热情，有对事件经久的记忆力，有懂得事物间关系的能力，所以它们能从做过的事情中学到在相似事件中应该怎么做的经验。简而言之，有些猿能达到很高的智力程度。

the Outline of Natural History

第二章

探险者之歌

它们是北极的探险者、寒冷的征服者，
它们强健如狮，坚实如牛，
它们比猫更善于捕捉猎物，比狗更有耐心，
它们是严格的个人主义者，
它们有着慈爱的心。

动 物 生 活 史

环绕北冰洋的陆地上只有少数的哺乳动物，除了两种例外，其他都是很小的。但北极地区却是许多大型哺乳动物的老家，其中有一些是现存最大的动物，造成这种差别的原因是什么呢？因为海中有很多较小的有机体，植物与动物都有，这些渺小的生物是一切别的生物赖以生存的食物。这其中的关系也许不是直接的，但无论食物链是长是短，依赖的关系是千真万确的。

　　因此，举一个长的食物链为例：北极熊的主要食物是海豹，而海豹是以鱼为食物的，鱼类以极丰富的甲壳动物为食物，而甲壳动物则以海面上成千上万微小的动植物为食物。海洋中食物链的第一环是微小的植物，如硅藻，因为一切绿色的植物，不论大小如何，都具有依靠无机体——空气、水以及盐——生存的能力。除了少数渺小的动物具有植物的叶绿素外，没有动物能如植物一般以无机物质为生，因此，无机界中无穷的养料只有植物能够首先享受到。

　　海底有些地方长有丰富的海草，可以作为许多动物（如海胆）的牧场，还有陈腐的物质或植物的碎屑沉到水下，可以使海底的烂泥异常肥沃。还有一点很重要，冰河入海处的冰山崩碎之时，常带着许多岩石的碎屑，增加了烂泥的厚度。在夏天，同样有许多东西由污浊的冰河中流下来，在内地的平原上——譬如说阿尔卑斯的山麓——形成冲积层，在北冰洋内便成为海底的泥土。

这样的话问题就来了，为什么在北方的海水里有这么多微小的生物，远胜于赤道一带所有的海水呢？已故的默里爵士说过，在北方的水面上只要有一艘船和一具捕捞网，谁也不会饿死，因为在短时间内很容易捕捉到足以让人吃饱的小甲壳动物。这些小动物与虾为远族，富含营养，它们的体内含有大量的油脂，可以作为寒冷地带人们非常不错的食物。除了小甲壳动物之外，寒冷的水中还含有丰富的自由游泳的软体动物，即海蝶，它们是露脊鲸的主要食物。还有许多其他微小的浮游生物对人类也很重要，使得北方渔业能够繁盛的就是它们。但根本上来说，海上牧场依靠的是微小的绿色植物。这些植物中我们必须将喜水的绿色小动物涵盖进来，像双鞭藻，它们能够在海底像植物一样地生活。

下面是一个新的问题，为什么生长在寒冷地方的某些藻类，如硅藻及双鞭藻，其产量要比在温暖的水中还要高呢？可能的答案是，低温延缓了生命的进程，因此它们寿命比较长，几代一起存在。在温暖的水中，生命的变化或新陈代谢比较快，因此寿命比较短。事实上，南方的海水中藻类的品种比较多，而在北方则每种藻类的数目比较多。

北 极 熊

北极熊是动物征服寒冷的一个最好例子。它们不怕困苦，却不去冰原的南境，夏季大部分时间生活在北极的冰上，或不知疲倦地在空旷的水面上游泳。在阴暗的冬季，它们不断地在各岛及大陆的海滨搜寻食物。只有在非常饥饿的时候，北极熊才会有比较明显的侵掠人类的行为。

北极熊不但是它们这一科中体型最大的（长达 9 英尺），而且是最彻底的食肉者，它们需要大量的动物作为食物，可是它们的家却在冰冻的北冰洋中。

事实显示，答案在于海豹。生物界含有相需以生的循环。北极熊似乎是用嗅觉而不是用视觉寻找海豹的，它趁海豹没有防备的时候猎捕它们，非常灵巧。一次，一只北极熊游过一片水面，到了一块有海豹正在上面晒太阳的浮冰旁边，北极熊抬起身体，一掌便打碎了海豹的头颅。

北极熊还有一种更惊人的技能，是人们亲眼所见的，那就是把海豹从水中抓出来。一只北极熊伏在冰原的旁边，耐心地静候着海豹到水面上呼吸。"海豹的头刚刚探出水面，北极熊便迅速出掌，把它抓到冰原上，那时海豹已经昏厥了。"北极熊的这一动作不但有力，而且有良好的判断，能耐心地静候并在关键时刻迅速出手。北极熊是一个老练的捕猎者。

北极熊能够游数英里（1 英里约合 1.6 千米）而不感觉疲劳，它的厚皮袄和脂肪能够让它保持体温。它脚后跟上有毛，大概是为了使它能够在冰上站稳。

苏格兰的捕鲸者常称北极熊为"棕仙"，说的是它有乳黄色的毛，它们的

_北极熊

毛皮像极了冰原上一块块的黄冰，这种黄色是因冰中混合了微小的硅藻而形成的。布鲁斯博士生前在北极探险时，获取了许多经验，他认为黄色虽然使北极熊在冰雪皑皑的环境中很引人注目，但到了黄色冰块中间，好像披着一件隐身衣。他讲道："在100码（1码约合0.9米）的距离内，甲板上有25个水手，都没有看见北极熊，只有一个大副，正在观察航线，却看见了它。北极熊虽然近在眼前，但几乎是不可辨别的，因为它极像黄色的冰块。"

除了人类，北极熊似乎没有其他的敌人，我们不能说它的黄色毛皮能保护它，有使它免受伤害的作用。我们也不相信黄色有它存在的理由，即在捕猎时帮助其潜伏的那种理论。因为黄色在白色的冰原中是很引人注目的，只要看看"棕仙"这个绰号便可知道。利用一说若要成立的话，需要寻找其他的解释。事实上，在极其寒冷的环境中，热血动物拥有白色的毛皮是适宜生存的，因为它可以减少热量的损耗。仅次于白色的就是乳黄色。北极熊自幼就是非常白的，它在冬末、春季比其他季节要白一些。

新生的褐熊颈项的背部有带状的白毛，这是一件奇异的事情，与亚洲的日熊即领熊项下的白领相似，不过后者是终生存在的。幼时所出现的特征常常被视作祖先的遗痕，长大以后会消失。我们不得不问：新生的褐熊的白领带是不是暗示它的祖先是白色的呢？

认为北极熊会冬眠的谬误一直没有消失，北极没有真正的冬眠，在长长的黑暗的月份中，地上与地下都非常的冷。不能冬眠，北极熊所做的大约是在严寒的时候，或者母熊临产的时候，在冰雪中做一个窝。北极熊产子是在冬季，那时母熊和所生的幼熊需要临时的住处，所以有做窝的必要，但它们也不会长久住在冰丘中的窝内，因为它们必须寻找食物，所以不得不出去走动。

北极熊是负责的母亲，为了保护它的子女，会全然不顾它自己的安危。有时同时有两三只北极熊在一起，那就是母熊和它的孩子，直至学徒期满了之后，幼熊才与母熊分离。除了交尾期，母熊是和雄熊分居的——它们是严格的个人主义者。

　　让我们向北极熊致敬，因为它们是北极的探险者、寒冷的征服者，它们强健如狮，坚实如牛，它们比猫更善于捕捉猎物，比狗更有耐心，它们是严格的个人主义者，它们有着慈爱的心。希望它们不会在北极的环境中灭绝。

海　象

　　北冰洋仅次于北极熊的特产，必推海象，它们是北极地区奇怪的哺乳动物。海象与海豹同科，但比任何海豹都要大。我们通常把海象分为两种：格陵兰的与太平洋的，但两者只存在体积与体重上的区别而已。

　　纽约动物园的霍纳迪博士写道："太平洋的海象是最奇异的动物之一。完

_海　象

全长成的雄海象是一座活的肉山，身上全是皱纹，丑得像一个怪物，而且它的习惯和它的外形一样奇怪。"这样说来，海象不是一种非常迷人的动物，即便如此，它在外形方面也有它的优点：头部比较小，有许多须，肩部阔大。所以当一群海象直矗在水中时，迎面看去显得很庄严。它们有时被认为是美人鱼故事的主角，现在我们知道美人鱼故事的原型是海牛。

完全长成的海象长约 2 英尺，重 2 000～3 000 磅，皮极厚、极粗，如瘤。幼海象的身上有褐色的短毛，但长大之后毛就脱落了，所以一头成年的海象几乎是全裸的。海象的口鼻能动，具有长而极厚的刚毛，从它们生在嘴旁这一点来看，我们相信它们具有筛子的作用。

上腭有两颗长的犬牙（即长牙），比较壮实的海象的长牙也比较长，但并不特别大。长牙的长度会随着年龄的增长而增加，成年海象的长牙可达 3 英尺。长牙有许多的用处，对于海象的生活极重要。它们是可怕的武器，因为海象会快速而有效地使用它们进行下击、横击或者上击，即便是力量足以攻击海象的唯一动物——北极熊，见了它也是极其谨慎的。若海象把北极熊挟持住了，它会把北极熊浸在水中，直到北极熊溺死为止。也有人说，海象的长牙是用来攀登冰丘的滑面的。

但长牙的主要用处是获取食物，海象主要的食物是文蛤和别的软体动物，这些东西在浅水的泥中非常丰富，海象便用长牙来掘取它们。海象可以在水中潜伏很长的时间，甚至能潜伏一个多小时，虽然这种情况并不常见。它的骨架与它巨大的身躯相比，稍微显得重些，这可以帮助它在海上获取平衡。人们曾以为海象的食物只有软体动物、蟹和较小的甲壳类动物等，但检查它们胃中残留的食物后，发现有时候许多鱼类也是它们的食物。因此，海象大概与北极熊相似，无论何种动物，只要是它能够得到的，都可以成为它的食物。

海象足上有蹼，前足有小趾甲，足下粗厚的肉趾能帮助它立足于光滑的冰上，前肢没有肘，后肢被一层皮包裹，直至脚部，尾巴也包裹在内。显然，海象在陆地上行动必然是很困难很笨拙的了，它并不像海豹一样可以掉尾而前。它与海豹相比有一个优点，就是可以用后足向前推进，所以行走得还像样子。但大海始终是最适合它的地方，它很难远离水边。

海象并不是因为自己体质奇异而不得不居住在北冰洋中，而是因为怕不断地被捕害才越来越向北移居。15 世纪的时候，它的行踪还见于苏格兰的北部，再往后一些时候，在冰岛还很常见，现在就是在斯匹次卑尔根群岛的北部也已经非常少见了。在 1852 年，有一支猎队来到那个地方，在数小时内杀了数百只海象，即使用上所有的船也没能载走其中的一半，因此许多的死海象只得慢慢地在海滩上腐烂了。现今，大西洋的海象终年居于格陵兰北部的冰中，而太平洋的海象则居于阿拉斯加的沿岸，并自由地往来于白令海的各岛中。在这些遥远的区域中，它们仍然可以很幸运地繁衍。一位美国的观察者报道，他费了好几个小时在阿拉斯加海边的浮冰群边仔细地观察，经过之处，"是一大队一大队的海象，数以万计"。

在陆地上休息时，海象常常贴紧地面卧在一起，这个习惯一定使它们很暖和，但保存体温最终还是要靠它们厚厚的脂肪。这些脂肪是它们在夏季所积聚的，那时它们能自由地活动，而且它们的优质食物也非常充足。跟别的热血动物一样，在有必要的时候，它们可使其肌肉产生更多的热。在秋天，它们昏昏欲睡，经常成堆地卧着，几天都不起来觅食。它们并不像别的群居哺乳动物那样设有哨兵，但它们有一种方法来保护它们全体。一只海象突然醒来，很怀疑地环视周围一两分钟，然后推动旁边卧着的海象，而自己又重新入睡。旁边的海象亦照例推醒自己旁边的海象，如此进行下去，直至全部的海象都醒了一回。因为全部的海象往往有数百之多，所以它们绝不是同时睡着的。

在两三个月的产子期内，海象居住在陆地上，或其觅取食物的范围是最接近陆地之处。它们不像海豹有那么多的妻子，而是成对地居住。每次只生一子，即使数量最少的太平洋海象也是如此。事实上，一只母海象难于保护一个以上的海象幼崽，因为母海象要与幼崽同住，并且哺乳到两岁。育养期如此之长的理由似乎是，海象长牙的发育与身躯相比比较慢，长牙未长成时，幼崽无法用它来掘取食物，海象母亲很热心于它的孩子，虽然平时很胆怯，但是遇到危险时它却非常凶猛。它潜水前把幼崽挟在两前肢之间，但在水中时它把幼崽负在背上。布鲁斯博士报告说，他遇见百余只母海象游近他的船，每只背上都背着它的孩子。幼小的海象有时被捕，它们很友善，非常喜欢嬉戏，但不久便死掉了。成年的海象被捕后是无法养活的。

海象对于海滨的爱斯基摩人来说，是极为重要的。它的肉可供食用，厚皮可做成雪橇犬的挽具，脂肪可用来烹饪或点灯，长牙虽不及象牙那样白而坚硬，却可以做成杯子。骨与筋腱也有许多的用处。

爱斯基摩人在陆地上非常容易杀死海象。在海上，他们乘坐皮盖的独木舟猎取海象，则是一件非常冒险的事，因为海象虽然不是天性好斗，却会因为好奇，成群聚集在独木舟的旁边。杀死一只海象便会激怒别的海象。它们会攻击独木舟，并且能一击使之倾覆。海象能抵抗爱斯基摩人和其独木舟与鲸叉而保全其种族。被人作为食物而死的海象，在其巨大的数量中不值得一提。不幸的是，它们的脂肪、皮及长牙，除了爱斯基摩人外还有许多人想得到，以前的商人经常毫无怜悯之心地杀死许多海象，以至于这种有趣的动物几近灭亡。但在北冰洋中人迹罕至的地方，算是例外。

北冰洋中别的哺乳动物

北冰洋中有许多的海豹，它们作为水中生活者比海象更进步，因为它们的后肢已经变为向后弯曲，与其短尾相连组成一个有力的推进器，所以海豹在陆上行动不大便利，它们笨拙的行动方式使它们非常容易灭亡，至于它们的生活状态前面已经讲过了。

海豹有许多种，鲸也有许多种，完全生活在北冰洋的，有庞大的格陵兰鲸，但数目越来越少。格陵兰鲸身长 50~70 英尺，以海洋中的甲壳动物及软体动物为食，其捕捉动物后，从鲸须边滤过，然后卷至舌上。最奇异的是白鲸，长约 10 英尺，皮色乳白，处于北冰洋的海边，经常进到河里搜寻鲑鱼及别的鱼类。最有趣的一点是，这种白鲸在幼时带有黑色，长大之后才变成白色。

与白鲸有关的是被水手们称为"一角兽"的一角鲸，它也是极地动物，非常有名，因为其大多只有一颗牙齿——雄鲸的长而呈螺旋形的长牙，有两颗者极少。雌鲸的牙齿很小，雄鲸的牙齿长至 7~8 英尺，但牙齿有什么用途，还真不好说。

还有一种北极海中的哺乳动物我们应该提到，那就是海獭，它是獭科中唯一一种真正居住在海中的，虽然它的远亲（即普通的獭），也经常到小河及河口。海獭现在已经非常罕见了，虽然在海洋动物全盛的时候——商业的经营及火器未侵入远北之时——它们是非常多的。它在陆地上的行动很笨拙，但它是一种善于泅水的动物，成群的海獭经常出现在远离陆地 5 英里的海中，它们喜欢仰卧着浮在水面，后肢以及有蹼的大脚伸直，在它们捕鱼之后总是如此。有人说，海獭这样仰卧后，以抛掷昆布（植物名）球从一只手至另外一只手自娱自乐。而母獭用前臂抱着自己的孩子时，也是如此嬉戏的，每次嬉戏长达数小时。

北方森林中的哺乳动物

荒地或苔原的南边有一片森林，主要的树木为松柏科的灌木，其北边为桦木，但中间并无一定的分界，仅有零零碎碎的几块苔原分布在森林带中，也有零零碎碎若干群散处的树生在苔原旁，庄严的落叶松生长在被河流所穿过的峡上，而桦木则散布在各处，其越受侵迫者越见零落。森林稍南的地方有花楸、稠李及赤杨，夹杂于松树及桦木之中，同时还有落叶树出现，而除在高山中外，森林失去了它松柏科灌木的特色，最后成为了大草原。

以松柏科植物为主的区域森林并没有赤道的森林茂密，树与树之间相互分离而立，矮树也不繁茂，更没有茂盛的藤蔓，虽然那里也有许多的障碍物，如倒下的断树，但真正密不通人的丛林是没有的，所以那里的动物也不如赤道地区丰富，不具备明显的森林动物的特征。森林中的动物有许多确实是几乎完全住在树上的，但并不局限在树上，它们也不具备适应于树上生活的特别之处。北方森林中的大部分动物，无论在何处都可以维持同样的生活，而它们选择居住在这里的原因是此处食物丰富，尤其是供给十分稳定。

松柏科森林满是雷鸟、松鸡、山鸡以及别的猎禽，它们在春天尽情享用嫩芽与鲜蕊。夏季到了，它们远行至几英里之外的野火所烧成的旷地上，恣意食用低树及浆果类树上的果子。这种浆果到深秋时分还有，同时还有杜松的坚果及可吃的金松子可以让它们填饱肚子。

到了下雪的时候，那些耐寒的鸟会在暮色中在地上做巢，伏居在窝里，直到次日的正午，才振翅而出。若没有其他的食物可吃，它们便以松针果腹，因为枝杈与小枝上的雪往往已经被吹落了。这些耐寒的鸟不是没有敌害的，不仅小型食肉动物不停地猎取它们，大型食肉动物也以它们为食。但那里的蛇很少，吃鸟蛋的哺乳动物也很少，而且它们会为了误导"猎人"而不断更换地方获取食物。因此，大体来说森林非常适合它们生活。

松柏科的森林为多数大型食草动物提供居所和食物。尤其对于鹿科动物，它们是真正的森林动物，北欧驯鹿与北美种的驯鹿在森林中都有它们的异种，比经常到大草原的驯鹿略大。在旧世界的森林中的是马拉赤鹿、马鹿及狍子，在新世界的是弗吉尼亚鹿。但可能更有趣的是，一切鹿中最大的是欧洲和亚洲的麋，加拿大麋与之类似，但更大些。

麋是一种丑陋的动物，足长颈短，长着凸出而善于攫物的上唇和锹形的大角。它们不耐吵扰，一旦被包围，它们便恐慌无措。所以在耕地尚未向森林扩展之时，它们已经销声匿迹。但在斯堪的纳维亚半岛、俄罗斯东部及西伯利亚地区，还有麋生存。"它们是十足的森林动物，能居住在湿地或沼地上，一如居住在丛林及森林中般安适；能越过泽地的一切障碍，一如越过森林中的障碍般容易。它们所吃的东西即便在缺少食物的冬季中也不用担心会匮乏，它们比别的野生动物更容易逃脱猎人或别的敌害之手。它们的敌害包括狼、猞猁、熊及狼獾，但这些食肉动物是否比麋有极其明显的优势呢？这很可疑。因为它们的勇敢正如它们的强健，它们的锐蹄是比它们的角更可畏的武器。而它们也善于利用这两样武器。它们也许会被熊所征服杀害，但它们确能把一头狼踢倒在地，还有可能胜过一群这样永远饥饿的动物。"

麋不能吃地上的矮草，它的颈短而腿长，所以它只能吃些长草，并从灌木的顶部及树的低枝上吃些嫩叶。但在夏天，它花费大部分的时间，尤其是晚上的时光，沉在沼泽的泥水中高兴地吃那些鲜嫩的水生植物，把头伸入水中以掘取植物的根，然后从鼻管中喷出泥水及水汽，声音很大，从远处也能听到。沼泽冰冻之后，它退到高地上，只能吃些较干燥的东西过日子。据说加拿大麋会把它们所处的地方踏成一所"麋场"，而以四周的灌木为食物，因此即便被狼攻击，它们也已经获得坚固的"基地"。

凡是食草动物多的地方，食肉动物也必然非常多，欧洲和亚洲的松林地带以及加拿大的森林中，狼是极多的。但究竟有多少，那可不容易说。因为"它们到处都有，可是又没有一定的处所，它们今日攻击某一个村的牲畜，明日又去蹂躏其他地方的羊群，它们突然地离开某些区域，却又突然地重新回到此处，它们向牧人挑衅，在他处又破坏人们对付它们的设备"。在松林地带中，狼并不经常成群地来猎食，但即使仅一头狼也已经足够在牲畜及羊群中闯下大祸了。

野猫虽然在欧洲有些地方很普遍，在苏格兰北部也没有灭绝，但在西伯利

猞猁

亚似乎是没有的，那里的猫科代表，除了偶然有从南方来的虎外，只有猞猁这种美丽的动物，它是野猫中的最大者，有长达 4 英尺的腿，不像猫腿。立着时，从头到地大约高 3 英尺，耳长而尖，耳尖上有一撮毛，颊旁也各有一撮毛，与猫科的其他动物不同。它既伶俐又谨慎，经常破坏捕兽夹而很少会被捕兽夹所捕到。它爱吃小动物——鸟类、松鼠、野兔以及鼹鼠——因为这些东西在森林的深处很丰富，它可以不必求助于外面的世界了。"鸟类是何等畏惧猞猁的呢？这可以从事实上来验证：每一只啼鸣的雷鸟及松鸡一听到猞猁的声音便马上安静下来。"

食物稀少或者它的猎物换了觅食地的时候，猞猁便会出现在森林的边缘，那时候它对于较大的动物是很有威胁的。"像猫一样，它的嗅觉不怎么出色，它的步伐也不够快，不利于追获猎物，但它有耐心，无声爬行能帮助它获取猎物。它不及狐狸狡诈，但很有耐心；它不及狼能耐苦，但善跳跃、能忍饿；它不及熊强大，但善于守望、视觉敏锐。它的力量全集中在它的齿、腭及颈上。它不是个贪食者，但爱食热血……"所以嗜杀是猞猁的天性。曾有人发现一只猞猁在数星期中杀了 40 只羊；也有人见过加拿大的猞猁腾跃到羊背上，一再咬羊的眼睛而使之倒地。

棕　熊

棕熊是非常"孤单"的动物，它有自己的地位。它不被列为食草动物或食肉动物，因为它既吃肉也吃草。除了交配季节外，它过的是独居的生活，它常常独自在林中游荡，但也不限定在林中。如果不受攻击它也不伤人，偶尔会猎杀大动物以充饥而已。一般情况下，它是温和的野生动物，并且带一点儿滑稽。依照布雷姆的见解，它的温和是因为它的态度冷淡，它的滑稽名誉是从它旋转的、憨态可掬的行走姿态而来的。但这看似闲雅的缓步是很快的，而

棕 熊

且它能够将其变为一种极快的疾驰。它的长后肢使其易于上山，下山时它往往非常谨慎，生怕因为失去了平衡而跌倒。它强而锐的爪对爬树有很大的帮助。它也善于泅水。它的个性是极谨慎极小心的，但又不像狐狸与狼那样的狡猾。它乐于避免与人类或别的有力的敌人直接接触，如不可避免的话，它是坚强不屈的，会凭借其大力以决胜负。

　　相比较来说，棕熊在整个夏季的日常生活是无害于人的。它在森林中游行，走它经常经过的路，且每天在同一地点及几乎同一时间出现。"它每天的行踪可以从它所留下的足迹追溯。"许多曾经追踪过它的猎人会这样说。它有时把一个蚁巢拆碎了，以同样的热诚吃肥而白的蛴螬和蚂蚁；有时有一握的毛羽散着，足见它已经很成功地毁了一巢鸟。它在河边捕鱼时，会因为食物很丰富，只吃鱼的头而把鱼身弃于岸上。若是在春季，它会连日地跟随迁徙的鱼群逆流而上。若不是在春季，它则返回到林中，推倒幼嫩的花楸树，吃些已经成熟的果子；或在已枯掉的树皮下觅取蛴螬来吃；要不，便到开拓地去，吃那里丰富的蔓越橘、越橘及覆盆子。但开拓地离人们的居住处不远，往往已经有妇女和小孩在那儿采取浆果了，棕熊并不因此而退回，只是立定着嗷嗷作声。采果者不敢继续逗留——它知道他们不会留在那儿——它也不再注意他们。他们在惊慌中把果篮倾翻了或者留在地上，它便可以毫不费力地饱吃一顿。它暂时满意了之后，便会重新回到森林中小睡一会儿，以享受那暖和的时光。傍晚醒来，它又饿了，马上爬到高树上，四面探望。眼前并不见猎人与猎犬，只有那金黄的谷粒正在引诱它。它便向已经成熟的田中跑去，跑入田中，后腿着地蹲着，拉下靠近身体的谷穗，一处拉完再向前拉，它所经之处的谷粒随之被摧折。

　　它因受到蜂蜜香味的诱惑而四处寻觅蜂巢，但农民们已经因为害怕它而提前避开，并且把蜂巢寄存在很高的树枝上，同时把树身剥得很光滑。棕熊非常热爱吃蜂蜜，它的爪子十分锐利，于是它爬到树上，击下蜂巢，然后把蜂巢带走。带走蜂巢并不容易，因为那恼怒的蜂聚集在它身旁，对其身上可攻击的地方使劲地螯刺。它把蜂巢放下，用掌刷去身上的蜂，但群蜂马上又重新聚集起来了。它会奔跑到池沼中，将那被螯的鼻子在冷泥上摩擦，最后又重新回来取它的蜜。

临近冬季时，它已经很肥硕了。如果它大老远地跑到南方吃橡实的话，它应该会更肥一些。下雪时，它会找到一个洞窟或一棵空心的树，把里面垫得好好的，睡在其中，至于能否酣睡，就要看它积累了多少脂肪了。但它并不是彻底的冬眠者，母棕熊在生产之前会沉默嗜睡，但哺乳幼崽不久，便觉得饿得非常厉害，不得不外出寻找食物。

冬季的时候，猎人经常在它的休憩处攻击它，但那是很危险的事情，因为被攻击的棕熊往往愤怒发狂，不顾一切。也就是在这个时期，它最为凶猛可怕。那时能吃的植物已经很少了，它便会攻击所能接近的任何动物。有时它吃肉的欲望过强，会因此嗜杀成性。它既嗜杀，遂成"十足的食肉动物"。它不但攻击麋和别的鹿，还会杀死田中的马匹，并且进到牛栏中攻击牛。曾有人见过一头棕熊把一头新杀死的牛提在前掌中，而以后足直立着走过一条小溪；更有一头棕熊把一头麋从沟中拖起来，拖过半英里长的沼泽地。

欧洲犎牛

为了宏观和怜悯起见，我们将欧洲犎牛——美洲犎牛的堂兄弟，列入我们的森林动物的例子中。宏观方面，它是生存着的哺乳动物中最引人注目的动物之一，从肩膀到地面的高度大约 6 英尺，是一种强有力且让人害怕的动物。怜悯方面，这一种巨大的动物已经濒临灭绝。世界大战之后，只有一小群留存在野外，而幸存下来的这一小群虽未完全消失，但大半已经死去。

欧洲犎牛学名为Bison bonasus（欧洲野牛），有不少别名，如 Wisent，甚

_ 欧洲犛牛

至被错误地叫作 Aurochs，实际上这个名字属于原牛（学名 Bos Taurus Prim-igenius），它已经在 17 世纪初期（大约在 1627 年）绝种。

欧洲犛牛与美洲犛牛相似，前身极大，毛茸茸的肩部是其最高处，头短而钝，角不怎么长但极硬，角与蹄均为黑色。我们见了它会对它的毛茸茸留下印象，因为它的身上铺盖着略带红褐而暗灰颜色的长软毛，尾似黑刷，须也是黑色，垂于颊下。奇怪的是，母牛和小牛的须非常长。犛牛于初雪之后换毛，所以在冬季中，它有它最暖的皮袄；春雪初融时，它的毛又迅速地脱落。公牛的毛在夏季比在冬季红，母牛的毛色则从赤褐变为暗灰。犛牛的皮革有麝香气，肉也一样。

曾经有一个时期，犛牛广泛分布于欧洲全境，包括英国在内，延伸到小亚细亚和土耳其斯坦。按照莱德克所说，在加拿大与阿拉斯加都发现有欧洲犛牛的骨骼。自从森林被砍伐，农业发达，文明进步之后，犎牛的活动区域在数世纪中日渐缩小，直至 19 世纪初，只有比亚沃维耶扎原始森林中及高加索山脉的林地中还有它的踪迹。比亚沃维耶扎的犎牛在 19 世纪初期大约有 300 头，到 1914 年时已达 600 余头。拿破仑战争后，它依然存在，而在世界大战之后，则完全被消灭了。有人说尚存 7 头，但亦已经消失了。在高加索山脉的森林中有若干小群，现在似乎也已经完全消失了。

犎牛是第一等的森林动物，虽然它也许会为搜寻牧场而离开森林。它不喜欢炎热与阳光，在高原的森林中，它常常享受溪流以及空地上的凉气。犎牛喜欢在沙中打滚，在高加索山脉的短坡上，它经常仰卧着溜下来，大约有 3 码之远。它可以爬至 5 000 英尺的高处，但绝不跑到树林以外的地方。在雪厚霜浓的冬季，它会去海拔较低的地方。

母牛与小公牛同行，往往 6～7 头成一小群，偶尔有多的时候，达 20 头一群。老公牛独居在森林中，只有在生产期内它们才成为群体的指挥者，关于这些独居者的坏脾气，有许许多多的故事——一头公牛怎样吃掉了农人的草墩，另一头又如何吃了他的马铃薯；一头公牛怎样横在路上整天不动，森林委员们也对它无可奈何，另一头则怎样略受刺激便变成了一头疯牛。

犎牛能在 300 码以外的地方嗅知有人来往，它的视觉也很敏锐，但森林中细小的杂声极多，所以它的听觉似乎不怎么重要。它发出的声音很响，有人曾经比之雷声、火器的轰射声与猪的号叫声。如果这些比拟是确切的，那么犎牛须有许多不同的声音了。它似乎只发极响的 Too-oo-oor 声，偶然发出悲哽的声音 Moo——在它的小牛被夺了的时候。犎牛有时会如野蛮的公牛一般凶暴。

它的主要食物是草，甜嫩的青草。它的肉和浓厚的乳汁中有茅香的气息。它似乎喜欢吃有香味的植物，如苦的毛茛、沼泽金盏花及草场上的天竺葵与凤仙花。冬天，犎牛须靠坚硬的植物生活，如蓟、悬钩子及菱，也经常会揭树皮吃。

　　交尾期常常开始于 9 月初，两雄间的争斗非常凶恶，年轻的公牛常被较年长的公牛所杀。有一次，两头牛斗得出了神，甚至连放数枪都不能让它们停止搏斗，第三头牛到来后，顶断了一棵直径达 4 英寸的幼树，把它绞绕于两角上，用它向敌人挑战。

　　母牛长到五六岁时才开始生产，生产的时期为 5 月至 6 月，但生产之后须隔 2 年才能继续生育。最有可能的解释是，它要用一年的大部分时间——如同美洲犎牛——哺乳它的孩子，直到它的孩子能暂时自保为止，在此之前，它是不与其他牛群居的。母牛的生命期有 30~40 年，公牛大概有 50 年。但是倘若不马上设立保护法，欧洲犎牛就快要成为过去的动物了。

　　欧洲的盗猎者早已成为北方犎牛最凶恶的敌人，虽然波兰政府是处盗猎者以死刑（形式上的处分），俄国旧法律处以流放到西伯利亚（后改罚金），但是，现在已经没有北方犎牛可供窃捕了。高加索山脉的官吏早已经没有了怜悯之情，布尔什维克党人好像是用霰弹枪把战后所遗留的小群犎牛给打死了。除了人类之外，犎牛的天敌还有狼和牛蝇。当然，犎牛偶然也会被霉菌所侵害而生病，或为肝寄生虫所传染而染病。但犎牛濒临灭亡的原因并不在此，使它灭亡的乃是人类。

　　问题就来了，人类应该自愧才对，能不能让犎牛重新繁殖呢？裴德福公爵在沃本修道院有一小群犎牛。蒲地伯息动物园在 1922 年有 7 头。同一年，柏林动物园有 5 头。斯托而门知道，在相似情形下的共有 28 头还存活于世。总数约有 70 头留存，希望能在合适的地方使这种美丽的动物重新繁殖起来。纽约动物园的霍纳迪博士曾将美洲犎牛从即将灭亡的境地中救了出来，这是他的不朽功绩。因为他对保护犎牛的努力，1889 年大约有 1 000 头的美洲犎牛，到了 1923 年数量已经超过 8 000 头了。若是用同样的技术和热忱，欧洲犎牛也许可以恢复到以往的数量。它的数量减少到 30~70 头，已经不能再减少了，但努力重新繁殖的话，结果绝不会让人失望的。欧洲犎牛是一种古老而温和的动物，它不会危害人类，而且身上任何部分都是有用的。它必须随原牛而灭亡吗？那是文明的耻辱，我们希望这是可避免的。

猛　犸

19世纪之初，猛犸的骨头被发现于西伯利亚冰融的沼地之中，博物学大家居维叶以为这骨头属于北方的大象。在此之前，大家都存在各种各样的误解，有些人以为它是一种巨人的遗骨，有些人以为它是巨大的穴居动物（一种如果偶然暴露在外面，便会立刻死去的动物）的骨头。后来不只是骨骼，连带毛的皮及冻肉都被饿犬所发现，于是谜团越来越多。1806年，勇敢的探险家亚当斯在勒拿河边发现了一具几乎完全被冰冻的猛犸遗体。这遗体虽然已经冰封了数千年，狼、北极熊都大老远地跑来吃那奇怪的盛馔。有些胆大的土著将大象牙锯去了，但大部分的骨骼还很完整。居维叶没有怎么费力，便知道他所看到的是一种大象。自猛犸的"木乃伊"被发现之后，我们便确切地知道了许多关于这种消失已久的巨型哺乳动物的舌、鼻、胃以及血液的状况。

与现代的大象相比较，猛犸的头非常巨大，身躯短而大，皮上多毛。雄猛犸有大而向上弯曲的长牙，呈3/4圆环状。最大猛犸的长牙在彼得堡的动物博物馆内，长13.65英尺。这真是一件可怕的武器，正如爱尔兰麋的庞大的角一样。奥瑞纳人在山洞的壁上所刻的猛犸中，有一只在长鼻的尖端有两枝指状的东西，我们以为这便是猛犸的长牙，但猛犸的长鼻尚不及非洲象与印度象的大而硬，至于它主要的用处，那当然是采集北极草场上的草和有汁的牧草了。

美国博物学院的郎先生在最近一项非常有趣的猛犸研究中说，从那巨大的臼齿的表面来看，猛犸是以"非常坚韧而极富营养的北方草原上的植物为食的"。他说这种食物与现代大象所吃的不同，现代大象吞食巨大而多汁的热带植物。因为猛犸的食物体积不大，所以它可以不必有巨大的消化系统，它头部后面的身躯特别短。至于猛犸的食物，我们不必凭空猜想，因为它所吃的植物一部分已从西伯利亚发掘的猛犸的牙齿与胃之间辨认出来了。这种植物与现在该处所有的植物相同——狐尾草、乌拉草、野罂粟、毛茛的子、大巢菜的豆荚、调味用的野百合等。试想一下，猛犸在开着野茴香花的河岸寻觅食物，那是何等的奇异！

郎先生在他上述的研究中，发现许多关于猛犸漫游的事实。许多的食草动物都因寻求牧场往来行动，猛犸到处游行，大概经过欧、亚、美三洲北部的大部分地区。它的骨骼遗留在英国的许多地方，南至西班牙与意大利，加利福尼亚与卡罗来纳都有它的踪迹。一头被捕的猛犸对于旧石器时代的人而言，是冬季的天赐之物。从很早的时候起，人类已开始欣赏它，而不仅仅把它当作食物，在摩拉维亚的普勒摩斯发现的一串用猛犸的长牙制成的孩童用的项珠便是一个证据。

郎先生研究了大批的猛犸骨骼及一些与猛犸骨骼同时发现的状况。在普勒摩斯所发现的骨骼大概有 800 具，此外尚有许多拥挤在一处的坟场未经开掘。所发现的骨骼如此之多倒容易理解，但为什么这么多骨骼出现在同一个地方呢？我们只能猜想，那大群的猛犸因为寻找牧场而徙居时，陷入了沼泽中不能自拔，或被困于大风雪中，或为河流的洪水所包围而溺死，马有时也是这样死的。"或是狂风大雪把它们活活地冰冻了，由冰柱而联结冰块，因此被活埋在冰雪中了。"在有些案例中，如观察贝里索夫卡猛犸被压坏的部分、碎骨、体内凝结的大量血液，正如萨伦斯基所指出的那样，它们"只是因偶然的灾祸而暴死的，甚至没有时间去吐出或咽下臼齿间咀嚼着的草料"。

无论如何，猛犸已然灭亡了，虽然对其长牙的买卖依然不曾间断。它是非常特殊的繁殖缓慢的动物，适宜居住在北方的环境中。我们无须假定它是因激素的病变而灭亡，虽然事实或许如此。猛犸也如同其他的巨型动物一样，已经享受过它的全盛时代，现在它的时代已经过去了。

the Outline of Natural History

第三章

生活在树上的
小家伙

动物中也很少有像它一样，
能给我们以一种生命之乐的强烈印象。
它让我们回忆起了惠特曼的诗：
"它们并不为它们的境遇而做苦工或哀鸣，
在全世界没有一只是庄严或不欢乐的。"

动 物 生 活 史

红 松 鼠

红松鼠在英国全境是很常见的，虽然在大约一个世纪前的苏格兰，它们已经因为森林不停地被砍伐而几乎全被逐出。但为了它们那美丽而迷人的动作，现在各个地方又已经重新繁殖红松鼠了。年复一年，它们已比以前更多了，以至在有些森林里它们已成为害兽，人们开始用种种方法来限制它们的繁殖了。但关于这一点，我们不须多谈。如果我们想了解野生动物的生活，我们必须得学会从它们的立场观察，而不能用我们自己固有的观点。

红松鼠与别的啮齿兽相同，如果有机会，它也吃动物，吃林鸽的幼雏及其卵，不幸的是，它还会毁坏鸣禽的巢。

到了秋天，红松鼠开始贮藏坚果之类的食物。它把食物藏在所栖息的树附近的穴中。天气潮湿或霜比较重时，它即以所藏的食物果腹。它并不冬眠，但常常两三天地待在穴中不出来。它们有时也入睡，但不是真正的"冬眠者"。

它把别的东西埋在平地上或堤岸上的各个不同的地方，离巢往往略微远些，这些东西盖藏得非常严密，让人们都有点怀疑红松鼠能不能找得到它们了。荤类会被放在一起而没有被埋藏，否则它们在潮湿的泥土中便腐烂了。红松鼠把它们带到树上，塞入树孔中，或放在两枝的交叉间，直至它们干燥。所以红松鼠在自己贮藏食物的过程中是颇费脑力的。

　　有个美国的观察者观察那灰色松鼠——红松鼠的近亲，在英格兰某些部分有驱逐红松鼠的可能——用嘴把坚果一个一个地摘下来。它刨了个 2 英寸深的穴，把坚果放在穴内，用前足紧紧地压实，盖了泥土，拔些草放在上面，因此它工作的痕迹便无从被看见。这个观察者在冬天看见松鼠们在 2 英寸厚的雪中奔走。其中的一只突然停下脚步，开始刨土，于是"不爽地掘起了一个坚果"。所以松鼠并不常如看起来那样安乐。它知道，它可以信任自己的精细嗅觉，去引导它到许多藏物的地方。这一事使得人回忆起那北方的人民相信驯鹿能"以足嗅物"的传说，因为它往往在有食物的地方刨去盖着的雪，

_欧亚红松鼠

但它通常是用鼻来嗅的。

红松鼠在有些地方是非常动人的。它虽娇小，但并不过小，那像刷子一般的尾巴与它的身躯一样大，那略褐而红的颜色非常悦目，它那窥看你时的警惕神态更加可爱。它在吃食物时，那剥出坚果的动作尤为完美，正如麦吉利夫雷观察的那样，"竟然会在咀嚼之前，剥去外层的薄衣"。它的行为足以让人惊讶，我们该赞美它的优雅还是它的勇敢呢？

夏天，有一只红松鼠正在吃坚果或菌，被我们吓走了，它连续跳了几下，便离开很远了。我们最后发现它跳上了树，好像用不着握持一般，它躲到另一边去，看着我们。我们走近时，它跳上树枝，又从那树枝末梢上跳到另一棵树上。如果有需要的话，它可以停留着不动，把身体贴紧着树身。它睡觉时，用其尾巴当被子。

除了人们厌恨它把树皮或嫩芽的顶尖咬去外，这种动人的生物很少有天敌，因为白鼬或鹰捉住一只幼松鼠的事情是非常罕见的。这些保障大概增加了它天然的欢乐，动物中也很少有像它一样，能给我们以一种生命之乐的强烈印象。它让我们回忆起了惠特曼的诗："它们并不为它们的境遇而做苦工或哀鸣，在全世界没有一只是庄严或不欢乐的。"

树　懒

南美森林中的树懒是最古老的树居哺乳动物之一。它慢慢地走着，用那前后足上的长而有钩的爪倒悬在树枝的下面。它也采用这种姿势背向地面休息与睡觉。它在平地上则非常笨拙，如果可能的话，它是绝不下树的，它竟然比猴还要树居一些。

关于树懒，有些非常古老的故事。我们知道它是从极久远的古代遗留下来的。它行动迟缓，吃东西也比较慢，死得也很迟缓。它身上有粗而多的毛，非

三趾树懒

常像森林中的马鬃草，有一种奇怪的绿色。这是因为有一种极细的绿藻生长在树懒的粗毛上，正如生在岩石上或树干上一样。我们知道，在潮湿的天气，我们的衣服如果擦在山毛榉上，就会有绿色的尘屑落在衣服上。

树懒不止一种，有两趾的及三趾的，每种都有其特别喜好的树叶。譬如墨西哥的两趾树懒几乎专门吃一种含有乳白汁液的叶子，而三趾树懒最喜欢吃一种名字叫"号角树"的桑科树叶。一个原住民责骂另一个原住民懒惰时，往往会说："你这号角树上的畜生。"但重要的一点是，许多哺乳动物有专吃某种食物的特性，而另一些哺乳动物——譬如白鼬——则有一张极长的食单。两者都有好处：第一种可以减少与其他饥饿的动物的相互竞争；第二种则能吃各种不同的食物，当一种食物缺乏时，可以寻找另外一种来果腹。

法国大博物学家布丰于 1788 年去世，他对于树懒非常有兴趣，但他却误会了它，把它作为自然所造成的一个错误的例子。他说："再加一种缺点，它便不能存在于世了。"迟钝、离奇、怪僻、笨拙，它就是这样的，但它却极度适应树上的生活。譬如它的踝关节非常完备，极适应于旋转与绞绕。一般当一只树懒背向着地沿树枝而行动时，即便将其独子带在怀中，也是再安稳不过的。

让我们把博物学旅行大家贝茨先生的《亚马孙河的博物学家》一书中关于树懒的话抄下来。他写道："去观看那丑陋的动物，那适应沉静阴荫的物种，懒懒地从这一根树枝走到另一根树枝，真是一种奇异的景象。每一行动显示出的不是懒惰，而是极端的小心，它是决不会在没有握牢第二根树枝时松开第一根树枝的，如果找不到适当的树枝去握好时，它会抬起它的身体，用后腿支持着，再用爪四面探寻以求得新的立足点。"

眼　镜　猴

加里曼丹岛、爪哇岛及菲律宾群岛森林间的娇小眼镜猴是一种非常有趣的树居哺乳动物。它的构造以及行为很有趣，更有趣的是它与猴类的关系，以及它将来的希望。它是一种独特的动物，是这一属中唯一的种类、这一科中唯一活着的代表。有些人把它称作"狐猴"或"半猴"，但它与这一目中的各种动物都是绝不相同的。它似乎与猴较近，而与半猴较远。

最奇特的是它那大大的眼球，好像一个大而圆的盘子，眼睛向前，在晚上闪闪作黄色。头非常灵活，在那短而粗的颈上，好像一盏灯，可以在颈关节上朝着四个方向运动。嘴小，这在树居动物身上是再自然不过的。它先拥有了能自由活动的手，因为这样才能使两眼生长在面前。但专家告诉我们，眼镜猴虽有双目并用的视觉，但看东西尚未有立体镜的效果。史密斯教授说，它尚未能看出物体的细节部分。因为要达到此种目的的话，必须能够将两眼向任何方向运动，而能使一只眼睛与另一只眼睛间有最密切的协调。它似乎已经觉得有这种需要，但还不能如此，虽然它有将它的头在极大的范围内转动的能力。如果它的身躯抵着树枝，它可以转动它的头向后看，几乎达到 180°。"这是眼镜猴觉得有运动双目彼此合作的需要，但它缺乏应有的旋动限度及准确的连合运动，它如猫一般地转动它的头，所以足以达到使两目对于所视之物在同一距离上的目的。"眼镜猴必当被称为"准确的视觉先锋"，这对于动物自身是极其紧要的，因为它是在微光及夜景中出行的动物。它在跳跃过程中将它的食物擒住，衔在嘴里，微光的环境需要它的两目所能看到的一切都是准确的。

眼镜猴白天睡在树穴内，醒来时脾气很暴戾。晚上它猎食小动物，如昆虫、蜥蜴之类，行走时是没有一点声息的。同类间也没有太多话，只是偶然发出一声尖锐的呼唤而已。它们是一夫一妻地偶居的，除了少数的例外。有时候只有一个婴孩。小猴能扶着它母亲的脚而行，但霍斯博士曾经发现一只小猴像小猫一样，被叼在母猴的口中。小猴几乎一出生就会爬树，但似乎更喜欢被母猴挟带，而母猴也乐意那样做。

史密斯所著的《人类的进化》一书中，有一张吸引人的表格，比较象鼩、树鼩鼱、眼镜猴及狨的脑——狨是活着的猴类中最原始的一种。象鼩是一种陆栖动物，脑较粗劣，生活中以嗅觉占优势，脑部结构中嗅觉的区域较大，视觉、听觉、味觉、触觉及准确的运动管理等中心均不发达。但其同祖兄弟树鼩鼱成为树居动物时即有重大的变化——我们只说"居于树上"在进化的过程中是最大的一步，其中含有渐渐地把手解放，嘴减小，眼部向前，脑壳增大，及脑顶和其视觉、听觉、触觉及技艺的运动等中心的复杂的增加。反驳此说的人说，树居有袋目并不能算是聪慧的；回答的人说，它们的大脑与有一个顺应、统一的区域的哺乳动物的大脑在构造方式上有差别。反驳的人说，有许多智慧的哺乳动物并不是树居的；回答的人说，猴的脑中有超出狗、马及大象的成就的可能性。

关于眼镜猴的最有趣的一点是，它的脑中显示出视觉区域在扩大而前脑的嗅觉区域在减小。这在狨身上更显而易见，除了视觉、听觉、触觉及运动的管理等中心的扩大外，另有一个区域（称之为"前额部"）十分发达，这与获得用手的技术、立体的视觉、精神的及视觉的集中相关。沿着几乎同样的路线，树鼩鼱高于象鼩，眼镜猴高于树鼩鼱，狨高于眼镜猴，猴高于狨，而人类高于猴。史密斯教授的结论是，视觉的发育在人类的智力进化中是很重要的部分。这岂不是等于说视觉发达者得成功，而明晰的视觉会启发明晰的思想吗？无论如何，在那娇小的似松鼠、似鼩鼱、似猴的眼镜猴——视物清晰的先锋的身上，我们发现了思想的资料。

负　鼠

负鼠是美洲森林中一种有趣的树居动物。它与娇小的树袋鼠是远亲。树袋鼠与地上的大袋鼠相同，有一育儿袋用以装幼崽。负鼠与圆颅而短尾的树懒大

_ 北美负鼠

异，它是一种活动如鼠的小动物，尾甚长，可以绕在树枝上。它的脚也极适于握物，因大趾与其余趾对向，所以能把树枝紧紧地握在大趾与其他趾之间。负鼠在树上爬着搜寻其主要的食物（昆虫）时，将其子女背负在背上。小负鼠很安稳，因为母鼠将其长尾弯向背上，而它们则将小尾的末端缠绕在母鼠的尾上，像皮带一般系在一起。博物学家哈得孙记录了一种大的负鼠："我看见一只老的母负鼠负着大如老鼠的 11 只幼儿，母负鼠的大小比不上猫，11 只小负鼠紧贴在它的背上，它尚能很迅速很灵便地爬上树的高枝……负鼠总是栖息在树上的，除了似手的足外，它尚有弯曲的爪、齿及长长的卷尾。"负鼠经常从树上走下来，它在地上时，知道利用一队队的蚂蚁踏过的"路"从森林里走出来。

我们经常见到飞鸟从高处像飞机一样降落下来，即使经过好久也见不到其两翼鼓动。这种动作和树上具有"降落伞"的动物降下来是相同的，是真正飞翔的开端。譬如飞松鼠前后肢间有毛覆盖着的薄膜，这是一种有效的飞行器具。会飞的松鼠有多种，最小的只有 3 英寸长，但有一种褐色的飞松鼠乃是其中的模范，除了那多出来的"降落伞"外，与普通的松鼠是相似的。它有一条长而蓬松的尾巴，帮助它维持身体的平衡。那翼膜沿身体的两旁从腕部直连至足上，前肢与后肢伸展时，此层薄膜便成为一翼。飞松鼠不能鼓动它的翼，但可以扭动其身躯与尾巴，如此它便略微飞行一下。但飞松鼠有的仅是一"降落伞"而非真的翼，所以它不能向上飞。不过，它能勇敢地从高树上落下来，并能飞越树隙而至另一树上，只是停落的地方比出发点低。

北美飞鼠的动作详述如下："有时候会看到一只飞松鼠从一棵树的最高枝上飞下来，翼膜全张着，尾巴伸展着从空中斜下，达到 50 码远的树足边。那时候我们以为它要落地了，但它却突然向上奔驰，栖在树身上；然后更向上升，而至树顶，重新又从高枝落下来，再回到它刚才离开的那树的上面，许多群的这种小动物联合着做这种嬉戏的跳跃，其数目不下 200 只。"

别的观察中所见到的，例如飞狐猴，它的翼膜一直达到尾巴的尖端，能飞越宽达数码的间隙。它虽不能飞到比出发点更高一些的平面上，但却能够在空中平飞或进行略略向上的飞动。

the Outline of Natural History

第四章

黑暗中的
鬼魅

在空旷处，它可与飞鸟竞胜——
回旋得如此快速，消逝得如此迅疾，
筋斗翻得如此敏捷，捕获飞蛾、
蚊蚋及会飞的甲虫又是如此敏捷无误，
而且一切动作都是悄无声息的。

动　物　生　活　史

爬高后从高处飞下攫食的食虫动物进化成为蝙蝠时，自然之神一定是含笑的，因为它的确是这样起源的。它将自身悬挂在趾上，包裹在翼间，难道不是很奇怪的动物吗？它已解决了飞的问题，但是它的解决方法和鸟纲的动物极不相同，反而近于已绝迹的翼龙。它是十足的哺乳动物，披着毛且哺乳幼子，可是它又与多数鸟类一样，成为空中的动物了。正如鲸呼吸干的空气，虽然它有栖于海洋的习性，且长时间地浸在水中；正如鸭嘴兽产卵，虽然它是哺乳动物，本应不会产卵的——蝙蝠的会飞同样显示出"自然"能造出一种矛盾体，并且是非常成功的。

蝙蝠用旧有的身体组织来顺应空中的行动（其反应的方法不易解释），是一种成功的冒险。细细想来，便觉得非常有趣味，其间有一种奇异的相连的变异。丝样的皮膜扩张而成为柔软而有弹性的翼膜，从它的颈旁开始，沿上肢的前面，越过大指，而张布于极长的四指上，这四指中只有第一指有爪。从上肢的下面，皮膜沿身躯的两旁与后肢相连而达到足踝。还有一种附带的膜，一半由软骨的或骨的帆桁骨所支撑，起于足踝而张布于两后肢之间，若是有尾巴则连尾巴也包裹在内。翼膜把后肢出奇地引张向外，膝关节不像一般的哺乳动物那样向前，而是向后的。这是蝙蝠解剖上的另一个异点。长骨生得很轻巧，有大的骨髓孔，肩带发展得很强壮，胸骨隆起，故便于安置飞行用到的强有力的肌肉。背上的椎骨能微微地交互推动，而且随年龄的增加而紧接——此种特征也见于飞鸟，其显然的作用是在给翼以一种坚固的支柱，帮助其鼓动翼膀。

与前肢比较起来，后肢是异常柔弱的，不用说，蝙蝠是不能站立起来的了。它虽然常常昂着头飞降于栖息之所，且能用大指做支撑而站定，但休息时的较普遍的姿势是头向下，借助两足或一足上的钩爪而倒悬。在树枝上走动时，它用其向前与向内转动的后肢推动着前进，且用它的足上有钩爪的大指帮助，支撑它向前移动。它先动一足，再动同侧的大指，然后再动另一侧的足与大指。我们记得《摩西五经》中讲到"爬行的禽，借四肢而前进"，可算是蝙蝠的写照。当我们观察一只蝙蝠静静地伏在四肢上时，我们看见它膝关节向上曲折，两肘与之相触——一种奇异姿势。但可注意的是，有时蝙蝠并不倒悬而睡，而是直躺着的。

蝙蝠可以从平地飞起直向空中，它的飞翔是巧妙的。在房屋中飞时，它能出奇灵敏地避开易于撞碰的装饰品，穿过沙发、绕过种种障碍物而飞翔在空中。在空旷处，它可与飞鸟竞胜——回旋得如此快速，消逝得如此迅疾，筋斗翻得如此敏捷，捕获飞蛾、蚊蚋及会飞的甲虫又是如此敏捷无误，而且一切动作都是悄无声息的。虽然诗人们讲过什么"莹莹之翼"，有些蝙蝠在飞行时可以从河上取饮，但个体间亦有重大的差异——譬如一只大棕蝠就比欧洲的褐色大蝙蝠更为闲暇；一只油蝙蝠要比菊头蝠更为飘忽。当巡哨的蝙蝠初次绕它们回旋的圈子时，会发出微弱而尖锐的叫声，这种叫声若为长耳蝠所发，有时非常地轻，许多听觉正常的观察者都不能察觉到。但在别的案例中，如欧洲的褐色大蝙蝠愤怒的尖叫声是很容易听到的，东方狐蝠的叫声更响，喋喋如同猴叫一般。

两股间附带的膜（股间膜）在长尾的食虫蝠身上最为发达，可以帮助它们在空中猎取飞蛾时做迅速的回旋，并且可用作一种袋，以盛放其猎物。膜上的

菊头蝠的一种

真正的袋是很少的，有的蝙蝠在空中捉到虫子时会将头弯向后下方，把它的猎物抵在股间膜之间，使得咬食一两口或全吞食时不致失落。这样做时，它飞得会较低一些。食果蝠尾巴很小，几乎看不到。大多数的蝙蝠都是娇小玲珑的生物，但它们的胸部较大，心脏很发达，肺脏很大——这三者都是利于飞行的。它们在进化的方向上与飞鸟大异其趣，自不待言。但注意到许多"异曲同工的点"，即对于同样的问题用同样的顺应——如中空的横梁式的长骨，并合的背椎骨及胸骨上的隆起部——那是很有趣的。

按照以往的试验，蝙蝠没了眼睛也能在屋中飞行，而且不会触碰横在屋中的绳索，能穿过一条狭窄曲折的小街，而不致触碰两壁，且能于某距离内察觉人手的靠近。这种异常灵敏的触觉是存在各要处的许多触点中的，并在许多感觉敏锐的毛上。这种毛，每根中都有神经纤维，且广布在看似光滑的翼、嘴的两旁和附有耳屏的小型耳朵上。如果我们在被捉到的蝙蝠旁边作声，我们会见它的耳翼上有震动的动作——这与我们人类的相反——而其两耳翼的朝向却是不一致的。除了蝙蝠以外，我们没有见过像普通长耳蝠一般的大耳，它的耳朵之大几乎与身躯相等，正如贝尔所说，如果蝙蝠如驴一般大，那么它的大耳不是要成为奇观吗？还有那鼻叶，那是鼻孔的饰品，或至少是表示鼻孔的区域的，除了知道它的确是天生的之外，真不知道应说些什么才好。这是过度发育的一个例子，但鼻叶的意义似乎还不能确定。它也许和敏锐的触觉有关，但以我们目前所了解到的，详细的研究后并没有发现它会特别刺激神经。

大的食果蝠有发育不全的尾，有齿冠平滑或有纵槽的臼齿，这只限于东半球温暖的地方有。爪哇岛的狐蝠是最大的蝙蝠，翼长达 5 英尺，差不多有信天翁的翼的一半大小。大多数较小的蝙蝠是严格的食虫动物，但吸血蝠却吃显然不同的食品——有的混食果类与虫类；有的吸食蛙与哺乳动物的血液；有的栖息于海滨的竟食蟹与鱼类。一切食虫的蝙蝠，其臼齿的齿冠上都有尖锐的齿尖，像山峰一般，与鼩鼱及别的食虫动物的齿相似，显然是利于咬嚼猎物的。

狐蝠的一种

大多蝙蝠是在空中猎食的，但也常常在树枝间飞动，以捕捉枝上的飞蛾或别的虫类。有时蝙蝠沿着树枝徒步猎食，这时该注意的是那股间膜，尾居其中间，向下向前而成为一袋，用口捉得猎物便塞在袋内，以便随后处置。这种由尾巴形成的袋，是蝙蝠的另一奇异之处。

北方各地的小蝙蝠，当虫类显然绝迹时，就进入真正的冬眠状态，以解决过冬的问题——冬眠只限于少数哺乳动物。它的"血温"下降，在进入昏睡的状态之后，呼吸很少被察觉，每分钟心脏搏动大约为 28 次。即使在夏季，它的体温即所谓血温虽然不变动，也比标准的鸟的血温还要低。在冬季，百余只蝙蝠成群地悬挂着，血温降低到与周围环境的气候相当。看着这些不动的冬眠者真不免有些惊讶，它们数月前在夏天的微光中，还在与褐雨燕等争斗。北方的蝙蝠解决过冬问题的办法就是睡在空树中、教堂钟塔的角隅、仓库的茅草下或山洞的裂缝中。褐雨燕及多数英国鸟的过冬方法与蝙蝠大不相同，但却都一样地有效，那就是迁徙到阳光温暖的海边去。鸟是不冬眠的，但蝙蝠却有迁徙者。如纽芬兰的灰蝙蝠有越过至少 600 英里的海面，而迁徙至百慕大的，有一只曾在苏格兰被捕获。按照英国的蝙蝠而论，冬眠之深浅是因为种类及地点的不同而异，在有些气候很温暖的地方，一年中据说月月可以看见蝙蝠。

除了少数的北美种每次可生三四子外，普通的蝙蝠每次只产一子，最多不过两子。这正是我们所希望的，因为一种空中的哺乳动物，如果母亲的事务太重了，对它的飞翔生活是大有妨碍的。我们不但指胎前期（在北欧从 3 月底或 4 月初至 6 月），乃至哺乳期（从 6 月起至 8 月止）而言，其时幼小的蝙蝠以足趾及大指紧持它母亲的毛，且吮吸母乳，而空中的飞扬、绕圈子、斜飞及回旋等均照常进行。当母亲休息的时候，它用翼覆庇它的孩子。母蝙蝠群居在一处，到秋季才分居。到了秋天，母蝙蝠的群体暂时解散，因为这是交媾的时期。但奇怪的事是，交媾虽在活力旺盛的秋天进行，那内部的卵细胞的受精却延至来年春天才开始。这样在饥饿期中发育其幼子的害处便可避免，而怀孕之期可以缩至极短。自然的方法真是聪明得不可思议。

怀特有一只驯养的蝙蝠，能从手上飞去。"它的鼓翼——翼常因不用而不易张开——的技巧是值得注意而使我大为欣快的。"贝尔描写过一只长耳蝠的嬉戏法，它会飞起来，轻轻地把一片生肉从它主人的唇边衔去。但博物学家和蝙蝠有亲密的接触的大概只占少数。事实上是，大多数的蝙蝠都是胆怯而易受刺激的动物，它的脑是属于低等阶级的，不能接受训练。大多数蝙蝠都有极难闻的臭味，而且它的毛像鳞片一般粗糙，环旋形的一片片极容易藏纳大量的小虫。长耳蝠如果没有这两种缺点，还可以相处，但就大概而论，蝙蝠是极不容易接近的。但或者对于这"我们英吉利微光中的忙碌而快乐的小丑"——鲁滨孙在他的《诗人之兽》中如是称呼它——应附加下列的几句话：它是一首奇诗，在自己的生存法中，自我达到一种巧妙的成功。它被一般偏见者及持一己之见者所误谤。大多数蝙蝠具有锐利而准确的小眼睛，为什么我们经常反说"如蝙蝠一般盲目"呢？为什么一种敏捷而忙碌的生物，努力为它的美食而工作的生物，反受"懒惰者"及"迟钝"的恶骂呢？为什么一只哺乳动物用它独有的方法解决飞行的问题，且有极端敏锐的触觉，还被称为"不祥之鸟"或"黑暗中可怕的鬼魅"呢？有许多的问题等着诗人们去答复。

蝙蝠在地上是行动笨拙的，但其中大多数，譬如食果蝠，能够很迅速地爬行上树。食果蝠的趾有极利的爪，攀登时，它用大拇指上的利爪来抓住树上的树皮，也常用来刺它所吃的果子。这个有爪的大拇指是它的手的唯一留存物，因为其余的四指都变成了翼。具有"降落伞"的动物，它的所谓翼不过是身体两旁的皮的扩张而已，但蝙蝠的翼有骨支撑，能自由地张合折叠。它的指特别长，臂部的各骨也特别长，它的膜翼便是从它们上面张开来的。

the Outline of Natural History

第五章

生活在"侵蚀的纪念碑"上的动物

坚毅的动物常常在不停地探索新的机会……
饥饿虽是一条锐利的鞭子,
但许多较高等的动物是有
好奇心与冒险精神的。

动 物 生 活 史

山有两大类——原始的与蚀成的。原始的山是由地面上的火山及别的物质堆积而成的，或者由于地壳皱缩而成的。日本的富士山、厄瓜多尔的科多帕希火山、墨西哥的波波卡特佩特火山以及特内里费岛的泰德峰都是火山类的著名代表。蚀成或遗存的山是较高的地域经过风雨冰霜侵蚀而剩余的部分，所以遗存的山是"侵蚀的纪念碑"，它们是高原或者大岩石堆被侵蚀而成的。英格兰的湖区及苏格兰的高原等处的许多山都是侵蚀而成的。但不论山是怎样形成的，那里总是动物们的寄居所。同时，应该注意的是，不同类型的岩石会产生不同类型的植物，这和动物的繁盛与否关系十分密切。

每一座真正的山都有如下几个区域。最低的地方为树林带，渐渐改变而成为低原的森林与针叶林。其次为没有树木的草原带，有各种牧草，而山坡上常常有很好的畜牧地。我们在瑞士，夏天看到勤苦的农夫将他们的牛羊驱赶到山中的狭岗上，那里的牧草好到出乎人们的意料。最高处是比较荒瘠的高区，只生长坚硬的高山植物；最后赤裸的岩石上，除了些地衣之外，什么也没有了；再高之处也许是积雪。我们观察山上的动物时，可以把它们按照这三带来区分，因此树林带有熊，草原带有山羊，山巅草类特别少的地方有土拨鼠。但我们愿意另议一种山中动物的区分法，尤其是与哺乳纲及鸟纲有特别的关系。我们所分的三种如下：遗存者、冒险的迁移者、避难者。

冰河时期，北方及北极地区的动物会远迁到南方而至欧洲的中部。我们知道此事，是因为它们的骨骼保存于山谷底下。气候变暖之后，冰山消退了，有些北方的动物已死去，其他的如驯鹿可以北迁，还有别的迁到山上去了。后者以娇小的雪鼺为代表，它很少有降到 4 000 英尺以下的；还有阿尔卑斯山上嘶啸的土拨鼠，它通常是较低的草原带上的寄居者；更有山中会变色的野兔，它在冬天白得像雪一般；还有雷鸟，按季变色，在冬天变成白色。诸如此类的动物，发现了高山上和其祖先所居的遥远北方或冰山脚下的低处有着同样的环境，因此就乐居在山中了。

第二种居于山中的动物包含那些冒险的迁移者，它们发现了高处可以谋生。坚毅的动物常常在不停地探索新的机会，一部分原因大概是它们生殖过繁，在平地较难谋生，但有许多的例子证实，也可能是为了冒险的精神。饥饿虽是一条锐利的鞭子，但许多较高等的动物是有好奇心与冒险精神的。

第三种的山中动物包括被压迫的动物，因为在低地上生存动物拥挤而竞争过烈，它们搜寻一条避难的出路。我们原不能割开一条清楚的界限，但它们之异于别的迁移者，很大方面在求避居之所，而不在于出奇制胜。它们是劣败者，可用非洲的、巴勒斯坦的及叙利亚的兔子即蹄兔为例。它们都是小型的哺乳动物，算是属于"弱者"，既不甚敏捷又不甚聪慧——只是谨慎，而不是聪明——既无武器与甲胄，又不会掘地而居。有些为了救护自身起见，成为树居者，有些则升至山中，甚至高达 10 000 英尺之处。它们有厚的"外套"可以御寒，它们的脚也适合在岩石中奔走。同样，比利牛斯山的麝香鼠也是一种小型的食虫动物，在英国常常可以见到，也是高山上的避难者。为增加安稳的因素起见，它又变为水居者，并且也是穴居者。它是一种小动物，身长大约 5 英寸，尾也是如此——真是一种奇异的动物。它有活动的长鼻，仿佛是大象鼻子的雏形。现在我们如果懂得了蹄兔与麝香鼠，我们也就懂得了阿尔卑斯山鼩鼱、西藏的鼩鼱、喜马拉雅山泅泳的鼩鼱以及别的此类动物了，因为它们都是避难者。此处我们也应当将鸟类包括在内，如河鸟等，它们是特爱峡谷的。

现在让我们来简短地说明动物们是怎样适应山中易暴露、寒冷、荒瘠、险峭的困苦环境的。它们有着最厚的外衣可以御寒，如岩羚羊；或有浓密的羽毛，如雷鸟。山兔与雷鸟等的毛羽在冬天会变为白色，这样可以减少动物宝贵的体温的流失，也难以被捕食者发现。

雷鸟较它的不善攀高的表姊妹血雉而言，有一个更强健的心脏，这于跋涉山峰者大有用处。在容易暴露的地方，警号是非常重要的，这个我们从土拨鼠的嘶啸中可以听到。在岩石中若有特别坚定的立足处，那是很可贵的，这个我们可以用岩羚羊及蹄兔来说明。另一种重要的特征是，它们能吃各种不同的食物，能吃杂食的熊与吃石上地衣的山兔便是最好的例子。

山 河 狸

大约在 19 世纪，在美洲西部人们发现了一种真正的活化石，那就是山河狸。有些动物学专家认为，它是一切生存的啮齿兽（啮齿的哺乳动物，如海狸、松鼠、豪猪、鼯鼠、兔及野兔）祖先的那类动物中的唯一代表。从各方面看来，山河狸无疑是古代的生物——远古时期的遗存者。它只生活于北到英属哥伦比亚、南到加利福尼亚之间的北美太平洋的边岸——是一种短尾巴、钝鼻而矮胖的动物，长 1 英尺多，毛色灰黑，耳朵小，眼睛也很小，耳朵的基部有一个白点。

山河狸善于逃脱，又是昼伏夜出的穴居者，所以不太为人们所知。它需要植物丰茂而坚硬的土壤，更喜欢涧岸或低湿斜坡。在加利福尼亚，它通常选择一种覆着凤尾草、覆盆子以及别的低生植物的所在地，以掩蔽它的那种长而浅的地道的入口。地道与地道之间有横路相衔接，形如蛛网，且到处有球形的巢，巢内带着凤尾草和土当归花的叶。巢的旁边有时有低而方的小室，地上及四壁显出常用的光景。此外，更有许多盛放根、干及叶的袋，这些储物袋是用泥丸封着的。

加利福尼亚大学的坎普先生曾经仔细研究过美洲山河狸的习惯，对于这种隐匿动物的知识，幸好有他的记录我们才知道了许多。这是一种食草动物，喜欢吃凤尾草的根茎、其他植物的肥大而多汁的根和芽、有汁的茎以及许多的草类。它夜间出外觅食，白昼则休息。它的动作迟钝，姿态呆笨，气质怯弱，所以我们知道它夜间收集食物、到白天在安稳的穴内享用不是没有原因的。观察者常会看到一种饶有趣味的"割草的工作"，植物的各部分通常被切成段，而放在那里干着。但这种干料似乎用以铺巢，而不是当食品的。虽然如此，有些多汁的茎无疑可备不时之需。

山河狸有时候可以爬至 6 000~8 000 英尺的高处，但它看来并不像它的远

_ 山河狸

族兄弟阿尔卑斯山土拨鼠那样需要冬眠。我们常见它在雪上蹒跚地奔着——确实奔得不快，它也经常爬到低木上，采取多汁的幼枝。凡一种哺乳动物能终年寻得食物，又能在没有食物的时候吃其储藏的食品的，大概都不是冬眠者。山河狸是一种极好清洁的动物，穴中往往有很好的沟道。它们的粪大概是埋了的。

这些古老的动物是如何生存的呢？它的视觉与听觉似乎是很迟钝，但触觉十分敏锐，这对于一个穴居者是很有利的。"在一根毛上轻微地触一下，便立刻会有急跳的动作反应。"嗅觉似乎也很敏锐，这些畏怯而好群居的动物大概是依靠气味来互相识别，因为它们制造气味的腺是极端发达的。有一种奇异的现象——于群居的哺乳动物而言更加明显——那就是它是显然不作声的，但却可借着上面的门齿磨锉下面的门齿而发出一种警号。这种齿声在其他几种啮齿兽中也是有的，例如北美的有外颊袋的衣囊鼠及土拨鼠都是如此，这种齿声我们也可以从山兔那里听到。

懂得这种奇异生活的意义是很重要的。这里我们所讲的是一种即使是小孩子都可以捕捉的哺乳动物，它很笨蠢，行动迟缓，被攻击时不足以御敌，是一种胆怯的动物，而且组织又不坚强。这样的一种动物，除了避居到山上及地道里之外，还有什么更好的方法呢？既为一个穴居者，它安然居家，无论向前走或向后退行，它的小耳、小目以及它的短尾都不能阻碍它的行动。它的触觉帮助它夜间出外觅食，它的白而黏的眼泪能保护它的眼睛，减少了被擦伤的危险。所以山河狸虽有臭鼬、野猫、鹰及角鸮等天敌，仍能保全自己的生命。

苏格兰荒瘠的高原上大半覆盖着积雪，有时我们会同时看见两种白色动物——山兔及白鼬。前者是雪白的，唯有耳尖是黑的；后者也是雪白的，唯有尾尖是黑的，这两种白的哺乳动物同时被发现也并非是偶然的，因为白鼬常想袭击山兔。讲到这点，我们又必须提到前面提过的问题了，山兔在冬季是白色的，自然能使其在雪中不显露，因而能避过敌人饥饿的眼光。但白鼬在夏天本来是栗色的，它的变白也是同样的隐藏法，使它更容易接近山兔。

山　兔

1769 年秋季，彭南特游历苏格兰高地时，在山上瞧见他称之为"白野兔"的那种动物，将它写在信中报告给怀特。从塞尔伯恩地方来的回信中，有下列有趣的句子："知道白野兔在苏格兰山上这样多，确实令我很是欣喜，尤其你说这是一种与通常不一样的新种；因为英国的四足动物如此之少，每一新种的发现都是一种巨大的收获。"这些白野兔仍然继续生存着，在苏格兰高原的一些地方的确非常多，我们只要看看野味铺的橱窗便知道了。它们已被引入英格兰与威尼斯的各处了。

在 9 月份山兔开始变换它身上暗褐的毛色，到了冬季，除了黑的耳尖外，它已然很白了。和别的许多啮齿兽相同，它常常是在秋季脱毛，脱毛后所生的新毛，往往不含色素。它是白的，换言之，它是能反射各种光线的。不过，这还不是全部的故事，因为土棕色的毛，按照阿伯丁的麦吉利夫雷教授很久以前所说，也可以变成白色的。这变换是怎样成功的呢？答案大部分得自那位著名的动物学家兼生理学家梅契尼柯夫，他说游行的变形虫状的细胞从毛的中心经过外层时，吸食了棕色色素的微粒。它们把微粒带了下去，经过毛的底部而入于皮中。不久，那根毛便成为死了的构造，至少显露的部分是如此。按照梅契尼柯夫所说，雷鸟的羽毛变白，与人类的毛发之变为灰白，其原理是与此相同的。他称这种游离的细胞为"食色素"，即食色者的意思。

我们曾经观察过一只山兔，它跛行在雪盖着的旷野上，停止了脚步，好奇地瞅着我们。当我们追逐它的时候，它忽如精灵般地不见了。若是不假思索，必定以为这动物在雪的背景下是易于隐藏的，好像它得了裘格斯之戒（裘格斯是小亚细亚古国吕底亚的国王，刚开始是一个牧羊者，得到魔戒能够隐身，用来弑杀他的国王，并夺去了国王的妻子），有了隐身法。但我们却有几种理由，不能肯定地做这样的解释。山兔常常不在覆盖白雪的环境中，那时候它的白色反而更加醒目。再者，我们须记得山中及高地有雪时，山兔往往寻觅较低的地方和更适于隐蔽之处，在那些地方，它的白色几乎让它暴露无遗。

在冬天雌兔与雄兔是分居的，但在早春时候，雄兔即嗅出雌兔的踪迹。山兔是自由恋爱者，两雄常常争斗，用后足站立起来，互相拳击或以锐利的门齿互相咬啮。

the Outline of Natural History

第六章

沙漠与草原上的居住者

头举得很高，因此眼睛不会被地上的反射物所熏灼；
睫毛很长，足以遮蔽飞尘；
耳中生满了毛，能紧闭以避开飞沙；
视力很好，并能从远处嗅知水的所在之地。

动 物 生 活 史

我们想起沙漠，便不能不想起骆驼来，它的确是沙漠中最具特性的居住者。我们可以说它是沙漠中的胜利者，因为骆驼在许多方面都是适宜于沙漠的生活的。它那长长的足与运动灵活的大腿，走得很快，每日走 150 英里的连续 4 日中，每小时走 10 英里，它仍能非常轻松。蹄已退化为指甲似的构造，那踏在地面上十分平定的两趾（第二与第四趾），生有弹簧褥般的肉垫，适于行走沙漠之用。胫骨的下端（即前肢的两掌骨与后肢的两跗骨的连合处），分开而成为两个圆球，没有寻常限制足趾向旁运动的隆起部。因此，那两趾可以向旁边展开而成为一扁阔的足，使这荷重的动物不至于深陷在沙内。

骆驼背上有两个肉峰，单峰驼只有一峰，中间储存胶质的脂肪是沙漠行程中预贮的食物。在饥渴交迫的时候，这奇异的驼峰便软软地垂在一边，驼峰显得最低的时候，就是骆驼最窘迫的时候。尤其值得注意的是，胃壁中的储水袋，大约有 800 个小囊的水，每个小囊的口子都有收缩的肌肉。当骆驼在饮水解渴或胃中有水汁时，那小囊中都会自己充满了水。勒尔教授写道："在缺乏水的时候，那预贮的液汁得以输入胃中，因此有利于那贫困的血液。"这里应该提及那骆驼们反刍食物时的情景，它们像鼷鹿一样，胃中仅有三宝，而无寻常的四宝。那寻常的第三宝即牛羊的重瓣胃，不过骆驼只是略具这一特征。不知是初生呢，还是正在消亡？臼齿适于磨嚼粗硬的草料，这些草就是骆驼大部分的食料。

它的头举得很高，因此眼睛不会被地上的反射物所熏灼；睫毛很长，足以遮蔽飞尘；耳中生满了毛，能紧闭以避开飞沙；视力很好，并能从远处嗅知

_单峰驼

水的所在之地。简言之，骆驼有许多方法以顺应沙漠中的境况，除了有膝部与胸部的厚皮和胼胝外，它还有耐苦的德性。因此，我们会读到 100 头荷重的骆驼整整地旅行了 13 天，而完全没有饮水的故事。格里高莱教授举出澳大利亚一个地方的例子，那里有几只驯养的骆驼，不到 34 天走了 537 英里，而不曾饮过水。当然，我们不能把它视为奇迹，因为虽然骆驼在路上不饮水，但是却能从采食的植物中得到液汁。

骆驼适应环境的结果——不论生死都是有用的——便是人类把它作为奴隶。那些太叛逆或具有恶劣性情的已经被淘汰了，只有工作而无游戏致使骆驼成为一种荷重的笨兽。无疑其中有些偶然会像西班牙的野驼群那样反抗而逃走。无疑，它会持续反抗，叫着、嚎着、咬着、踢着。或者正如亨利先生所说，它培植其恶劣的性情，使之成为一种享乐的方式。看来它几乎已组成了个骆驼的联邦，宪法中的一条是，凡是运货的骆驼，每小时的行程不得超过 2.75 英里；另一条是，凡是人类乘坐骆驼者，须知这种"沙漠之舟"是如何才能运转的。所谓最后的一根稻草折断了骆驼的背，似乎是正确的，因为一旦负担太重的话，骆驼会始终不肯立起的。但不幸的事必须承认，人类已在骆驼身上培植了一种执拗的劣性。人类不给它以好感，它也不给人类以好感。没有一位艺术家说骆驼是丑恶的，它常以怒目的鄙夷，"雕像般的蔑视"，睥睨世界。在另一方面，它在反刍时，好像预蕴着什么可贵的思想，好像以为骆驼是具有椭圆的红细胞的唯一的哺乳动物。

骆驼的种族始兴于北美洲，乃在数百万年前的始新世。最初只是一种幼崽，叫作"原始驼"。它只有北美的长耳大野兔一般大，具有四趾，但"自然之神"挥舞他的魔棒说："我要把它变成一种巨大的动物。"所以隔了几百万年的时间，在渐新世中，出现了另一种的驼的先祖，与羊大小相近，已经几乎失去了它每肢上的第二及第五趾。在中新世，有一种两趾的原驼，比现代骆马略大，骆马也叫美洲驼，是骆驼的再从兄弟。在冰河世纪时，成群的骆驼越过白令海峡到达欧洲，北美洲就没有活的代表者，唯有类似骆驼的先驱者留存的光荣的坟墓在那儿罢了。可是仍有些美洲的人民肆无忌惮地说，他们不信有进化这么一回事呢。

虽然干燥的草原上所产的动物比不上多草的平原上的那么多，但那里却有其特产的有蹄目。长相奇特的赛加羚羊成千地游行于草原上。它的大小与黇鹿相仿，尾短，毛略带黄色，冬天变淡，雄者有琴状的角。它最奇怪的是那极长而膨大的鼻子，鼻孔甚大，两孔相离颇远。它一般的品性与习惯虽与别的羚羊相似，外表却似绵羊，它的毛也与绵羊相似。草原上很少有藏匿之处，而且饥荒与干旱经常会突然降临，所以它也和草原上的大兽一般，奔跑非常迅速。但

_双峰驼

它缺乏耐力，所以吉尔吉斯骑兵往往能赶上它。

亚洲的草原上最有趣且最为动人的有蹄目要算野马与野驴了。它们至少可分三种，野马、普热瓦尔斯基马形式与家马相似，野驴产于西藏高原，这三种都有相似的习性。在夏天，10 匹或 15 匹母马的小群同它们的幼子一起游走着，每群由一匹有力的雄马率领。别的雄马如果已经接近成长期，均不得加入群内，它们唯有独自游走着，直到精力富足之后。因此孤独的雄马经常每次数小时地立在小丘上，盼望着小群母马的到来。如果有一群出现时，它就奔着迎上去，向那领队的雄马挑战，而此领队者也绝不迟疑地应战。两匹雄马间的斗争很是凶猛，而且每次都历时颇久，其他的马不动声色地看着。如果侵入者得胜，它们便跟着它走。而它约束它们，也与那战败的雄马一样专制。野马需要强壮与敏捷，正如它们需要速度一般，因为那里这样大的动物是绝无藏身之处的，而灌木的丛林或许藏着饥饿的狼，但一匹雄马的力量足以率领一群母马，抵挡任何一头或是一头以上的狼。唯有些落后者及幼小者，才容易为狼所吞噬，但在普通的情境中，它们也不致常被狼攻击，因为它们锐利的感觉早就警告它们：狼在近处了。

野马很难逃脱人类的捕捉，并且游牧人很早就以猎取野马为一种最喜欢的游戏了。野马被视为一种骄傲而迷人的动物，富有力量，庄严而欢乐，但比较羞怯，而其外表几乎可算是卖弄风情的。被追赶时，它会好奇地注视一会儿，然后逃走。马群逃走时秩序井然：驻足四顾，又重新转身，然后依照其领导者的命令很整齐地疾驰而逃。它们难得用最高的速度奔驰，且常因等候小马而停止脚步。它们只有在被骑兵围攻时才会被追获。

the Outline of Natural History

第七章

海洋的
优胜者

它们成群地嬉戏时,
还常有一种欢乐的精神,
那时候它们的翻腾跳跃比寻常的翻身
更令人觉得惊险。

动 物 生 活 史

最先立足于陆地上的脊椎动物是两栖类，这是无疑的，那个时候正是泥盆纪与石炭纪。由古代的两栖纲进化来的有爬行纲，由陆上的爬行纲进化来的有鸟纲与哺乳纲。但显而易见，无掩蔽的陆上生活是不大容易的，因此，许多陆地的动物寻求别的住处，以避免激烈的生存竞争。于是，有的成为树居者，有的成为穴居者，有的成为飞行者，有的则回返到海中去。我们可以以海豚为例，它是陆上动物的后裔，而又像它的祖先一样回到海中生活。

　　著名的生理学家桑德森教授曾说过，我们如果见到一个美丽的动物而感到愉悦，这种情感常掺杂赞美它们适于其所处之地与其习惯的含义。这句聪明的话可以应用到鼠海豚及海豚方面去。它游泳的动作和谐而美丽，身体的曲线也极好看，但我们观察它或别的游泳动物（似鲸的哺乳动物）时，会不知不觉地以为它是大群的自然适宜者。

　　它身体的形状正像快艇的船体一样，特别适于迅速地分水。它身体的一切都能减少摩擦，皮肤是光滑的、突出的；构造如耳壳等是没有的；尾是扁平的，成了一个推进器，把水先掠向一边，然后再掠向另一边，这个推进器只是不能转圈罢了；前肢已成为平衡用的鳍。一切毛的痕迹已经没有了，代替毛以保持其宝贵体温的是厚层的鲸脂，鲸脂使得鲸游水时更适于浮水。我们如果问鲸脂为何物，就会知道鲸脂仅是脂肪层变厚而形成的，脂肪层为哺乳动物所共同具有的，只有普通的野兔没有。有的齿鲸的两鼻孔已经相连成为一个通风的孔，位于头顶的中央，来帮助其在水面上呼吸。其鼻孔中有活瓣，所以在水面之下时，水也不致冲入它的鼻中。

鼠 海 豚

鼠海豚是英国游泳动物中最普通的动物，许多人都常见它们在水中跳跃。它们的运动姿态非常优美，数头鼠海豚成列地并排游泳时，水面上现出间隔相等的背峰，看上去极像一条海蛇。鼠海豚猎食时，每约半分钟必会浮到水面，最先见到的是它的吻与头，然后是它背的中部及背上的鳍，最后见到的是尾叶。隔了半分钟，它的吻重又出现。全部行进的动力是从推进器曲折的推力而来的，鳍只作平衡之用，有时突然用它作为制动机。鳍一般紧贴在身体的两旁。它们成群地嬉戏时，还常有一种欢乐的精神，那时候它们的翻腾跳跃比寻常的翻身更令人觉得惊险。

地中海至大西洋地区乃鼠海豚的主要产地。它是峡江中或海沟中（如克莱德河）所常见的动物。不但是常见的，也是常闻的。有一种声音，介于暗泣与叹息之间，会在黄昏时提醒你，一头鼠海豚正在那儿呼气呢。鼠海豚呼气时，并不如较大的鲸一般有一股水冲起来。

就大体而论，鼠海豚是食鱼动物，它在海中所捕食的鲱鱼与青花鱼极多。青花鱼群集的地方鼠海豚也结队而来，有时多达 50 只。在其他的时候，它在海岸边徘徊，寻求幼鳕等鱼类，它又嗜食鲑鱼，因此有时候会随鲑鱼而深入内河。在伦敦桥上，时常可以看见它，并且有一次一只鼠海豚竟然在巴黎被捕获。它有 26 颗牙齿，皆极适于捕鱼，但不如真海豚的牙齿有尖锐的锥，只有铲形的齿冠。

除了极少数的例外，它每次只生一子，一半是因水中哺乳困难，一半是因为鼠海豚寿命很长，这样的生育率——简言之，即一子的家族——已经足够繁衍了。正和高等的哺乳动物一样，它的怀孕期是很长的，大约怀孕 10 个月后生产。母亲很会爱护其子，保护的时间也是非常长的。米莱在他的著作《英国的哺乳动物》一书中曾说："有一次，有两只鼠海豚在船旁游泳，船上有人把其中之一捉获了，但并没有把它杀死，仅放置在船上而已；另一只继续傍着船游泳，大约过了几分钟，船上的人把捕得的一只重新又放入水中，那两只鼠海豚便一同游去了。但我们不知道，这被捕的一只是否为另一只的孩子，而那忠心的陪伴者是否是被捕者的母亲，那是不能确定的，不过大概甚似母亲。如不是那样的话，则此观察所展示的仅是一种极发达的对于同类的同情心罢了。"

一般的鲸

鲸的构造与习惯是极有趣的，尤其是鲸适应水居生活的方法。但如果我们从它的历史进化过程来研究它，则兴趣就会大大增加。我们知道它是哺乳动物，祖先久住于陆地，而又返回海中，正如大蠵龟一般，它虽居于海中，但它的祖先是一种陆居的龟。我们且从它的历史进化过程来思考它。

在鲸躯体的深处，仍有髋骨及后肢的细小余痕。这些骨骼的退化小片，可以说是已经没有用处的了。它们常被称作器官的雏形，但我们必须知道，它们并不是构造的开始，将来会长大而有效，它们只是退化的将要消失的痕迹而已。一头 30 英尺长的鲸的大腿骨只有我们的手一般长，那不是很奇异吗？再看已消亡的爬行动物载域龙——它的大腿骨有 6 英尺长，对比不是很明显吗？但鲸对于深埋于水面下的没有什么用途的后肢将做何处置呢？唯一的答案就是，它们是一种后肢退化了的遗物，在其陆居的祖先身上时是大而有用的。鲸的尾已成为一个不旋转的推进器，它的鳍相当于桨。海豹不是水生动物，它的后足不是用来站立的，但并不是退化的痕迹。我们只要看它们已变为主要的推进器，便可以明其所以然了。海豹的尾不像鲸尾般地有叶片。两者游泳时，先将身体后面的水拍向一旁，然后再拍向另一旁，迅速地轮流着，这一点是相同的。推进器的桨在鲸来说就是其尾鳍的叶片，在海豹来说为其两后肢，但这种运动是一种摇橹式的。

实际上鲸是无毛的，它们身上盖着光而滑的皮，游泳时将摩擦力减到最小。这显然是与哺乳动物不相同的，因为标准的哺乳动物是覆盖着毛的。但鲸是由陆上的动物变化而来的，这是已证明的事实，而且在此可以说明，未生下的胎鲸为什么身上是有许多细小的毛的。进化的痕迹一直都还在！我们更可以明白许多的鲸唇旁仍有少许触须存在的缘故。这是一个明显的事实，它们有时在关键之处仍保留着少许的毛，用作为触觉的器官，相当于猫颊上的硬须。这些触须存在于鲸的唇旁，神经末梢特别多（每一条须上有时有多达 400 根神经纤维），所以它们虽是剩余之物，但绝不是无用的遗痕。我们的结论是，从进

_ 白　鲸

化方面去看，才会明白鲸的小须存留的原因。

　　成年的露脊鲸或长须鲸是没有显露在外的牙齿的，它们张着大口在水中游泳，把成千上万的海蝶（属海中的腹足纲）及幼鱼卷入从上颚下垂而深入口腔（有时长至 7 英尺）的角质板的边缘。鲸时时卷舌把那无数枣核似的生物扫入

_虎　鲸

它的食管中。它并不用齿，虽然它有两组齿。它的齿从不破牙肉而露出，在鲸未出胎时已被肉包裹住了。为什么那两组齿会成为无用的齿呢？要不是我们知道那是鲸的祖先在陆上咀嚼食物时所用的牙齿的遗迹，那岂不是又成了一个疑问了？

　　一个夏天的晚上，我们在一个海湾内停船。那地方十分安静，既没有浪打声，也没有鸟啼声，就是那停着的船也好像鼠一般地没有声息。突然，在我的旁边有一头很大的鲸在那儿喷气——仿佛那儿有一股蒸汽。我们模糊地看见一股呼出的飞沫柱一般地升到空中。从历史的进化角度观察，鲸的喷气是什么呢？鲸是哺乳动物，不是一条鱼，所以它必须在干的空气中呼吸，而不能像鱼一般呼吸混合在水中的空气。有齿的鲸必须在水面下的深处寻求

其食物，所以如果将呼吸的次数减少，那对鲸是有好处的，因为它呼吸时必须浮到水面上。它的喷气就是用力地呼出其用过的空气，往往在连续的短时间要做数次的呼出，然后深深吸入。鲸能储存大量的空气于肺中（大约亦能储于血液中），所以它能潜在水面下 10~20 分钟之久。喷射中所含者大部分为呼出的空气，在冷空气中可以凝结成滴的水汽，以及带起少量的海水。喷射的水柱可达 15 英尺高。凡此数例都是新博物学从历史进化的角度来观察生物的方法。过去的手是按在现在的手之上的——一只活着的手。

海　豹

海豚、鼠海豚、鲸等都可列为海洋的优胜者，而在我们的意识里海豹则是与海岛及海滨相连的，它们还不能如鲸等离陆地而独立。

海豹当然是陆上食肉动物的后裔，而且是近海生活者的子孙。它们到陆地上来休息、睡眠及产子，显露出它们原本是陆居动物的事实。但变为水居的大冒险必已年代很久了，因为在海豹的身上已经有许多适于水居的特征了。略似锥形的身体是适于在水中做迅速的运动的，耳壳的消灭、毛皮的紧贴及后足拖在短尾的两旁等，都是减少游泳时的摩擦力。鼻孔可以在水中闭紧，口旁的须在黑暗中潜水时是大有用处的。眼睛的构造也适于在深处黑暗中活动。皮下的脂肪足使海豹易于浮水，且也保持宝贵的体能不散失，如遇风暴不能捕食鱼时，这种脂肪也可以供数天的消耗。它的齿尖端向内，利于吞捉光滑的鱼类。前后肢都有蹼，也有爪。自然，海豹是全身适于水中生活的。

普通的海豹与灰色的海豹可以说是英国海岸的居住者，还有 4 种别的海豹则可称之为过客。普通的海豹会进入河或内地的湖中，所以经常会在珀斯、敬畏湖中见到。

普通的海豹每小时能游 10 英里，大约可以达到海豚速度的一半，但其转向的迅速如同魔术一般。海豹决定猎取鱼时，那鱼——如鲽、鳝或鲑鱼——便无生路。犬游泳时，我们见它是用它的前后肢划水的，但海豹的游泳法并不是这样的。它把前肢紧贴在胸前，除了转弯换向时外，并不展开。它像鱼一样用它有力的后半身及作为推进器的后半部的紧贴两足，把水先拨向一旁，然后再拨向另一旁，游得如电一般地快。大的灰海豹并不能游得这样快。

　　海豹在沙地上的行动十分奇怪。它会跛行，每小时大约行 3 英里，耸着肩俯着首，把它的前肢撑在沙上，拖着它的身体向前进（有时候用后肢跳掷，以帮助其前进），前屈而俯伏后，重新再走。最刺眼的是它那交互地一弯一伸的身体。曾有一只年轻的灰海豹在路上走了半英里，而到了一个茅舍内，把它拖回海中去之后，第二天它竟然又重新回到那个地方。普通的海豹经常在陆地走一段短的行程，尤其是那被驯养者，它们竟然拒绝回到海中。海豹们似有"依附一地方"及"归家的能力"，与猫所显示的相同，但不幸得很，大多数的记载仅仅把这视为趣谈而已。普通的海豹有它所爱好的栖息岩石，灰海豹在水中

_灰海豹

有它青睐的处所，它在那儿住上数小时至数天，而不去其他的地方。

普通的海豹现在仍然很常见，苏格兰尤其多，那儿有许多地方在一天之内我们可以看见 100 头的海豹。最近，在威尔士也有大批的海豹出现。我们如果晚上在西部近海的湖内捕鱼，海豹会成群地到来，用它大而湿润的眼睛瞪着我们。它的听觉很敏锐，如果听到异常的声音，便会聚集于声音之处。这似乎是由于好奇心，而不能算是由于爱好音乐，因为它既会为小风琴而来，也会为笛声而来。但它对于某一种声音听惯了之后，便不再感兴趣了。这也许是因为它愿意听声调的变换。我们不吝赞赏，因为海豹有精细的大脑，它依附某人或依附某地的能量，足以显示出它的情感生活是发展的。

普通的海豹是一夫多妻者，而同时也是一妻多夫者，所以我们关于它的配偶关系还以少说为佳。9 月为交媾之期，4~5 个月之前，雌雄两者大抵是分居的，产子期为翌年的 6 月，怀孕期共 9 个月，哺乳期约 8 个星期。雄海豹在 8 月争斗得非常厉害。

_ 环斑海豹

海豚是在水中产子的,而海豹却是最新近的海上殖民者,它产子是在陆上的。海豹的幼子第一次脱毛在其未出胎之时,毛色是白的;它在第二次长毛时,开始自己独立的生活,此次的毛是深色的。海豹生后即可到水中,但需要陆地上的长时间休息和其母亲的爱护,这两者它当然是都能得到的。

普通的海豹,除了人类及它的大表哥——灰海豹之外,是没有天敌的。它与海豚、鼠海豚不同,必须在陆地休息。它趁波浪冲刷海岸而上陆,用爪爬登。它也会趁浪退时,滑入海中。它有时也设哨兵,但常常是睡着的。人类便趁其睡时或其生殖期而棒杀之。人类虽然不愿承认海豹是足以吸引他们的,遇到机会时,却不能忍耐而杀之,这不是极奇异的矛盾吗?人类把海豹称作失去了灵魂的堕落天使、女人鱼及男人鱼,创造了许多关于它的美丽故事,并鼓励这种迷信,但人们却在它熟睡与嬉戏或母海豹到岸上来安慰其幼子时杀害它。我们能听到海豹悲惨的叫喊声。

海　牛

非洲及美洲的大西洋海边有一种非常奇异的古老哺乳动物,名叫"海牛"。它是十分奇怪的动物,色黑而皮厚,只有似鳍的前肢而无后肢。上唇分裂为两部分,生有刚毛,两半片互动时犹如钳子的尖端。它是利用这分裂的上唇来紧握海草的,吞海草时往往连着沙泥一起咽下。海牛有时候到河中去,那时它以淡水植物(如睡莲)为食物。它的臼齿很多,足以磨嚼韧而含沙的食物,臼齿磨坏后会重新长出新齿。

与海牛同属的是印度洋及澳大利亚海中的儒艮,它是目前存活的海牛的另一种。有些美人鱼的故事是以儒艮为原型的,因为它会以一鳍把幼子抱持在胸前。但这似乎不足以解释它和欧洲的美人鱼的关系,是不是?儒艮是食海草者,但其臼齿甚少,且易脱落。臼齿在咀嚼时是不怎么重要的,它们的职司由坚硬的角质板代之。

　　这种奇异而古老的海牛目中，还有一个物种，名叫大海牛，经常往来于白令海峡。最后一头大海牛见于 1854 年，这种有趣的动物已被水手们杀光了。它比现存的海牛要大，长达 20~30 英尺，但也是以吃海草为生。除了上颚有两个牙齿的遗痕外，口中没有牙齿，但有极其坚硬的上颚，用以将海草磨碎。这三种互为近亲的动物却有三种不同的进食海草的方法，显然是很有趣的。

the Outline of Natural History

第八章

奔波在外的
迁徙者

它沿着直线前进，
若有河流阻道，
那些能凫者便跳入河中凫至对岸。
那些安然渡河者，
从此以后会变得更加野蛮。

动 物 生 活 史

有许多种动物会做集体性的移动，我们常常称之为"迁徙"。"迁徙"二字的字义仅仅指自一处或一区域迁至另一处或另一区域而言，但现已应用于特定物种的集体移动，这种限制可使其意义更加明显。迁徙的严格意义指顺应气候的迁移，从夏季所处的地方，即产子而养育的地方，来到冬日居住的地方。真正的迁徙是与气候、食物的供给以及尤为重要的产子有密切的关系的。这一种的意义，最好在鸟纲中求其案例，但有许多别的动物每年也像规定好的一样迁徙。

迁徙的海狗

北太平洋中的海狗一年中有 2/3 的时间住在海中，雄性和雌性及幼崽是分居的。它随其所食之鱼而游走，尤其是乌贼或枪乌贼，捕食二者是海狗的嗜好。我们常会看见海狗在海面上跳跃、嬉戏，正与海豚相似，在此期间，它是绝不近岸的。但到了春天之后，它出发前往它的繁衍之地。"有许多海狗坚强地游过 2000 多英里的北太平洋上的海程。它一连数天地游过密云低悬、狂风怒啸的海面，绝不失误地游过阿留申群岛间的水道，而到达 100 英里以外雾气弥漫的普里比洛夫群岛。"

5月初，雄海狗到了群岛的海岸上。它长得肥壮有力，精神焕发。来到海滩之后，每头海狗都会选取一块区域作为自己的栖息之所，如果有来犯者，便与之争斗。这些被选之处是最近水之处，往往被大而有力的雄性占据，因此争斗时常发生。雄性往往一刻也不离开它的区域，竟有数周不饮不食者，睡的机会也很少。

温良的雌海狗只有雄性的1/5大，要再晚一个月才来。雄性粗暴地欢迎它，因为每一雄性希望得到许多的雌海狗。它虽一面向雌者殷勤献媚，一面却与其他的雄兽争斗，以致雌海狗也不能过太平日子。即使雌海狗已安定住下了，一只临近的雄海狗会捉住它的颈背，把它带到住所，而雌海狗原来的主人则正在献媚于新来的雌海狗，求它加入自己的家中。海狗在岛上最少留居4个月，在最初几个星期，雌海狗按时到水中去捕鱼。它所喜吃的食物日渐减少后，便远离海滨远征。幼年海狗也成群地来到海中嬉戏，且练习泅泳与捕鱼，但每只雌兽能于数百只小海狗中无误地认出自己的幼崽而拒绝其余的幼崽。

到了秋天，巨大的殖民团解散了，大的雄兽首先离开。只有在那离开之前3~4星期中，它才得到些食物与休息。它瘦了，疲乏了，也不像初来时那样好斗了，不久它在大海中便会寻到更安静而食物充足的处所。

旅　鼠

亚、欧、美三洲的北方，无论何时，总有无数的旅鼠。旅鼠种类繁多，但除了北美的带纹旅鼠在冬季变为白色外，其余的都大致相同，可以一概而论。它的外貌极像普通的田鼠，但更大而肥矮，尾较短，背上的毛也极长。大体均带褐色，但差别甚大。它常居于进出较方便的穴中，穴的出入口不止一个。它在这些穴中产子，每巢可多达8只，一个夏天产子不少于一窝。

_北美棕旅鼠

_欧旅鼠

　　它活动非常频繁，经常日夜奔波在外，以搜寻食物，即使在冬季也不像别的啮齿目一般，睡在或待在它自己的穴中，所以这是容易了解的。它需要非常多的食物，在食物充裕的季节中，它繁殖较寻常更为迅速，但也许接着便来了一个食物匮乏的时节。食物不够时，旅鼠们便逐渐地不安起来。它从山侧及苔原的各处成群结队地聚集而来，数量多达数百万。不久它便开始了饥饿的旅行，本能地一直向北方进发。起初，它是很有秩序的，边吃边走，经过有草木的地方，便吃得寸草不留；如果到了溪流的边岸，便沿着溪边走，以求一易涉之处。但久而久之，它发狂似的不顾一切。它沿着直线前进，若有河流阻道，那些能泅者便跳入河中泅至对岸。那些安然渡河者，从此以后会变得更加野蛮。

　　旅鼠在旅行时，死去的数量非常巨大，因此生物学家所称为"送葬者"的动物——鸮、鹰、猞猁、狐、伶鼬等——每次都伴随而行。疫疾也会使旅鼠的数目减少，弱者先被淘汰，而许多强者更会意外死亡。譬如1923年的秋天，旅鼠经过挪威的官道，被汽车碾死者为数极多。又有许多旅鼠在泅过峡江时，因体力不支而被淹死。

　　但不是每只旅鼠都会遭到如此悲惨的结果。有些越过了险阻，从而寻获了新的居处；有些因力竭而退后的也能恢复其体力。因此过不了多少年，小小的旅鼠重新又充斥在北方各处的平原上了。这是一个一再重复的故事。个体仅会数百万只、数百万只地消灭，但"自然"总护佑着它的种族，使之不致灭绝。

the Outline of Natural History

第九章

奇异而胆怯的
游荡者

那些目光锐利、灵活而短小的土著，
最善于跟踪野兽，
他们很容易地在地上掘出陷阱，
并把那谨慎的霍加狓捉住。

动　物　生　活　史

那庞大的河马，除了在非洲内地森林带的河流中以外，现在已很少有了。

发育完全的河马大约有 4 吨重，长度可达 14 英尺——确实是一头巨兽。它那大而圆的身子足以安置在短而粗的腿上，连接着它多齿而阔大的嘴部的颈是如此之重，它有时把颈安置在地上，似乎它的粗颈还不够支撑其重量。它身上几乎完全没有毛，它的皮比犀牛皮还光滑。

河马食草及水中的植物，它的胃能容 5~6 蒲式耳（1 英蒲式耳约合 36.67 升）的食物。德国博物学家布雷姆在描写河马进食时的神态时说："那可怕的颈伸入水深处不见了，在植物的中间咬掘了若干分钟之后，那河水因污泥浮起而变为黑色了。那巨兽衔着一大捆的食料——在它只是一口而已——又重新出现，把食料放在水面上，然后慢慢地吃。那植物的梗和卷须横披在它口的两旁，绿色的植物汁液和其口涎不断地在其两唇间流出，半嚼的草料成团地吐出又咽下，那无表情的眼睛呆定地注视着，而它的巨大的齿尤其显示出可怕的样子。"

河马的力气非常大，仅靠鼻子就可以完全颠覆一只小船，在水中可以拖一牛而行，并不费力。凡种植的地区被其毁损者非常严重，它踩踏稻田，以致被其摧践者比其所吃的还要多。但就大概而论，它是惧怕居民的，对于他们的枪，它没有方法抵抗，所以在有人居住的地方，它必定到晚上才开始活动。白天，它伏在水中。它的鼻孔生得非常高，它把它们露出在水面上，但时常隐没在水草中，所以我们通常感觉不到它的存在。白天，它不作声息，仅仅有呼吸声；在晚上则叫噪，大声咆哮。

在偏僻之处无人打扰的地方，河马的夜出习惯便不大显著。即在白天，它也敢大胆地从水中出来，曝晒于阳光之中。有时候小河马——大概每次只有一头——在其母亲的保护之下，在白天里睡着。但母河马往往把小河马负在背上在河中游泳，它自己可以在水中下潜十分钟，但有小河马在一起时它便常常起来，因为小河马必须呼吸。如果遇到危险，那母亲庇护它孩子的行为是十分勇敢的。

犀　牛

犀牛的名声不是很好，据说它脾气很坏，而且有恶意的行为。它爱好探索，而视力又不怎么好。它是天然的夜间动物，白天的时间都在睡觉，所以要是被一个偶然经过的旅行者所惊醒，它常常要攻击那旅行者。森林中的犀牛，有长而尖锐的角，比平原的犀牛性情更加凶悍，后者的主要欲望仅仅在于不被侵扰地独处。

犀牛每次生产只产一子，其子随母而行，直到孩子长大为止。我们经常见到母犀牛与两头幼犀牛同行，其中一头比较小，另一头比较大，显然大者为小者的兄长。但母犀牛常常在幼犀牛没出生之时，即将长成的小犀牛驱逐开，不许它们随行。犀牛在白天睡觉，常常独卧在平原上的独树下，或荆棘的阴凉下，或丛林中。

下午4点钟，温度降低了，犀牛开始了它每天的行程，走到一处它所喜欢的水滨。它随行随食，慢慢地在一丛丛的灌木中走着，但在日暮之前必然走到

_犀　牛

水滨。如果时间晚了，它便不再随路寻食，开始加快脚步，它的腿虽然短，却
走得很快，足以在既定的时刻到达水边。

　　许多犀牛在水边相遇，它们喝足之后便开始游戏、嬉闹，如一群发育过度
的猪。它们的叫声在黑暗的森林中回荡。它们游戏疲倦之后，回至水中打滚，
或寻找到一棵适宜的树，在树干上擦它起皱纹的皮。除了每天到水边外，一年
的大部分时间它们是不大远行的，唯在最干燥的几个月中，作季节性的游行。
犀牛见它常到的水池已经干涸了，因此出发寻求一个更深的池。它对水有着极
其敏锐的感觉，能像狗一样，用前足刨地把沙土堆在后足间，而掘得水穴。别
的动物利用此种水穴，或加以掘深，但很少有能把它们挖成井的。

　　霍　加　狓

　　中非的热带森林是为数不多而又鲜为人知的霍加狓的家。谣传有一种奇异
而胆怯的生物在森林中游荡着，有些人说它是羚羊，又有人说它有像斑马一样
的斑纹。一直到 1900 年，约翰斯顿爵士才使科学界了解，这是霍加狓。但没

_霍加狓

有人能把一头活的霍加狓带到这里来，虽然在安特卫普的动物园内，曾经有一头活了很短的时间。大概除了少许勇敢的探险者外，了解霍加狓的人仅仅有伊图里森林中的土著了。那些目光锐利、灵活而短小的土著，最善于跟踪野兽，他们很容易地在地上掘出陷阱，并把那谨慎的霍加狓捉住。

霍加狓与长颈鹿为近亲，但其背部的棕色不如长颈鹿的显著，因为它的肩比它的臀部并没有高出多少。它的颈不怎么长，头似长颈鹿，有大而似薄贝壳的耳朵。它的颜色与大多数森林动物相同，是深酱色或略带紫的红色，但后半身有白色的条纹，面部与腿部也是白色的。成熟的霍加狓有角，其形状与发育程度和它的近亲长颈鹿的角相似，在霍加狓完全长成后的数年中，角长 2~3 英寸，紧附于头颅骨上，但不像长颈鹿的角那样完全有皮盖着。因为它的角尖是裸出的，可以看见下面的骨头。角上没有角质的掩护，它的角完全是由骨所形成的。雌的霍加狓无角，而体形大于雄者，这是有蹄动物中所仅见的。大的雌兽自蹄至肩上之最高点高达 5 英尺，而自鼻尖至尾端之长度约达 7 英尺。

霍加狓的足印与驴的足印相似，但与水牛或大林猪的大不相同，因为那分趾的相互距离很小，如果在一块软地上，那分裂处是几乎看不出来的。它受惊后，会发出一阵突然的哼声或呼声，正与长颈鹿所发出的声音相同，这就是它转身逃走时所发的声息。它大概在傍晚或清晨进食，所吃的食物是大树荫下幼树的叶子。它绝不吃草，因为据我们所知，它喜欢居住的地方是没有草生长的。它的舌长而富有肌肉，非常适宜于持食树叶。霍加狓与长颈鹿为近亲这件事，从它们吃东西的表现来看是最为明显的——它伸长了它的颈，一直伸到最高度，在各种树的叶子上挥卷它的长舌。

紫　羚

棕白条纹相间的毛皮虽为一种颇奇异的外观，但实际上对该动物有巨大的

紫羚

帮助，因为这足以使它隐藏在森林中，而不致引起敌人的注意。紫羚是非洲森林中的一种动物，其毛色与霍加狓的属于同类。紫羚是羚羊族中一种美丽的动物，它的毛皮是深栗色间以白条纹，这是保护色的一个很好的例子。那白色的条纹分碎了身体的整体形状，所以它在森林中的天然的居所出现时，绝不引人注目，尤其是在日光照耀而森林中布满了交互的光线与阴翳时。同样，老虎身上刺目的条纹在特殊居处的背景下，也是几乎看不出来的。沙漠中的动物必须有不错杂的黄褐色的毛皮才利于隐藏，而森林及丛林中的动物有间断的条纹及对比的毛色的话，则更适宜生存。

紫羚的家在森林中，但它可以游荡到很远的竹林或潮湿之处。与霍加狓不同，紫羚喜欢近水的地方，且常常花费许多的时间在沼泽中打滚。它虽是谨慎小心的动物，但有一种习惯，常因此而把自己置于死地，它常常到一处经常到的水域打滚，而且每次必走同样的路径，因此土著便容易用陷阱来捉它。它是有力的野兽，有硕大的角，常把它的角在树上摩擦，磨得十分光滑。霍加狓在森林中经过时，如果遇到阻碍的话必跳跃而过，但紫羚是绝对不肯跳跃的，它会攀缘或匍匐，但很少会跳过一株灌木或一株断树。这个习惯与森林中那小小的赤水牛相同。大概因为地面不平与许多藤类纠缠，在森林的茂密区跳跃比较困难。

披甲的哺乳动物

披甲的哺乳动物的最好例子，自然首推犰狳。它的肩部与股部有骨质的鳞甲，而两者之间则有骨质的"腰带"能依次将之镶紧。这种动物将头和尾蜷缩之后，便成为一个不可分开的球。犰狳及其亲属是唯一的皮中有甲骨的哺乳动物，它们的甲胄几乎完美，不仅异常坚硬，并且能够蜷缩。犰狳与树懒属于同一亚纲，行动迟缓的树懒喜欢避居在树枝间，而犰狳则依靠它的甲胄和其掘穴

_ 九带犰狳

的能力，仍然生活于平地上。它有极强的爪，可以非常快地在土中掘几下，便直坠般落下去，最后所能看到的只是它身体的后半部。它的背上盖有骨质的板，它的敌人难于着手去捉它。不久之前，曾发现一只犰狳去除了它的甲骨，还能走得很好，而且能凶恶地咬扯。

有一句谚语说"好的东西不能要得太多"，但拉丁格言"莫过度"一语似乎更聪明。我们时常看见太过度的动物，如南美的雕齿兽是犰狳的已灭亡的亲戚，甲胄有 1 英寸厚，这当然比所需的厚了太多。然而这种同样的事情，却也经常发生在人与人之间或民族与民族之间。

在讲完犰狳的甲胄前，我们还要添两句与论点相离不远的批注。第一是关于达尔文的，他非常喜欢研究犰狳及其亲属——无论是活的，还是化石——后者是他乘坐比格尔号旅行时在南美发现的。让他深思的是南美既富于此现（贫齿目）的化石，而且也是活的代表之大本营。达尔文自言自语地所说的话大约为："这不会是一种暗合。当然这些许多已灭亡的犰狳、食蚁兽与树懒必亦为那些现今繁生于此处者的祖宗。"这个观念当今所有的博物学家都能接受，但使此观念成为共识者则为达尔文。第二句批注很简单，那地方的人民把犰狳的甲胄做成一只极牢固的篮，把犰狳的尸体丢弃了，再把它的壳倒置着，从头部到尾根处装了一支柄，这样便做成了一个再好不过的购物篮了。在皮上生甲骨的趋势是非常彻底的，因为在尾上也有连续不断的骨质的环，每一个环都足以成为一个极好看而可靠的餐桌上用的布巾环。

穿山甲是犰狳的一个亲属，生活在非洲及远东。它有极强的鳞甲，角质的鳞重叠相次，正如屋上的瓦，布满全身而且都能活动。即使我们所知道的已经很多，但见到此奇异的古老的哺乳动物的时候，仍然不禁会说道："它不是一只爬行动物吗？"或者那鳞甲就是爬行动物的远祖传下的遗产，所以哺乳动物来自一种已经绝种的爬行动物是无可置疑的。但是如果说哺乳动物未完全失去爬行动物的产生鳞甲的能力，也许更接近于事实，因为鼠及海狸的尾是有鳞的。东方的穿山甲的鳞中及非洲幼小的穿山甲也都是有毛的。我们也可以提及那有趣的海豚，它的皮中是藏有鳞的，有些已经绝种的鲸也有。

有厚厚的皮，也可以说就有了相当程度的甲胄，这种甲胄在犀牛与大象身上达到极致。

the Outline of Natural History

第十章

合群善交际的群居者

一个群体中有一致的工作，
而一个群体之所以能围住一小群的羊或
抵抗一个强大的敌人，
就只是因为群中的每一个成员都能一致工作，
而不各自为谋。

动 物 生 活 史

自然界有独居的哺乳动物，如水獭、野猫、狐狸等，也有群居的哺乳动物，它们也可分为若干不同的等级。

　　第一级虽常同住在一处，为数众多，但其相互间并无社会性的生活。以兔巢为例，多数的兔住在一起，在昏暗的环境中进食及游戏时不易受惊。但据我们所知，它们并不共同工作，也无哨兵。北美的场拨鼠可以说也是这样的。许许多多的个体同住在一处，是因为它们找到了适当的地方，也是因为它们繁殖得非常快。它们正在群居者的边缘，但也仅仅是到此为止。

　　不过，要画一条极其分明的界线是不可能的。已故的赫德森在其《拉普拉塔的博物学家》一书中告诉我们说，潘帕斯高原的兔鼠之间有许多的"会话"，并且有着共同的游戏。它属于啮齿目，有时会伤害它们居处附近的谷类。由于愤怒，农民们有时在兔鼠所居的洞口堆放泥土，想将它们活埋在洞内。但到了晚上，一大队的兔鼠从另一个村子赶来，把洞口掘开，救它们的邻居们脱离危险。合力工作，即为群居生活的开始。

　　再以斯堪的纳维亚的旅鼠为例。关于旅鼠我们在前面已说过一些，它们大群地居住在适当的地方，但它们之间并无社会性的共同生活，只有被饥饿所逼迫时，它们才合成一支大军而出发，而社会性的行为的开始即在此合力中体现。

第二级可以以鹿、羚羊、野牛为例来说明，其进步的地方在于有合力的行动。它们行动时都是全体一致的，群中的每一分子都协力来抵抗它们共同的天敌。譬如，加拿大极北的多毛而黑褐的麝牛如果遇到狼群，便合群退到高处或一面峭壁之下，它们围成一个圆圈或半圆，小牛居在圈中，而具有可畏的长角者则列阵以待其敌。麝牛合群地守，狼却合群地攻，我们所读过的吉卜林的《丛林之书》中，有关于"合群的法则"的优秀的博物学故事。一个群体中有一致的工作，而一个群体之所以能围住一小群的羊或抵抗一个强大的敌人，就只是因为群中的每一个成员都能一致工作，而不各自为谋。群居的动物常常会设有哨兵，并使用警号。在许多的例子中，如驯鹿，经常有时间性地全体旅行或迁徙，从夏季所处的地方来到冬季所处的地方，或从冬季所处的地方回到夏季所处的地方，这比鼹鼠或旅鼠这种偶然大群地迁徙者又高出了一级。

第三级的群居动物可用海狸的村落来说明，这已近于蜂房的组织了，不仅是成群。因为海狸能够合力以共同经营，如建造一个堤坝或掘一条运河。它的故事是非常有趣的，所以我不得不用更多篇幅来说明。

海　　狸

海狸为啮齿目之一，是松鼠的近亲。我们不能说它属于一个聪明的种族，我们猜想它所做的可以被赞美的事情，大部分都是先天本能的结果，而不是属于后天学来的智慧。

海狸本来是英国的土著，它工作的遗迹尚可在英国许多的地方找到。但它离开英国已很久，在欧洲时只居住在极偏僻的地方。就是在海狸极多的北美——因为美洲的海狸几乎与欧洲的相同——它居住的地方也日渐狭小了，它已被驱赶到非常偏西的地方。事实是因为海狸的皮非常值钱，尽管它很狡黠，

海　狸

并且有群居的习惯，却不能维持其固有的地盘。它与松鼠的亲族关系是很有趣的，因为它们两者都已多少离开其原始的居处——干地上——而寻找到了新的家园了。那最彻底的松鼠已成为树居的哺乳动物，而海狸则到水中去了。

海狸有厚而不渗水的皮毛，有生蹼的后足（游泳时便作为舵用），强而扁的有鳞的尾，所以是非常适于在水中生活的。错误的见解比较不容易消失，旧有的见解认为，海狸是用它的尾巴来填土筑堤的，但这是海狸不做的事情。在夏季，海狸经常到很远的地方遨游，享受丰富的食物，它那浑圆的身躯与短短的腿均不适于在陆上疾走。

海狸有许多保全生命的手段，如果不是人类重视它长毛下面的浓密绒毛而猎取它的缘故，它或许还要多些呢。从前，海狸的皮是用来做礼帽的，自从用蚕丝来替代之后，海狸得以渐渐地返回它以前所常到的地方了。美国各州大都有保护海狸的法律，设陷阱狩猎者不得多杀海狸。海狸游泳与潜水的本领、储藏小枝与碎木的习惯、夜出的习惯、很广的食谱（因为它能吃许多不同的食草），都足以保全它的生命，但尤为重要的是海狸能够互相帮助，且有极具效率的先天本能。

海狸不但合群，且好交际；不但好交际，且会合作。它建筑堤坝、开凿运河即是证明，许多的巢穴环绕成一个海狸池或者成为一个海狸村。海狸村成立之后，其附近的树木必定会年复一年地减少，近池的树先被使用，接着便用较远处的树，正如渔港的渔船必须越走越远。海狸搬运树枝是衔在口中，两头突出着，在它游泳时那是绝不费力的，但在经过丛林中的矮树间时，却非常费力。当然它会造路。但它能造比路更好的东西，即运河。最好的运河是非常奇异的，长达数百英尺。它会在蛇形河道的两个曲折间建造一条捷径。它会穿过一个小岛。我们如果把穿过小岛的事想一想，便不得不承认这是一件奇异的工作。造长运河并非一只海狸的力量所能及的，必须群策群力。再者，按照阿盖尔公爵拍摄的照片显示，如果我们能明白那工作的情形，就知道这种合作的工作，若非工作完成后水道可以畅流，是不算成功的，它的工作似乎是朝向这一个目的的，虽然很模糊。同时，我们都知道在河旁的低矮丛林中常有通路，大雨时便成为一种天然的运河。大概这种通道很自然地变为水池，而海狸们便是借此加以改良的，因为我们已提过动物们是善于顺应而拙于创造的。

海狸们一对一对地同住着，严守一夫一妻制。青年时代很长，家庭关系似乎很快乐。海狸村繁殖过度时，便另寻觅新地方。据说，开辟新村的工作是由海狸的祖父母们、年长而胆大者执行的，但我们不能轻易相信这种说法。

我们并不认为海狸是一种聪明的哺乳动物，可与狐狸、白鼬、马或大象相比拟。但它有合作的特性、与同类协作的能力，这是它最大的天赋。经过了相当长的岁月，它有试验的冲动和暗示的机智，如果试验的结果良好，它便维持下去而不屏弃。我们并不确定说任何海狸都有建造堤坝维护集体利益的观念，我们的意思是，在需要造坝的暗示出现时——从已经泛滥的河水及群体的趋势可知——海狸便会试验它的想法，如果结果良好，它就会继续下去，成为习惯。

the Outline of Natural History

第十一章

乘风扶摇的
翱翔者

那些呆木迟钝、不识时势的都被淘汰了，
中途迷途而不能到南方的也已全部灭绝，
只有那聪明慧黠的鸟得以生存下来而延续其种族。

动 物 生 活 史

脊椎动物中最高的两纲是鸟纲与哺乳纲，它们是沿着两个极不同的方向进化的，所以很难说谁比谁高级。但人是属于哺乳纲的，因此通常以哺乳纲为首。但任何人都会表示同意的是，鸟类是个优秀的老二。它们的骨骼与肌肉，它们的视觉与听觉，它们的血液与呼吸，都不落后于哺乳动物。

也许有人一时不知道鲸与蝙蝠是哺乳动物，但鸟就是鸟，一望即知。因为鸟是长有羽毛的两足动物，如果我们再加上"恒温"与"产卵"两词，则其定义会更加确切。恒温是说它无论日夜、无论冬夏，一直保持同样的体温，恒温的动物只有鸟与哺乳动物两种。除了 5 种两翼不发达、只会奔跑的鸟——非洲鸵鸟、美洲鸵鸟、鸸鹋、食火鸡与几维鸟外，其余的鸟都有飞翔的能力，南极的企鹅等属于少数例外。

鸟的生活状态是特别有趣的，因为它有真正的智慧和固定的本能。还有第三种特质我们必须提及，那便是其个体的习惯，因为有许多鸟非常容易适应新的生活状态。

鸟的感觉

鸟有两扇广开的智慧之门：视觉与听觉。我们经常赞美鸥鸟在汽船后面的泡沫中衔取饼干片的敏捷与准确。鹰在山上巡查，搜求鸟的幼雏，其目光之锐利也非常令人惊异。它在极高的地方观察到了一只小鸟或幼雏，就会像闪电一般迅速从天空降下。秃鹫之所以会集中在动物的尸体旁边，也是由于其视觉，而不是因为嗅觉。第一只秃鹫看见哺乳动物蹒跚而跌倒的时候，便从空中降落下来占有它，第二只秃鹫在空中看到第一只下降后，也随之降下，然后第三只也接踵而至。到了那时候，消息已经在天空广泛传开了。

次于视觉的当属听觉，仅仅是小枝的折断声，就能够让听到声音的鸟迅速飞走，或发出一种信号以警告其同类。大家知道听觉敏锐的鹅是如何在夜中觉察到异常的声响，群起警鸣而救了罗马的。许多鸟善鸣必然是由于它善听。

敏锐的听觉对于出生就能奔走的高等鸟，如鸡雏、鹧鸪、麦鸡、红脚鹬等而言，是非常重要的。它对于双亲的一种特殊的警戒声具有本能的或先天的认识，所以一听到这种声音便立刻蜷伏不动。它出生后两三小时便能这样，但如果是继母养育的话，则无论继母说什么，也不管继母是怎样焦虑地呼唤它，它都绝对不会注意的。这足以证明它是能辨别声音的。正如我们所知道的，有些听觉灵敏的犬能辨别主人汽车喇叭的声音，即使相隔的距离还很远，它也绝不会将之与其他汽车的喇叭声相混淆，除非那喇叭是相同的。如果我们稍稍研究鹧鸪的听觉，会更了解动物的行为。幼小的鹧鸪绝对服从双亲的呼唤，但我们却不能以为它起初就知道它蜷伏不动是为了什么。它的神经与肌肉的系统天生（我们所谓的遗传）对于某种特定的声音便会作出这样的反应。我们切不可以为这是由于它的聪颖或智慧，因为这样的看法是不对的。它有这种现成的禀赋，不用学习，这便是本能的奇异与神秘之处。

至于别的感觉，鸟纲所具有的都不怎么好。覆盖着羽毛的动物的触觉是不会敏锐的，它们长成之后，触觉便消失了。但有的时候，有些鸟类以喙触物，或在吃食的时候不先用眼睛看而先用喙感触，那么它们的喙的感觉是非常敏锐的。譬如鹬鸟在林中的湿土里掘食蚯蚓，它的喙的尖端富有神经末梢，这种鸟对于它看不到的食物（如土中的）是用触觉来感知的。

鸟的味觉不怎么发达，因为它吃东西时往往是不经咀嚼就下咽。但据我们所知，鸡雏不久便学会了避开味道差的毛毛虫不吃，而饥饿的小鸭在试过一次之后，也会拒吃皮肤含毒的小蛙。

对于鸟的嗅觉，我们知道得非常少，如黑鸟、鹊及数种夜行的鸟。关于鸟的别的感觉——冷热、压力及平衡——我们知道得也很少。有些动物学家以为候鸟受到"一种磁力的引导"，所以才能长征远徙而绝不迷途，但一切想证明这种磁力存在的尝试都完全失败了。我们知道候鸟在热带地区过冬之后，仍能回到北方的繁殖地，但它用了何种方法，我们迄今仍没有发现，说它拥有"一种方向的感觉"也是没有确证的。总之，鸟的生活中最重要的是视觉与听觉。

鸟的行为

如果一个小孩子练习骑自行车，第一次试骑便能成功，这应该可以称作是一种先天的才能或本能。具有这种禀赋的人类是很少的，但在鸟类中这却非常常见。幼小的黑凫第一次被推入水时就能游泳，并且大部分的水鸟都能这样。有时候它能够游得很好，但似乎并不是天生就喜欢水。这在水鸫或河乌（一种与鹪同族的鸟）身上，表现得尤为明显，它不是天生就会进到水中的。小鸟似乎需要被推入水中，才能发觉自己具有的本能。有些栖于绝壁上的鸟，如海鸠，它的生产地也许在离海面两三百英尺高的岩石上，它第一次进入水中，必须由它的双亲诱引或强迫才能完成，有时候双亲帮助幼雏下水，有时候也许会加以教导。母凤头鹏鹏会先把幼子背在背上游泳，然后潜到水面下，使它稳稳地浮在水上。

　　一只鸟与一只蜂的行为之间有巨大区别，在于鸟缺少天然的（或本能的）禀赋，而有较强的学习能力。我们曾经提到过它游泳的天赋，在飞翔与潜水、啄食与抓掘、蜷伏与隐匿方面大致都是这样。但除了这些能力之外，小鸟全都依赖后天的"学习"。摩根教授在观察他实验室中孵化的小鸡时发现，小鸡在跑出户外时，绝不会注意母亲那咯咯的呼声。后来它渴了，愿意从一个蘸水的指尖上取饮，但绝不知道水是可以解渴的，就是在走过水盆时也不会在意。只是它偶然啄自己立在水盆中的足趾时，才知道水是它所要的东西。那时候它才举喙仰头而饮，一如我们平常所见到的样子。后来，那些没有常识的小鸡把红色的毛丝放进了嘴里，似乎将之误认为蠕虫而咽下，显然它缺少了母亲的教导！但我们应注意的一点是，它虽然犯了错误，却并不会持续地犯下去。它误食红毛丝或无味的毛毛虫只不过一两次罢了，它学习的速度非常快。

　　正如脊椎动物所共同具有的能力一样，鸟类常常能很快地将某一所见之物或所听之声与某一相关的动作联系在一起。摩根教授为了使他的松鸡快乐，经常用挖掘出的蚯蚓来喂它。不久，当看见教授拿着铲的时候，它便从远处奔过去跟随着他。我们不必猜想它曾经对自己说："他手中拿了那用具了，这是替我掘蠕虫的。"但在这只鸟的心中，它已经将这把铲子与一种快乐的经验联系在一起了。

　　利用这种联想的能力，便能训练鸟类表演一些小小的技术动作。雀、牛鸟甚至是鸡雏都能学会辨别卡片上清楚的记号，如果给予它某一暗示的话，它还会把一张特定的卡片从其他卡片中选出来。唐纳德讲到他见到的印度织巢鸟时，写道："我利用它出奇的智慧和喜欢深究所看见的东西并将其衔在口中的天然嗜好，教给它操作的技艺。它是一个极会学习的学生，如果和善、耐心地教它的话，在一个月之内，它就能够从许多卡片中选出特别指定的卡片。它会

凤头鸊鷉

在一枚投掷到井中的铜币沉没到水中之前，将其叼住并且带回来。它的技能有些似乎是令人难以置信的，可是这些技能的任何一种，它都可以在两天之内学会。训练中第一个最重要的步骤，就是教会它伸掌表示'食物'，而握拳则表示'没有'。一切事情都依靠它第一次所学会的这个秘诀，其余都是简单的。织巢鸟脑子比较发达，它是一位聪明的造巢者，它的动作非常敏捷。因为有这些禀赋以及在心中将事物迅速联系起来的能力，所以它能够学会种种技能。"

博物学者常用迷宫——与在汉普顿的那个相似，不过更为简单一些——来测验动物。雀、椋鸟及鸽对于这种试验均能学会。至少在一个月之内，我们再次试验成年鸽子的话，它仍然不会忘记。

鸟类的许多生活状态是不同种类行为的混合物，我们已经试过怎样分辨这些不同行为的种类。让我们来举一个例子。有些幼小的啄木鸟在啄破枞果而食其籽的行为中，已显示出出奇的巧妙。我们也许乍看便以为这是本能，与黑凫初次下水就能游泳一样。又或许是出于了解这个问题的目的，我们把它当作一种奇异的智慧。这两种对于啄木鸟行为的看法都不是全无理由的，但这两种看法都不正确。因为我们发现，最初雌鸟把枞果籽带给它的小鸟，然后给小鸟半破的枞果，最后才把整个枞果给小鸟。雌鸟与小鸟的教与学之间有一个循序渐进的过程。

白嘴鸦的故事

大家都承认白嘴鸦与鹦鹉是最聪明的鸟，它们以爱好群居与喜欢谈话而著称。它们都有很发达的脑子，这也许是使它们有群居习惯的原因。但另一方面，白嘴鸦的同族，如乌鸦与渡鸦虽然也有很发达的脑子，却是独居的。除了寒鸦外，白嘴鸦欧洲的同族都是独居者。大概白嘴鸦与鸦之间的性情是不同的。

　　白嘴鸦的故事开始于 2 月份，因为这正是交尾之期。雄性会得意扬扬地在雌性之前鞠躬，而且伸展着它的翅膀与尾巴。并且依照怀特所见："白嘴鸦在交尾期，因为心中欢乐，有时会试着歌唱，但不会有太大的成功。"它们在其他的季节感到欢乐的时候，那得意扬扬的鞠躬与歌唱也会表现出来，但在交尾期最为显著。有时候它们之间还有种有趣的礼节：雄鸟给它喜爱的雌鸟一种小礼物——一口美味之物或别的东西——如果雌鸟也喜欢雄鸟，它便接受并表示感谢。两只白嘴鸦似乎是终生同居的，但每年必有这一种求爱的举动。

　　3 月初，天气尚冷，白嘴鸦开始准备建造新巢。有时候它们将用过的重新利用，但会加以整理清洁。它们常常因为一些小枝而起争执，如果可能的话，到了某一时期它们便会互相窃取。不过，一只鸦从无叶的树上折取小枝时，另一只鸦便会为它望风。隔一会儿，换望风者去折枝，而折枝者为它望风。除了使用这些柔韧的小枝外，它们还会另外添加一些土和黏土，巢内铺上草和树叶、羽毛和羊毛，使之变得非常舒服。一棵树上往往有十几个巢，也有时多达30 个巢。如果那树枝折断了，或有折断的迹象时，它便离开这棵树。在营巢期内，白嘴鸦每天晚上回到它的栖宿处，这些地方与它的群聚处或出生处相隔非常远，但产卵开始之后，即在 3 月底的时候，它便不再回到栖宿处了。

　　每巢中所生的卵有 3~5 枚，雌鸦紧贴着孵着，有时雄鸦也会替代一会儿。各巢的卵的颜色是不同的，这些不同点大概是由于食物不同所造成的。不过，卵虽然颜色不同，但均完好无损，因此颜色的差异是没有太大关系的。不管其中有卵无卵，它们的巢总是很引人注目的。在大多数敌人面前，白嘴鸦的卵都可以保全，但被乌鸦所损害的的确也不少。乌鸦是很成功的强盗。白嘴鸦会任由乌鸦侵袭，这似乎是一件很奇怪的事情。不过，它们都不是善斗者。大概它们的性格中有些弱点，所以它们喜欢群居。

　　卵孵化后，双亲非常的忙碌，因为小鸟的食量很大。它们喂自己的孩子蛴螬、线虫及其他幼虫，因此每年在这个时候白嘴鸦都替农人做了不少的工作。在最初的几天，雄鸦把觅得的食物交给雌鸦，雌鸦则用来喂养孩子；稍后，双亲均能直接喂养孩子，但母亲喂的东西似乎更受欢迎——这是什么原因呢？我们目前还不知道。

关于白嘴鸦的应说的话很多，从我们的观点而论，第一，白嘴鸦是很美丽的。它那光滑的黑羽毛在日光中反射出蓝色、紫色、堇菜色及绿色。正与大多数奋斗的动物相同，白嘴鸦的身体有美丽的曲线，好像快艇造就的流线一样。沿喙的白色，在黑色的对比下，反衬出它的头部，是极美观的。在第一次生日之后，下颌与鼻孔旁的刚毛便消失了。拉马克派说这是由于挖掘土中的蛴螬等虫而擦脱的，其实这是一种体质上的特点，因为不掘土的鸟也有这样的。这是一种成熟的记号。就是在稍远的距离，我们也可以从那喙边的白色，分辨出一只离群的白嘴鸦和一只习惯于独居的鸦。

第二，白嘴鸦善于飞翔，它们拍翅时好像在稳健地驾驶一艘船，比我们所料想的要快得多。我们经常计算白嘴鸦飞过 3 英里外幽谷的高壁的时间，如果我们观察无误的话，则其每分钟大约飞行 1 英里。

除了普通的飞翔外，还有雄鸦在求偶时所表演的直坠式飞翔。白嘴鸦高兴的时候还会在空中跳跃，这是它们在嬉戏，没有其他的意义。而白嘴鸦半合双翼突然降落在它们栖宿处的技能是其他鸟所不能企及的。

无疑，白嘴鸦是群居的鸟，它喜欢与其同族住在一起；它与寒鸦交好；它似乎喜欢把人类当作自己的邻居，因为大多数白嘴鸦的聚居处总是在人类房屋的附近。但白嘴鸦虽然是欧洲鸟纲中最会群居的鸟，它在合群性方面并没有太大的发展。我们的意思是说，它虽然终年群居，但在合作行动方面却很少发展。这一点只要看它忍受乌鸦和其他掠夺者的蹂躏便可以知道。如果白嘴鸦稍有组织，这种侵掠是很容易制止的，可是它有时竟然放任聚居处全部被捣毁。白嘴鸦是否真的设有哨兵，它的"议会"是否商议它的迁徙，目前却还是一个疑问。白嘴鸦偶尔会挺身而斗，可是极其少见，我们认为它是教友会派的教徒——一个善良和气的、无抵抗的信徒。因此它的近亲，除了寒鸦外，大都是独居者，不过它却有喜欢群居的气质，它会说："群则安。"它是非常喜欢聚在一起交谈的。

有一件奇异的事我们可以相信，白嘴鸦对于同类是富有同情心的，因为它们中的一只如果被枪打伤或打死，它们往往会持续不断地飞近它。虽然它们讨厌看见枪，但它们靠近其同类的冲动比恐惧心更强。它们还有一个几乎已经被我们忘掉的优点，那就是它们喜欢洗浴。它们如此喜欢洗浴，以至于有时候会用雪来代替水洗浴。

鹦鹉

凡属于鹦鹉科的鸟都是非常喜欢群居的，并且与白嘴鸦相同，非常喜欢谈话。鹦鹉大部分生活在热带，有着自己显而易见的特质，人们即使偶然看到它，也都知道它是鹦鹉，不会认错。有许多饲养的鹦鹉，小得像麻雀一般大，而大的金刚鹦鹉足足有3英尺长。在这许多明显的特质中，我们得首先提及它那短而强的喙，上半截与头骨连接处能够随意活动，长出下半截之后则向下弯曲，最适于破壳而吃果实，在攀登高处时也是极其有用的。舌大而多肉，可以用以取得食物，运送到口中。第一及第四趾向后，而第二及第三趾向前，非常适于紧握树枝。羽毛光亮，有许多鹦鹉的羽毛格外鲜艳夺目。有几种特殊的例子，如折中鹦鹉，雄性是绿色，雌性则是红色。它们的色质是同样的，只有羽毛表面细微的组织是不同的，因此产生了对比。鹦鹉常常居住在森林中及草原上，它是严格的食草者——以花蕊、果实、种子及多汁的叶为食。最出奇的例子是新西兰岛的奇鹦，它在短时间内能学会撕去羊的肾部上的毛，从而剔出其中的肉。

鹦鹉的声音大都很粗糙，但它的模仿能力却是出类拔萃的，只不过因种类及个性不同而有所不同，并且与聪慧程度也有关系。鹦鹉善说似乎暗示它的智商非常高，但实际上并不是这样的，因为人们训练它所说的字句，是为适合某种情境特地设置的。下面的一个故事是大英博物馆已故的鸟类学大家夏普先生说的。这个故事很有名，而且确有其事。"一位在曼彻斯特的朋友告诉作者说，英格兰的北部举办了一次鹦鹉展览会，比赛各只鹦鹉的说话能力，最佳者得奖。许多鹦鹉都展现了它们的能力，最后，在笼衣被掀开的时候，一只灰色的鹦鹉看见了它的同伴后，立刻说道：'天哪，这么多的鹦鹉！'它因为这句话便立即得了头奖。"

鹦鹉有许多有趣的行为，我们仅能举出少数的例子。毕比在他的《鸟类》一书中讲，鹦鹉的足与趾有许多不同的用途，几乎与人手相似——如攀援、握住树枝、递物到口中、刺戳其邻人、整理羽毛——但不适于行走。鹦鹉在地上急欲取得某物时，总是蹒跚而前，姿态比较笨拙，并且往往会跌倒。它张着翅膀以帮助其前进，如同它早已消失的爬行动物祖先一样四足并行。

鹦鹉在树穴中产卵，这与鸮、啄木鸟相同，似乎表明它与后者有亲属关系。鹦鹉的卵是白色的，鹦鹉科中体形大的每次生产不过两三枚卵，树穴中非常安稳，成年的鹦鹉又善于守护其卵，所以不需要产太多。体形比普通鹦鹉小的长尾鹦有时产卵竟然达十几个，因为它不能保护其子，所以不得不多产若干枚。

鹦鹉是富于感情、极活泼的鸟。金斯利教授曾经讲到，动物园中的白鹦们没有固定的行为。"一会儿它用嘴与足静悄悄地在攀高，一会儿它极度紧张，每一根羽毛都耸立着，冠羽忽起忽伏，异常迅速。它不像前一刻钟那样唱着柔和的'郭恰托'，而是开始狂呼惊叫，像是受了重大的刺激。但导致其发怒的理由往往非常小，或许仅仅是因为有些人的外貌或其装饰不合它的胃口而已。"

鹦鹉非常爱好嬉戏。最显著的是新西兰岛的鸮鹦鹉。它是穴居动物，已经失去了胸骨上的龙骨突，这是每一只飞鸟所应该具有的。赛斯写道："它的嬉

鸮鹦鹉

_ 蓝黄金刚鹦鹉

戏是特别不寻常的。它从室内的一角奔过来，用它的爪和喙捉住我的手，屡次在我的手上翻跟头，然后奔回到角落，重新再来，好像一只小猫一样。"它懂得滑稽，经常对猫或狗装作大怒的样子，继而又哗然大笑。

啄木鸟的生活状态

为了再次阐明鸟的生活状态，我们再来研究一下啄木鸟。啄木鸟有许多种，在有些地方，如北美及欧洲的林木茂盛的地方，非常常见。但我们即使听见它的啄木声，在树枝的下面细细地观看，却不一定能够找到它。啄木鸟是一种善于躲避的鸟，你在树的这一边寻找，它却躲避在树的另一边。

关于啄木鸟最明显的事实是，它们最适宜于树上的生活。它们的趾上有强有力的爪，而且它们的趾长得还很特别，其中两趾向前（第二及第三趾），而另外两趾向后（第一及第四趾）。不过，杜鹃、鹃及鹦鹉也是这样长的，这必定是数次独立的进化所形成的结果。其重要之处在于这样能够使它张得开足趾，牢牢地把握住树枝。就啄木鸟而言，这使它连续地跳跃而上升到树干上时非常稳妥，而且对于它用力地啄木也有帮助——这使得它非常容易地就能紧紧地握住树身。可是我们不能说得太绝对，因为啄木鸟也有只有三趾的，在欧洲及美洲都很常见。

另一种适应环境的特点是它有强有力的且很重要的尾羽，大多数都有刚硬的羽轴及坚甲羽。啄木鸟啄木时，尾羽的尖端支撑在树皮的凸凹面上，使它的身体紧贴着树身，不至于掉下来。尾羽所附的犁头骨异常的宽阔，恰好能够满足它的需要。喙呈尖锄形，而且坚固，正适宜于啄木之用。此外，与此有相互关系的，就是其强有力的头骨。我们知道，鸟类的手已经变成了翅膀，许多需用手做的事情，它们都用头骨来替代——足趾除外。因此，啄木鸟便把它的头骨当作工具一样来使用。头骨所做的事共计有三四种。它在树

_ 大斑啄木鸟

皮中寻找昆虫及其蛹时,就用喙使树皮飞散;它想要取得它所嗜好的糖汁时,就用喙在树上啄洞;它将橡实放置在石隙内,从而啄破以食用;它在树上啄个大孔,当作自己巢居之所——但这是雄鸟专门做的工作;最后,它在干燥的树枝上急速地啄木,发出声响,借以表达它的兴奋之情,或以此把消息告诉它的朋友。所以显而易见,它用自己的头骨来完成许多的事情。

大概最奇怪的要算它的舌头。它的舌头不仅长且细,尖端具有逆钩,此外还覆盖有一层黏质的唾液,捕食昆虫的时候非常便利。舌头的伸缩非常迅速,因为它的肌肉长得特别恰当。这种特别的设置在绿啄木鸟身上尤为明显——其舌头的肌肉连在两支长而弯曲的骨上,这两支骨角向后向上,经过气管的两侧,再继续向上向前,在两槽中沿着头骨的顶部向前,直至其末端达到鼻腔而止。讲到北美的金翼啄木鸟(俗称"急击者",可谓名副其实),毕比说:"这种鸟伸出舌头时,其后面的尖端离开鼻腔,飞快地顶到头骨的上部,直到不能再前进才停止。"这样离开嘴巴的尖端有两三英寸,舌头缩入比伸出更加迅速,所以金翼啄木鸟如果遇到蚁群的话,那么群蚁很少有逃生的机会。造化总在推陈出新,我们从这些生物学的微小案例中都能看得出来。要知道绿啄木鸟身上这些特别长的舌骨角,在解剖上却相当于鱼的第三对鳃弓呢。它是由这种古老的东西所变化而成的,其作用之不同,真可谓竭尽变化之能事。

有几种啄木鸟比昆虫更喜欢树汁,但它们的舌头也只是像刷子一般而无逆钩。加利福尼亚的一种啄木鸟的食性非常有趣,里特教授及其他人曾经细心地研究过。橡实在树上成熟后,啄木鸟会把它们收集起来,塞在树穴中,或者把它们啄破吃掉,或者储藏起来以备粮食缺乏时之需。有时候,一棵树上有数百枚橡实被塞在适当的穴中或预先啄成的穴中。啄木鸟把橡实嵌入树隙并啄破而吃掉的习惯,因它预先建造树穴及大量储藏,表现得更加好。嵌入树穴的橡实有时多达数百枚,竟被弃置不用——这在其他有储藏行为的动物中也是很常见的,不足为怪。这些橡实有些已经腐烂了,有些就会变为松鼠及其他会攀援的鼠类的粮食。

　　会储藏的鸟类非常少，但在啄木鸟中存在这种行为也没有不合理之处，收获橡实也许是一种尚在试验期的本能的行为。我们常常误认为进化是已经过去的事，而不知道它此时此刻正在进行着呢！这一点在啄木鸟身上表现得尤为明显，因为它正显示出进化中的有机体是如何利用它柔弱的卷须寻求一些可以谋求生存的物体的。啄木鸟有吃虫的，有吃果的，有吸食树汁的，还有许多吃其他生物以生存的，它正在试验各种东西，一部分则已经认定什么是有益的，从而专门食用它们；但也有其他在食性上不安定的，好变换而且好试验，如加利福尼亚的啄木鸟。构造上的一种变异，正如一副牌中的一张好牌，被那挤在"生存竞争"中的动物利用得很有成效，随后进化上的进步也随之而来。

　　从这一点看去，我们便容易了解那些好储藏的啄木鸟有时为什么要犯离奇的错误了。它没有借助智慧，也不会专心致志，不过是在服从其本能的冲动罢了，它储藏得成功与否在当时似乎与它并无重大关系。它犯过什么错呢？除了橡实之外，它有时也会储藏其他坚硬之物。如果藏的是坚果，也不能说它是自我欺骗。但我们对于它不储藏橡实，而往往储藏小石头作何解释呢？或许是因为本能的冲动依然带有某种盲目性。啄木鸟有时会把橡实投在无法取回的地方。帕克在关于洪都拉斯的一种啄木鸟的记述中写道："我看见一棵中空的松树中间塞了直径 6~8 英寸、深度几乎有 20 英尺的橡实，都是从离地面 20 英尺高的洞口塞入的。"这种塞满着橡实的树并不罕见，所藏的橡实也许是几年来一直积下来的。啄木鸟储藏的本能还真的需要好好地进化呀！

　　谈到英国的啄木鸟，我们不得不赞美这些啄木鸟所造的巢。啄木鸟敲击树身，若发现树的中心是空的，它——往往是雄鸟——便从横边啄空，开一道门廊。它工作得非常快，木片堆积在地上；啄空数厘米之后，树心中形成了一个圆筒形的小室，大约深 1 英尺。小室的底面是一层木片，产在其中的卵大约 5 枚，光润洁白，甚为可观——白色的卵总产在黑暗的巢中。小鸟大约在 5 月份孵化，刚出生时没有毛且力气很弱，仅能在巢底跳跃。羽毛生长出来之后，雏鸟的形状类似刺猬，不久就有力爬至洞口，等待其父母喂它食物。大概腐烂的树木对于它的巢更加有益，但往往有臭气，而且一天比一天严重；细心的观察者会看见那小鸟们在树枝上栖息、整顿，准备飞行。

鸟类的飞翔

如果我们观察一只飞行中的鸟，可以看见那两翼开始是竖立在它背上的，如果是一只鸽子，我们还能听到它两翼振动拍打的声音；然后，两翼向前向下地挥动，稍微向后，而又重新再次向上，直至两翼相触或几乎相触而止。数百年来，人们往往把鸟的飞行比之于船的划动，一般来看这是对的，因为鸟在空气中划行，它的翼正等于船的桨。但有两大不同点应当注意——首先，船是漂浮的，而鸟必须继续努力拍打两翼才不至于下坠；再者，桨的击拍中有很多向后的成分，飞鸟击拍中的向后的成分则极少。划船时，桨将大量的水推到后面，但在鸟的飞行中，两翼把空气推到下面和后面。

大概鸟平常的飞行可以比作游泳。击拍向下的部分是为了使游者浮起，而其向后的部分则是为了使其前进。但鸟翼向后的击拍，比我们以为的要少。飞翔中艰难的工作主要是使张开着的两翼向下压迫空气，因为鸟必须从它的身边驱走大量的空气。它之所以能浮空及前进，全靠空气的升力。翼大者每分钟击拍的次数较少，翼小者则必须急速地击拍。鹳每分钟击拍 180 次，乌鸦每分钟 180~240 次，凫 540 次，雀 780 次。但鸟在空气中已经达到某种速度时，需要的精力则是有所减少的。

一种常见的美观的飞翔是滑翔。有大翼的鸟，如海鸥，达到了某种速度之后，可以不必鼓翼。它伸着两翼滑翔着，有如斜下滑走，不必经过击拍。海鸥越过岩巅而飞向海中时，与一阵方向相逆的风相遇，便离开崖面而上升，它常常停止飞翔而开始滑翔，上升时与风筝是一样的。平常在没有遇到风的时候，滑翔便要中止，因为它失去了速度与高度。鸽子从鸽箱上飞下时是滑翔的，到地上时便快速停止。鹰从空中下落攫取小鸟时，会猝然而降，若未能捕获，则滑翔而起，毫不耽搁也毫不费力。有时候，总也不见鹰鼓动它的翼，虽然它已经离地飞起许多英尺了。

信 天 翁

信天翁是飞鸟中的巨人。它也许比一只鹅还要大，当它展开两翼时，自右翼的尖端到左翼的尖端的长度可达 11.3 英尺。除了吃得太饱时不能升高外，它是卓越的飞行健将。它可以毫不费力地盘旋翱翔，姿势绝对悠闲。它一年中半年为海鸟，在天空飞翔，其余时期则把时间用在孵卵和保护孩子的工作上。

在北方，黑眉信天翁最远出现在英国及加利福尼亚地区，还有其他的种类出现在北方的海洋中。但这一属是标准的南方鸟。阿房鸟，即《古舟子咏》中水手用弩射杀后围在颈上的那种，在极南的地区是很常见的。与大部分南方的海鸟相同，它是属于长翼海鸟一类的。它的专有名字是 Diomedea exulans（被逐的英雄。狄俄墨得斯是特洛伊战争中的英雄），让人想起那些被放逐者都变成了鸟（大概是海鸥）的故事。

大家都知道，信天翁是以乘风或翱翔——各种运动中最奇怪的一种——而著名的。弗劳德说："（它）绕圈子盘旋着，老是绕着那条船——有时离船很远，有时疾掠而到跟前，好像一位本领超绝的溜冰者在一片无纤尘的冰面上滑翔。它似乎绝不用力，就是你十分密切地观察它，也绝对看不见它的大翼有一点击拍的动作。"这种翱翔飞行中，信天翁兜着椭圆的圈子绕船而行，在半小时内都不会击拍其翼，它所需的只是阵阵的微风。许多专家认为，信天翁是靠着不同高度中空气流动的速度不同，才能做到这样。顺风而飞时它飞得略低，

139

但速度会加快，侧身盘旋时它逆风而起，速度减低，变运动力为位置力，这与近代滑翔机的原理差不多。

信天翁专门以游近水面的鱼为食，所以在暴风雨的时候它是很痛苦的。它不是严格意义上的潜水鸟，潜入水中的动作很笨拙，并且常常要在水面上奔走若干米之后，才能重新飞入空中。它很愉快地浮在水面上，脚大而有蹼，游水时是很有力的。因为它的食粮有时会断绝，所以在可以饱食时，它往往尽量吃饱，以备几日之需，吃饱的结果就是有时它飞不起来。

信天翁群居在岛上，有时在高处，有时在低处。在特里斯坦–达库尼亚群岛（位于大西洋南部的群岛）的信天翁，隐藏在离海面 8 000 英尺的一个火山口，另一乐土是平常人不能接近的海岛山顶。有时候不幸得很，它的巢居之处极易被发现。譬如，在中太平洋莱桑岛，白信天翁的巢非常多，甚至于用空中吊运车来运取它的卵都是值得的。它的卵被装船运到蛋白厂或制糖厂。阿房鸟的卵大约有 0.75 磅重，极适于当早餐。

信天翁的巢有些特别，离地大约 1 英尺，顶部略凹，以凝结的土、草及苔做成巢底，周围如茶托，直径大约 1.5 英尺。黄嘴信天翁常被称为"笨鸥"，它的巢非常高，上面的边是倒悬的，好像一顶倒置着的高帽子，但其空凹处只有一个小浅碟的大小。这种高巢大概是为了适应信天翁的长翼，但在有些地方，这有使它的卵与巢远离潮湿之地的益处。

雌鸟非常勤劳地孵它的卵，雄鸟常常在雌鸟的旁边陪伴着它。如果有人走近它的巢，它会凶猛地龇嘴，发出很大的声音。如果强迫孵卵的雌鸟立起，那长约 12.7 厘米的大卵便会从那雌鸟两腿间皮肤的折层中滑出来，这皮肤的折层就是孵化时抱卵的地方。企鹅孵卵的情形与此相同，真所谓无独有偶。孵卵的时间非常长，大约要经过两个月，但这种观察所得的材料是不怎么靠得住的。在有些岛上，信天翁在 10 月飞来，3 月末才离岛而去，大概雏鸟要随其双亲而出海。但也有记录说，它们会在岛上待数月之久。如果此言可信，那么可见它们的幼稚期特别长，可为日后彻底的海洋生活做准备。也因此可以知道，信天翁的成熟期是来得很慢的。

在生产的日子里，双亲的飞行生活大大减少。它们一摇一摆地在地面上行走，因此很容易被残忍的侵入者杀死。船夫们常把它们的翅骨做成烟杆，而把它们有蹼的足做成烟袋。幼鸟毛色灰暗，与其双亲有显著的差异，后者是全身白色而间以浪纹，只有翼上是黑褐色的。

信天翁的神情很高贵（不是柯勒律治称之为"虔敬"的那种），但其求爱行为是很滑稽的。莫斯里描写道："雄鸟站在那栖于泥巢中的雌鸟旁边恳求着，它举着翼，伸着尾，昂着头，或把颈平伸着，忽低忽高地舞着，发出一种奇怪的叫声。雌鸟也报之以同样的声调，于是交相亲啄，看起来非常亲昵。自然，它们以为自己是在和鸣呢。人情的弱点全世界大抵是相同的。"

所以，综上所述，鸟类的飞行大概有三种：（1）平常的飞行，即在空气中鼓翼飞行；（2）滑翔，与滑翔机相似；（3）翱翔，这的确是不容易了解的。鹦在翱翔时两翼会极速地向上下扇动，但其间并没有向后的击拍。这可与立泳相比，并没有向后的运动。

鸟类的迁徙

迁徙的动物非常多，但以鸟类最为有名。这是因为它常常离开生长和巢居之地，而到一个饮食休息之处。这就好像潮水一般，春天潮从南方来，秋天潮从北方去。

凡住在英国等北温带内的人，到了冬天，所能看见的鸟的种类就比较少了。那里虽有许多麻雀、白嘴鸦、欧斑鸠等，但大多数的鸟类都向南方寻找温和的去处了。它们到了春天还会回来，鸣声中充满了春意。这种迁徙现象在北半球是非常常见的。

不过，迁徙也有种种不同的等级。麻鹬仅在秋天从暴露的草原迁到近海边的低地上，燕子则离开英国而迁到非洲极南的过冬处。田凫在秋天从苏格兰的北部徙至爱尔兰的北部，这个地方在冬天要温暖得多；弗吉尼亚的鸻则从北方徙至中美。太平洋的黄金鸟常居住在它原住处 2 000 英里之外的夏威夷群岛，经过那无际的海面，北飞至阿拉斯加，并且把孩子产在那里。

北温带中，鸟类可以根据其迁徙的不同而分为五组。（1）夏候鸟。它们春季前往夏季的驻所建巢，到了秋天再回到南方。属于这组的非常多，大部分是善鸣而食虫者，例如褐雨燕、杜鹃、夜莺及各种鸣禽。（2）冬候鸟。这组数量比较少，生于极靠北的地方，经常来英国等地寻找过冬的乐土。其中有欧洲小鸫及红翼燕，两者都是鸫的堂兄弟，但从不巢居在英国。还有雪鹀，偶尔会在苏格兰北部的山上建巢。许多北方的凫都属于这一组。（3）过路的时鸟。这组比较少，如大鹬、小鹬及部分矶鹞，它们去往更向南或更向北的地方时，会暂时栖止在英国的海岸上。（4）数量较多的半徙者。这种鸟并不是全部离开所居之地，有些徙至他处，而有些仍继续住着。在英国，没有哪一个月不见许多的田凫及金翅雀，可是有些田凫及金翅雀的确已经徙至他处。有时候某地的鸟向南迁移，而它们的地方则被来自更北的同类所占据。（5）严格意义上的长居鸟。它们绝不迁徙，如在英国的红松鸡、屋雀、河鸟及欧亚鸲等。

孵卵的鸟及巢中的幼鸟都不能忍耐炎热的阳光，所以迁徙的鸟常住在它们所能到的最冷的地方是很容易理解的。当然，有许多鸟习惯了长久居住在热带，但春天向北迁徙的鸟都是为了寻求一处阴凉的地方营巢。有些鸟在极远的北方寻找一个营巢的地方，因此人们很少能见到它们的卵，其中漂鹬的卵尤为罕见。

北半球到了春天时，会有许多向内地迁徙的鸟从南方及东南方过来。完全成年的雄鸟先到，它们——例如鸣禽——有时候会选择一棵树作为它们夏季所处区域的中心点，如果它们的配偶赞成这个地点的话。成年的雌鸟接踵而至，

_ 沿着海岸线迁徙的各种鹬类

有的与雄鸟一起过来。最后来的是幼鸟，它们一两年之内还不会营巢。

秋季迁徙的顺序通常与春季迁徙不同，有时候幼鸟会先行出发以赶赴长途之旅。至少有许多的幼鸟是未曾经历过这种长征的，杜鹃是一个显著的个例：老鸟离开其夏季所处的地方，要比幼鸟预备出发的时间早一个月或一个月以上。它们尽力地迁徙，没有任何事情可以阻挡它们前进，因为它们已把它们的责任交给小鸟的养父母，如草地鹨及篱笆间的麻雀，因为有些养父母并不是候鸟。似乎幼鸟们有时必须在没有援助的情况下，自己单独来往于南北方。它们是怎样到达未知的目的地的呢？目前这是不容易理解的。老杜鹃急于南飞的另外一个理由是，它们嗜食的幼虫已经日渐稀少。

有些鸟秋季迁徙的行程拖得非常厉害，好像有些人会屡次说要走但并不马上走一样。它们群集在一处，试着飞走，而又重新住下。这与它们春季到来的情景不同，那时候它们似乎是很匆忙的。奥杜邦说："美洲的禾雀在春季是在夜间飞行，到了秋季则在白天飞行。"

迁徙延续数千年之久，已经成为有规律的现象。据说，有些印度人即以某种鸟的到来当作月份的名称，古代有人曾评述鸟类这种有规律的运动："天空中的鹳知道它规定的时间，雉鸠、鹤与燕都遵守它们到来的时间。"正如某些地区内的某种野生植物的开花期是十分固定的一样，候鸟的来去也是如此。在这两种例子中，生物的体质到了一年之中的特殊时间段，就开始不安定，但这是与四季交替变换相联系着的。日期之早晚是由某一年、某一处、某一种特殊的气候决定的，这与花的开放是一样的。

候鸟的奇异不仅在于它们按时迁徙，从不违背规律，还在于它们有时候会年复一年地回到生长的地方。以前，我们知道鹳是这样的，但最近有证据显示许多其他的鸟也是如此。要证明这种事实，必须在鸟类身上做某种不会弄错的记号，然后观察它明年是否回来。最稳妥的方法就是将一个铝质的轻环扣在鸟的足骨上，这环的断口处可开可合，在这环上印有号码或名称。如果环的大小选择合适，而又是在该鸟预备迁徙时——这个时候足骨已经完全长成——加上环对于该鸟的生活并无妨碍。有一只褐雨燕于 1914 年在艾尔郡加环，到了1918 年重新到该地，四年中无疑已经到过非洲四次了，环上的地址与号码是十足的证据！同样，有一只燕于 1912 年在阿伯丁郡加环，下一年重新回来，不但在同一郡同一教区内，而且在同一座农场建筑物上，那里是它的出生地。当然，有许多鸟类在迁徙中找不到原来的路，尤其是在暴风雨的时候，但上面所显示的例子足以证明鸟类能够准确地循着故道而返回。候鸟有极其奇异的"归家"的能力，其性质与信鸽能从远处回到其主人家中的能力相同，那是毋庸置疑的。

秋天候鸟向南或向东南飞到何处？它们所循的路径是什么？要回答类似的问题，有两个主要的方法。第一个方法是从在灯塔上、灯船上、海岛上、山隘口上细心观察的人那里收集事实。因为那些观察者可以把他们亲眼所见的情形告诉你，比如在夏末的某一日期，他们看见一大群鸟飞向南方。关于春季及秋季的飞行，这样的素材现在已收集得很多了。另一个方法在前面已经提及过，即在鸟的足骨上扣一个铝环，环上标注有地址及号码。有少数这种有环的鸟会被人打死或捕获，捕获的人一般会按照环上的地址，回复信息说该鸟是在某处某日获得的。因此鸟在迁徙过程中经过的地方便可以渐渐地为人所知了。

临波罗的海的罗雪登有一个观鸟站，管理这里的是西奈曼博士。他在许多北日耳曼的鹳鸟的足上扣上铝环，捕获鹳鸟的人将其身上的环寄还给博士，并且附上捕获地方的地址及时间。譬如有一个环是从中非的乍得湖寄来的，他便在他预备的大地图上的该处做了一个记号；还有些环是从青尼罗河及巴苏陀兰寄过来的，他随后又在这两个地方加上记号。如此一来，渐渐地建立了一本可信的记录档案，从而了解到秋天北欧的鹳鸟飞行的路径：由北欧至埃及，沿尼罗河流域向南前进。其他的鸟也有这种记录，虽然这种方法还很幼稚，但北温带的鸟在夏季所处的地方及其所经过的路径已经渐渐地被人所掌握了。

且让我们来看几条欧洲的路径。许多的鸟在秋季聚集在波罗的海南岸，从此取道西行。其中还有若干队转向南行，沿着莱茵河、伦河两流域，越过地中海到达北非。其他的许多队继续向西，抵达黑尔戈兰岛休息一宿，到达英格兰南部，然后再沿着法斯兰港、西班牙、葡萄牙的海岸线而飞到地中海，继续前进而停留在北非。有些鸟是由北欧直接向南飞的，例如燕子。

许多鸟会聚集在东欧及中欧，飞到亚得里亚海沿任一海岸到意大利的南端，越过地中海由西西里到达突尼斯。其他的一群则聚集在匈牙利、奥地利及南日耳曼地区，飞过阿尔卑斯的南部，越过意大利北部，沿着波河流域，从法兰西、西班牙的海岸线向南，或由科西嘉及撒迪尼亚越过地中海向南，或由巴利阿里群岛向南，从而抵达北非。

我们不要以为迁徙的路径是永远固定而绝无变化的。依照我们现有的少量

_迁徙中的加拿大雁

知识来判断，它们的路径是极丰富的。同类的鸟虽然来自同一产地，却可以到各个不同的地方过冬，所取的路径往往是迂回曲折的，而且不同的鸟之间也有巨大的差异，有些鸟比其亲族或同类飞得更远。所以我们称为它们"目的地"的地点，多半是由它们能飞多久而决定的。在秋天，有些鸟到了地中海的岸边便停止了，而其同族则再向南飞而停留在非洲的内部，所以在迁徙中路径的伸缩性是很大的。

在夏季所居住与冬季所居住的两个家之间来来往往是怎样开始的？大概这个难题的答案，可以从一时一地的气候变动中寻找到一部分。我们知道，北欧曾经有过一段长时间的比现在温和的气候。例如，北欧有棕榈与木兰的残留物。在那些气候温和的时期，大概英国等处所有的鸟的名单要比现在长得多。那时候住在格陵兰或格林尼治对于鸟类而言是没有什么差异的。但气候一天一天地变冷，冰川时期到了。北方被一片冰雪所盖蔽，山上都是冰川。慢慢地冬天来临，大部分的鸟不得不飞向南方去。那些呆木迟钝、不识时势的都被淘汰了，中途迷途而不能到南方的也已全部灭绝，只有那聪明慧黠的鸟得以生存下来而延续其种族。

到了夏季冰融化后，它们又飞回山谷，大概去享受那些浆果与蚊蚋去了，正如现在每年夏天飞到斯堪的纳维亚北部的鸟一样。但情形越来越糟糕，譬如，英国几乎全部被深埋于冰雪之中。一切本来居住在英国的哺乳动物，如穴狮、穴熊、猛犸及毛犀，不是死亡就是被迫到南方去了。这样的冰川时代共有四次，其间有三次是比较温暖的间冰期。我们认为，现在有些候鸟很有可能是在那些远古时代学会迁徙这件事的。当然，我们不能设想那些鸟类是因为那可怕的冰块渐渐地逼近它们美满的家园，因而蹲下来苦苦思索。它们并不是为了躲避灾祸而迁徙，而是深思熟虑之后才从一种迟缓而不甚自觉的方式中开始，并逐渐形成这种习性。鸟类与大部分动物相同，会做试验，那些在秋季开始感到痛苦，而尝试向南飞行的便是成功的生存者。渐渐地这种试验成为某一种鸟的习性，而深深植根在它们身体当中。这似乎是很难理解的，但这几乎是可以确定的，鸟类并不能为了明天而打算。

我们不用说几十万年前的冰川时代了，只就我们现在所熟知的四季轮回而论。在一般的冬季，天气寒冷、气候恶劣、日照时间短促，果实、种子、昆虫、黑蛞蝓均极稀少。因此去抵挡或避免这冬天，对于许多动物来说都是一个极其困难的问题，而最彻底的解决办法便是迁徙。这是迁徙起源的一部分原因，我们只要看所谓"半迁徙"的鸟——它们并不是绝对需要迁徙却也会迁徙——便可以知道这种说法是正确的。

还有第三种看法。夏末的迁徙也许与每队鸟共用一个家园或两个家园的事实有关。嗷嗷待哺者甚多，而食物则日渐减少，于是有"人口"过剩的趋势，而迁徙便是一个解决的办法。总而言之，我们大概可以说鸟类是因气候的变动、寒冬的困苦及繁殖的过度而开始迁徙的。

研究人类的种族的学者，有时用"民俗习惯"这个名词来解释那一代一代传下来、并未成为一族的律例，也非深思结果的习俗。因此只喝牛奶而不饮其他的东西，或每年必定在某特定时间内移动，更换帷幕，也许是"民俗习惯"的缘故。鸟的年年迁徙也许可以称为"鸟的习惯"，不过它们是由于遗传一代一代地传下去，而不是由于习俗形成的。这就是说，迁徙的冲动与迁徙的能力乃是与生俱来的。当然，鸟可以从其邻居得到迁徙的暗示，也可以由其敏锐的感觉与灵敏的脑筋得到帮助，但总体来说，它们"在夜间变换了它们的季节"的成功是由天赋所带来的，而不是像成功的旅行家那样是取之于经验。

我们曾注意到笼居的鸟，人类虽竭尽心思使它安适，但到了迁徙的时期，它们总是表现出不安定的样子。这说明它们全身被一种例行的常规所束缚，而且这种不安定的神情是由那些不知有冬天且从未旅行过的笼中鸟所表现出来的。但这也不是否认鸟类的不安定有时是因为受到了其邻居的影响，因为这似乎是很确切的事。有一次，在实验室中用孵卵器养大了几只黑头鸥，目的是要试验它们离开父母、朋友的帮助，能够做些什么。我们便是它们的义父母，而它们却能自己成长得很好。例如，它们生下来后便能辨别什么对于它们是有益的。我们竟然不能诱使它们试吃纸或烟草等无用之物。讲到迁徙，我们所看见的是迁徙的时期到来时，小鸟们跃跃欲试，尝试飞行。当它们的同类准备离开阿伯丁，而飞向南方比较温暖的地方，经过实验室的上空从它们头上飞过时，它们是很关切的。我们认为同类的声影会触动幼鸥脑中的记忆和动机的机关，因此它们有一天将从它们一直喜欢待的园中飞了起来，跟着它们的同类向危险的长途旅行出发。

阿诺德有一首诗，是讲一只被捕获的鹳的，描写它在秋天看见其同类从它的头上飞过时，那种不安定的状态：

> 正如一只被顽童们所捕的鹳，
>
> 被系在庭院中，在秋天看见，
>
> 很多群的同类飞过它的头顶，
>
> 到那充满日光的比较暖的陆地和海岸上去，
>
> 它挣扎着要脱离它的被系处，和它们一同飞行，
>
> 跟着它们长鸣诉怨。

一只年幼的黑凫从巢中跌入水中时，便立刻游着走，因为水触发了它游泳的本能机关。但在候鸟的一生中，触发它的机关的是什么呢？我们刚才说到它的同类，但问题是它们为什么变得不安定呢？如果我们想到夏季结束时的情境，也许可以明了一部分的答案：食物一天天地减少，尤其是种子、果实、昆虫和蛞蝓；天也黑得更快，因此猎食的时间也就减少了；空气中开始含有肃杀之气，气候也寒暖不定。答案中比较难理解的一部分是：鸟体内的变动激发了它的记忆——比鸟的个体更久的记忆。体内的动机正和体外的刺激相同。无论如何，我们必须将"鸟类因怕严冬的到来而自言自语地说'这是去的时候了'"这种谬解抛弃。这不能算是正当解释，只要记得长征的候鸟从没有经历过冬

天。那诗人是没错的："它们在一年中不知有冬。"再者，数千年来它们的祖先也从没有经受过冬天的滋味。

鸟在秋天所受到的外界暗示可以说是广泛的暗示，因为生活的境况渐渐不舒适了。但促使飞鸟决定离开其冬季所处的暖地，而向北长征的外界暗示究竟是什么，那可不是很容易回答的一个问题。大概其中所包括的是夏季的高热度、干旱及日光的照耀。

迁徙的鸟群在途中往往呈现减少的趋势，这是事实，我们不会看不到。有些鸟在风雨中飞过茫茫大海时迷失了道路。它们因盲目飞行而耗费了力气，最终沉入海中淹死了。我们在春天看到北飞的小鸟到了康沃尔（在英格兰的西南），有的似乎已经非常疲乏，让人想起丁尼生的诗句：

> 如一只疲倦的候鸟，
>
> 整夜在黑暗中飞行，
>
> 刚落身于陆地上，
>
> 投在地上便不能再动了。

有些鸟会被极寒冷的气候袭击而冻死，数百只地僵死在小镇的街道上；有些在夜间被灯塔所吸引而碰到玻璃窗上；还有别的则被老鹰或其他猛禽所捕获。凡此种种，都是事实，但大部分的迁徙者都能安然完成全部征程。它们到达了目的地，到了明年春天仍旧回到北方。但它们怎样能获知它们的路径呢？对此我们略有所知吗？

当然它们中有些是顺着海岸线、河流、山脉及连绵的岛屿而前进的。一个观察者曾经看见一连串的候鸟从大陆飞到最近的岛上——这是它们越海飞行的第一步，但如果岛屿被雾所遮掩而看不见的话，那么候鸟会沿着海岸线飞行。许多年前，在一个短短的秋日，我们在黑尔戈兰岛上游玩，很有兴致地看见飞来一群群的鸟，有的暂时休息，有的睡了一晚，然后继续它们的长征。后一群跟着前一群而来，好像后浪推前浪一般，但我们切不可因此认为鸟选择路途是全凭它们利用一切标志的能力。这不能算是答案的全部，因为许多鸟在黑夜中飞行，更有许多在茫茫无涯的海洋上飞行，就是在白天也有一些东西是看不见的。

墨西哥海湾口有一群小岛叫作"托尔图加斯"，其中一个岛名为鸟，是两种南方燕鸥的产地——一为乌燕鸥，一为北极燕鸥，它们不到更北的地方去。

两位研究动物行为的学者，沃森教授与拉什利博士，决心要弄明白燕鸥们在"回家"一事中到底做了些什么。在燕鸥营巢时，他们捕得强有力的燕鸥，做上记号，用油漆写明日期与号码，燕鸥的巢上也有同样的记号；然后把燕鸥放在有遮掩的笼内，带在船上；在选择好的地点，把它们放走，在船上时，不让燕鸥看见任何东西。但它们的营养补充得很好，它们吃的都是冰箱中的柳条鱼。

结果极奇异。有些燕鸥自得克萨斯的加尔维斯顿回到鸟岛，中间相距大概800英里。回来所费的时间不同，有的只有6天，有的却需12天。有3只乌燕鸥是在基韦斯特岛上放飞的，与原处相距仅65英里。它们在3小时45分钟之后，回到原处，大概在回巢之前用去一部分的时间于食场上。凡离原处600英里以上的燕鸥，回家所费的时间3~5日不等，但此时间绝不能说是由飞行速度决定的。

两只乌燕鸥和两只北极燕鸥被放在小轮船的单人卧室内，带到哈瓦那，在该港口内于7月11日早晨放飞。第二天它们就已经回到鸟岛上。两地相离大概108英里，但它们在古巴的海岸上白费掉了一部分时间。5只在哈特拉斯角放飞，其距离是到纽约的一半，至少有3只在短短几天内回到原处，行程大约850英里，"与乌鸦的速度相当"，但如果它们沿海岸线而飞，则所飞的路程可不止850英里。在这里我们必须要知道这些北方的水路是燕鸥所从未到过的，因为它们平常只到托尔图加斯群岛为止，不再北飞。

4只乌燕鸥和4只北极燕鸥被藏在有遮蔽的笼内，由加尔维斯顿的轮船带至离鸟岛 461 英里远的地方才放飞。其间大海茫茫，并无海岸线可见。轮船当然是向西行的，这 8 只鸟被放飞之后，除了一只外均向东飞。那西飞的一只继续飞到 200 码远的地方之后，突然转身向东，与其余 7 只采取一致的行动。它们在第一天遇到了强烈的逆风，但其中两只却平安地抵达故乡。有时候，它们并非这样顺利。6 月 4 日，有 11 只鸟在加尔维斯顿港口被释放，离其故乡大约 800 英里；6 月 9 日，观察者之一乘轮船回到鸟岛，看见其中一只燕鸥（一只有红色记号的乌燕鸥）栖息在海上的一片浮木上，离故乡大约有一半路——约在加尔维斯顿东面 400 英里——不幸因暴风雨来袭，不能安然回到故乡。

这些试验清清楚楚地证明，营巢的鸟有一种回家的动机，能在 1 287 千米或以上的距离内觅路归家，经过的海面或海岸是以前它们所未到过的，并且在出发的途中也没发现它们是向何处去的。这种观察结果令人非常满意，但它也不能明白地告诉我们，问题中方向的感觉位置在何处。

因此，候鸟所表现出的觅路的能力大部分仍是一个谜。我们不知道它们是怎样顺利地到一个未知的目的地去的——换言之，在南方的冬季所住的地方，对于幼鸟而言是一个未知的地方。我们也不知道明年它们回到北方或最终回到它们的诞生地会是怎样的。对于这类谜，若去考察与其类似的事实，如有些人类及有些哺乳动物所表现出的克服万难从异地寻路回乡的能力，是很有用的。如果仔细研究信鸽，也许可以对平常的迁徙有所启示。不过，信鸽的成就大部分依赖于鸽种的选择及主人的耐心训练。起初，主人会教它们在较短的距离内归家，方向是常用同一方向的。那些不能训练的——常占很大的比例——则终止训练，善学的能在一年之后从离家 200 英里的地方觅路归家。一只完全长成的信鸽常能往来于 500 英里之内，有的还有更好的记录。例如，有一只鸽在一天内的 18.25 小时飞了 634 英里，另一只（美洲的）在 35.5 小时的时间内飞了 1 010 英里，夜间栖息的时间也包括在内。由此可见，距离越远，信鸽所费的时间就越多，但并不一定是照此比例而增加的，因此，两天的距离也许要费去它一周的时间。这即暗示它们寻求陆上的记号时，要花费很多的时间，而敏锐的视觉及对于地形的记忆力是有助于它们成功的。鸽不做夜间的飞行，遇雾则多少会受困，这种事实可以与上述的事实互相证明。它们在被放飞之后，往往飞升至极高处，兜一个圆圈，好像遇到阻碍而特行侦察一般。

我们知道，信鸽成功回家的固然多，然而失败的例子也非常多。在一次从罗马到德比（英格兰的郡名）的著名的飞行（距离约 1 000 英里）中，放鸽106 只，仅有 2 只能觅路回家，其中的 1 只花费了 23 天的时间。这显然证明，它们在发现记得的标志之前，是在各个方向作许多尝试飞行的。

北极的鸟类

在北冰洋生活的鸟类当中，如果不把年年回到峭壁与小岛上生产的鸟包括在内，那不能算是完全的。有少数的鸟终年居住在结冰的海岸上，好几个月内，食物很少，仅能勉强维持其生活。海鸥与管鼻鹱是在任何地方都可以生活的。

大群的鸟向北飞行开始于 5 月份，此时冰才刚刚融解。棉鸥来得最晚，必须在连接小岛的冰完全融解之后，因为只有到这时候它们才不致被北极狐所掠食。它们环绕这些小岛，建成紧密的"殖民地"，在此长时间地养育大量的孩子。它们在岸滩上很容易得到丰富的食物，因为每次潮落的时候，泥滩上留下不少软体动物，足够海岸边的鸟吃饱。在水平线之上则无物可得，因为岩石已经被冰块摩擦得很光了。

北极海滨的特色就是岩栖鸟众多，这些游水者与潜水者的生活是依靠海洋自身而不是靠海滨的。不是每一个高岩或岩岛都适于栖息，它们必须选择肉食动物到达不了、烈风吹不到，而又光照充足的地方居住。只要是合乎这种条件的高岩或岩岛，就会迅速被大群的鸟占领，主要的鸟为刀嘴海雀、海鸠及小

刀嘴海雀

海雀。如果那里有穴可居，那么善知鸟也会来居住。它们抓取小鱼、养育幼雏，终日不息。即使在月明之夜，大部分鸟的动作也不停息，因为鸟可以睡得很少。

幼鸟因为丰富的食物长得很快，虽有时会遇到许多意外的灾祸，如被贼鸥所掠食。到了 8 月份，幼鸟已经能和父母飞到稍暖的地方，在那里静静地休息过冬，以备回暖后北飞。短时间内充满爱情和劳作的生活，是它们一年生活中的顶点。

在北极的岛中特有的鸟是一种小海雀，与已绝种的大海雀为近属。这是一种极为有趣的鸟。在一个岩石的突出处，伸入深水的尖端，南面有遮盖的一面，有一个博物学家的座位，观察者坐在那里，好像已经成为岩石的一部分。在一个很暖和的冬天，我们有一次静静地坐在那儿好一会儿工夫，最后获得了回报。在我们的脚可触到的地方，来了一只小海雀，它徐徐地绕着石角游泳，好像一只水鸲鹏在池塘中划着。它是一只非常动人的鸟，羽毛分为黑白两色，非常清洁，身长不及 6 英寸，蹼足短尾，还有一对淡褐的眼。

这只"冰鸟"身体虽小，但精神颇勇猛。它习惯在北极的环境中生存，喜欢吃海中细小的甲壳类。幼鸟色黑，隐藏在斯匹次卑尔根群岛的岩穴中。它的父母为它搜集食物，两颊涂抹红色糨糊，那是海藻的碎片。它是活泼、好动而又多言的鸟，能够如善知鸟一样在水上飞行。有风暴的时候，我们在离海岸 20 英里的地方会发现死的小海雀，似乎由于慌忙，它们有时候会不管方向地乱飞。

潜鸟及其他

在 12 月的时候，到河口去观察鸟类，得到的乐趣是很少的。然而当潜鸟到场时，我们的乐趣便来了，它是在冬天里我们最盼望到来的鸟儿。虽非天天可见，但在好几个星期中它显然是可见的，因为气候恶劣时，它不到海中，所以常常能看见。它常常因为躲避大浪，到河口来休息。在风平浪静的河口，它可以猎取许多的鱼，海面上连续不断的暴风雨常把上层的鱼送到深水中，潜鸟就是要取也很困难。这确实是海鸟们遇到的最大危险，它们日常的食物

_ 红喉潜鸟

竟会沉到不可至的深处去了。饿了两三天之后，它们变得瘦弱了，不能再抵挡海上的风雨。

　　潜鸟是一种勇敢的鸟。在多风暴的北方水面上，它毫不在意，但它也喜欢在河口休息，这是让我们很快乐的事。它们中有许多会到内地的湖中去，在那里它们必能享受到冬季的真正休息，这也使我们很快乐。在河口更为常见的是红喉潜鸟，是一种较小而优雅的鸟——虽不及它大堂兄来得动人。

　　潜鸟的世系很遥远，是真正的古代生物。它的远祖是已经灭绝的大黄昏鸟，这是无翼有齿且脑很小的潜水鸟，长约 5 英尺，曾在数百万年前白垩纪的海上猎取鱼类。它的后足异常有力，在陆地上大概没什么用处，但极适宜于迅速的游泳和深远的潜水。潜鸟就是其后裔，它是真正的鸟类活化石。

　　潜鸟的本领又能引起我们的重视。它游泳和潜水的本领是没有其他动物能超过的。它虽不能在陆上起飞，离水飞腾时也必须借助游泳或波浪的动力，两翼还要做急速的振拍，却能长时间地飞行，飞得很高很远。在空中，它的姿态很奇特，长而粗的颈伸在前面，两翼向后，运动极卖力。它的飞行令人想起已经灭绝的飞龙或翼手龙，无论如何，不像是近代式的。

　　它的潜水是一个极急促的筋斗，很少有人看得清楚它在做什么。它在空中

做一个急速的转折后，头部径直地潜入水中。有力的足是游泳与潜水的重要工具，但它的两翼在水中也略有用处。在膝节处有奇异的向上突起骨，上面有极有力的肌肉附着，起到一种附加的杠杆作用，使游泳与潜水中的划拨更为有力。最有趣的是，这样的膝部组织在鸊鷉与黄昏鸟中也存在，其意义也都相同。

潜鸟的力量在萨克斯比的故事中有所提及。在潜鸟的足上绑上一条绳索，它能拖动一只 13 英尺长的挪威松造的轻舟达数分钟之久，它也因此会稍微受点伤。但在暴风雨的时候，它在海面上的技术是非常有趣的。最奇怪的是它那慢慢地沉入水中的行为，与它急速的潜水正好相反。潜水时它好像一只沉没的船，直沉而下，一瞬间只有其头尚且可见；跟着便是真正的潜水，并且能在水下进行平常的决斗。它潜在水中的时间为两三分钟，但不能判定它是否每隔数秒钟都会将头伸到水面上来。

潜鸟是海鸟中最美丽的一种。背部呈黑色，间以四角形的白点，好像棋盘格的花纹，腹部是白的。喉部夏季为黑色，只有前面有两条横的白纹，中间间以黑纹。在冬季，前头是白的。自然，还有别的颜色，比如在繁殖期，它的黑色羽毛具有一种不可描摹的金属光泽，它的嘴是深蓝色的，另外还有黛青色的足及深红色的虹膜。雌雄间没什么分别，它们是同样美丽！

潜鸟是英国典型的冬候鸟，它也许是过路的候鸟，往更远的南方，如地中海，去寻它的冬季的居住地。到了春天，它重新又回到北方去。它从不在英国繁衍，也不在任何离冰洲近的地方繁殖。它真正的家乡在极远的北方——格陵兰，在出产兽皮的地方及亚洲北方的海边。它的叫号声中具有北方的忧郁，至于它的歌声与恋爱时的呼唤声，不幸得很，我们都不曾听到过。它的巢往往筑在淡水湖的边上，因为它在陆上是非常笨拙的。巢中通常会有两枚微褐色的卵，孵卵期约一个月，雌雄鸟共同孵育。小鸟在出生数小时之后即可入水，它在游泳、潜水、捕鱼时所表现出的技术彰显了本能的力量。

它在陆上行走时如蛙一般地跳跃，笨拙的程度比它的双亲更甚。这是很容易懂得的，因为幼小的动物常常会接近于祖先的作风。

　　鸟巢常筑在它所往来的最寒冷的地方。潜鸟筑巢于冰洲及格陵兰，小海雀筑巢于新地岛，雪鹀筑巢于同一地段以及法罗群岛（在北大西洋）、北斯堪的纳维亚与俄罗斯北部。确实，雪鹀偶尔也会筑巢于凯恩戈姆等处的碎石堆中，但这是一种例外。因此，正如秋季南飞的夏候鸟，上面所述的三种鸟（以及其他，如某些潜水的凫类）是北飞的夏候鸟，它们将我们的海滨作为可用的冬季居住地。

关于善知鸟

　　善知鸟是海雀科中的一员，海雀科包括小海雀、海鸥、刀嘴海雀及已绝

_善知鸟

灭的大海雀。它们的形状与举止均比较类似，适宜于海上生活，比起飞翔，它们更擅长游泳与潜水。它们并不是不会飞翔，但两翼短而且窄，大海雀的命运尤为不顺，导致其丧失了飞行能力。大部分的海鸟是黑白两色的，它们繁殖于峭壁与荒岛之上，可以无巢，主要的食物是鱼。它们都是北方的鸟，它们这一科是很值得我们了解与研究的。

　　善知鸟有一种特殊的可爱之处，虽然它的品性不如它的外表那样动人。关于潜水鸟类，汤森德博士给了我们第一手的写真："善知鸟是一种奇特的庄严与滑稽的混合物。它短而粗胖的颈，饰着一个黑领，它那严肃的脸及那张引人注目的大嘴，使人想起假面舞者的假鼻，它那光亮而呈橘红色的足与小腿，在靠近我们时会使人见了忍不住发笑。"（《美国国立博物馆公报》107 页，1919 年）仲夏时，在它的产地上，我们会看见千百成群的善知鸟，那实在是这世界上最令人快乐的美景。

　　它是很幸运的，它有许多的名称。如"海鹦鹉"，是因为它们的善鸣；如"犁头铁"，是因为它的形态似犁刀，这一目了然；至于称它为"汤密诺里"，那是含有亲密与嬉戏之意的；但我们最喜欢的是林奈所定的专名 *Fratercula Arctica*，意思是"北方来的小兄弟"。谁都知道，善知鸟是我们海岸上的夏候鸟，4 月或 5 月到来，数量很多，而且到各地方的日期年年都是很准的。它住过了繁殖期后，在 8 月末飞回它真正的家中（大概是在海中的）。在赫布里底群岛一处，据牛顿教授计算，在繁殖期内，该处的善知鸟大约有 300 万只。它天性淳朴，常常会惨遭毒手，结果世界各处的善知鸟数量骤减。古时候这种肥胖的鸟常被人们捉来吃，现在却不能以此为借口了。

　　善知鸟立在峭壁上远眺时，它好像是立在自己尾巴上，当然这是一种错觉。它也如别的鸟一样用足直立，只是它用奇异的方式行走时，不但其趾着地，其尾有时也触着地面。在直竖式的姿态中，其身体常倾向地面，像一只鸭子，它飞到峭壁上跳跃时，不但其趾，连其胫也会紧抵着岩石。它飞行的速度非常快，两只小翼拍得很急，呼呼作声，常兜大圈子，并做曲折的前进，降下而投入水中时，那橘红色的蹼足分开在身体的两旁。

去观察二三十只一群的善知鸟从高崖上降下，头下垂而翼向上，在空中扫过，以傻乎乎的样子进入海中，加入那已在海中舞动的鸟群中，那是很让人愉快的。"在海面上它奋力地划着，正像那些短颈的凫鸟，它们的橘红色小足清晰可见，它们的小尾耸起着与身体形成一个角度。"但善知鸟的行动中最有趣的大概是它在水下的"飞行"，它的两足拖在后面，正如它在空中飞行时一般。别的海鸟科的鸟也是这样，但有些在潜水时，是足与翼并用的。善知鸟的前进运动在水下游泳时与在飞行时大致相同，这似乎是很奇怪的，但我们记得陆上的哺乳动物跌入海中时，往往用它们行走的方法来游泳，不幸得很，这种方法对人类而言是不可行的。

还有一点是，善知鸟能在水面下"飞行"，这与南方的企鹅相同，但它们并无亲属的关系，河鸟或鹦鹉也正开始这种同样的习惯。那些已经灭绝的黄昏鸟却并不如此，它是一种有齿的水鸟，约 5 英尺长，用有力的两足击水而游，翼几乎退化到没有了。如果没有迎面的逆风相助，善知鸟从水面上飞起来似乎是很不容易的，它必须在水面上扑腾一段距离，才能飞入空中。但到了空中后，它却飞得很好。

汤森德博士注意到一个极为有趣的点："成群的善知鸟在空中打圈及侧飞，与其他海岸的鸟相似，时而显露其玄背，时而展现其白腹。"这是一个博物学上的显著证据，证明了解剖学家所说"海鸟与鸽有亲属关系"的那句话。它们的群飞相似，这几乎是它们习惯中唯一的相同点。它们的声音是很不相同的，善知鸟虽不是多话的，它的喉中作咯咯声、呜呜声、笑声及呻吟声。有一次我们隐藏在善知鸟居住的地方，这种声音我们听到得却很少。我们常常害怕提到它，如果不是塞鲁斯曾有过一次描写，我们对于它的声音现在还不敢谈及："善知鸟的声调是极奇怪的——坟墓一样深沉，并且充满了极深沉的感情。还有一种声调常能听到，即一种既长且深，慢慢地起来的敬畏之声，其发音如严肃的告诫语，好像那鸟儿是在教坛上一般。"

善知鸟在初夏会到我们的海岸上，它在这里交尾繁殖，但最初的步骤是求爱。汤森德博士写道："它们经常紧贴在一起游着，不太潜水，因为它们的注意力不在食物上。常常隔了好长时间，善知鸟独自在水上升起来，拍着它们的翅膀，好像要苏醒其脑力一般。然后两雄争斗，拍击它们的翼。同时，它们身旁的水泛起泡沫。还有两只鸟，大约是一对配偶，互相接吻，正如接吻的鸽子一般摇头动颈。又有数只把头昂起，伸喙向天，并不断这样重复着。"塞鲁斯说，虽然它们的嘴张着，但并无声音发出。口的内面是光亮的黄色，口腔的显露也许为求爱礼节的一种。在这个时期内，它们的喙最好看，色泽非常丰富。喙的颜色是发光的深红、铁青、橙色及白色的混合色，眼皮的边缘是非常明显的朱红色，而那发光的眼睛却是蓝黑色。如果照有些鸟类学家的意见说，喙的光彩是与求爱有关的，可是奇怪得很，两性的喙是同一样子的。

关于喙的最有趣味的一件事是，那光亮有色的外皮是每年都会蜕换的。善知鸟的其他种类也是如此，关系较远的鸟，如刀嘴海雀的嘴，也与之相似。皮壳蜕落之后，喙约减小了一半。眼的上下细小的角质突起物也会年年蜕换。在第二年的繁殖期前，一切均恢复了原来的样子。难道是凹凸的皮壳（用以捉鱼及衔鱼的）因争斗而破坏，因此其更新的需求比别的鸟更加厉害？我们并不知道答案，但这特别之处，正如松鸡的蜕爪，让我们回想到爬行动物鳞的蜕换。鸟喙的角质包裹物，常由许多小片所形成（善知鸟的约 9 片），无疑是其爬行动物祖先的遗物，善知鸟每年蜕换喙是其谱系遗传的重新展示而已。

还有一个特点是关于产卵的。大部分的海鸟都在岩石上产卵，而善知鸟是穴居者，它自己掘穴或利用兔子的穴。穴的长度大约相当于我们人的一条胳臂——如果想证实这个说法，那么可以用臂探穴，不过要套上手套，以防善知鸟在内啄痛了手指。穴的成功建成大半是依靠雄鸟的力量，它用趾爪抓地，非常勤奋。一个穴也许有两个门，有时许多的穴互相通连。穴的尽处有一处简陋的巢，由干草造成，有时也有少许羽毛。巢内通常有一个卵，呈纯白色，偶有斑点。如果将善知鸟在暗处所生的白色卵与海鸥或刀嘴海雀在露天所生的卵的颜色进行比较的话，差异是非常显著的。我们怀疑，我们应该说暗藏的卵往往是白色的，还是白色的卵往往会暗藏呢？这仍然是一个划分拉马克派与达尔文派的问题。

雌雄两鸟都是能孵卵的，但雌鸟似乎更为勤奋。大约一个月之后，小鸟出壳，此后喂食的时间为 4~5 星期。老鸟喂自己孩子吃鱼类，鱼有两三英寸长，每次数条——最多一次 8 条，这些鱼都横衔在老鸟口中。鱼一条条地被喂出去，前面含住的鱼为什么不会落下，是很难解释的，大概两腭张开之后，舌及口中的有些棘刺仍能扣往口中的鱼不使其脱落。小鸟最初生的是长软而厚的绒毛，背部黑色，腹部白色，此后便渐渐代之以黑色与白色的羽毛。夏季过后，以往善知鸟会成千上万地群集在高岩上，现在却一只也不见了，小鸟们都已经随着父母到海中去了。

本特先生关于别的善知鸟有一册非常有趣的记录。在阿拉斯加与白令海有所谓的角海鹦，眼睛上长有肉瓣，形状很像极小的犁刀。在某些地方，角海鹦的隧道常有两个门口，一样用于出入没有什么区别，而其巢则常常在离崖面 2~10 英尺的地方。小鸟还不会飞时，老鸟就把它衔出巢。它的喙也可以用来攀高，因此角质小片会有损坏。它的近属有花魁鸟，繁殖于北太平洋的阿留申群岛，很受岛上的人们的欢迎，因为人们吃了一冬天的腌海豹之后，可以将花魁鸟作为食物，换换口味。原住民用它的皮做轻暖的风帽，内层充以羽毛。它两颊呈白色，头上有流动的白羽，形似白发，所以有"海上老翁"之称。花魁鸟在水面下足翼并用，但它不喜欢潜水。它是非常好强的鸟，生活能力突出，能吃，有侵略性；它像一条狗一样善斗，要是不幸被它咬到，立即肉破见骨。它那个"小兄弟"的称呼实在是名不副实。

南极的鸟类

现在，我们从北极转到南极，会看到非常不同的情形。北极是陆地包围的大洋，南极则是一个大洲。这块大地终年覆盖冰雪，不长高等植物，只有少数的苔藓与地衣，其间藏伏着稀少的瘦小昆虫和无脊椎动物。昆虫既然不多，鸟类自然也不会多；没有草及开花的植物，也就没有食草动物；由于没有食草动物，所以也就没有捕食它们的肉食动物。因此，"在这 550 万平方英里的面积相当于欧澳两洲合并的大洲上，却没有一只哺乳动物"。

南极与北极的动植物生活是如此的不同，原因在于气候的差异。一年中在同样的纬度，其气候的变化速度是大致相同的。但在南极，冷暖的分别不太明显。冬天并不更冷，夏天也并不更暖，气候终年无大变化，很少达到植物能生长的温度。除此之外，寒风时时吹过来，阳光不能穿透云雾，所以南极洲为何一直荒凉、永为冰雪所封闭是不难理解的。

南极洲本身没有居住在陆上的鸟，只有一种鞘嘴鸥，是外来的候鸟。在夏季，海滨或峭壁上只要是冰雪融解的地方，便有无数成群的海鸟来居住。斯克阿鸥是南极的大贼鸥，常以其他鸟的卵或小鸟为食粮。鸥、燕鸥及一种鸬鹚也是常见的，但最多的是海燕及企鹅。

海燕有许多种，它的巢筑在峭壁的最高处。美丽而娇小的雪海燕居住在南极各地，初期的探险家常将雪海燕的巢穴当作他们已接近大冰堆的标记。巨海燕则被水手们称为"耐丽"或"臭鸟"，与它的大部分同科相似，也是一种标准的海鸟。它吃饭、休息、睡眠都在海上，只有到了繁殖期才在陆地上待几个星期。它们飞行能力非常强，常随捕鲸船飞行若干路程，以鲸的脂肪和废弃物为食。美丽硕大的土角鸽也是海燕的一种，常常在海岛的高崖上筑巢。

企　　鹅

　　南极的各种鸟中最特殊的便是企鹅，它与世界上任何一处的鸟都不相同。这一点千真万确——它的短翼、紧贴而有油光的黑白羽毛以及坐着时直竖的姿势，与海鸠、刀嘴海雀和其他北方的海鸟相似，但这些相似完全是表面的，它们构造的详情一点都不相似。

　　企鹅不太会飞，它的鳍状短翼只有在肩关节那里是活动的，上面满盖着小而似鳞的羽毛。它的短翼在游泳或潜水时会做旋转运动，如同船桨一般。

　　企鹅在陆地上非常笨拙，它腿上的皮直包到足部，身体上重下轻，因此行走蹒跚，样子好像肥胖的小孩，"每分钟走 130 步，每步约 6 英寸，每小时只走

_帝企鹅

0.66 英里"。屡屡扑开两翼，挺胸向前，它的翅膀好像在水中一样，两只脚如同推进器。"企鹅逃走时仓促的情形是任何动物所不及的。它伸长头颈，扇动两只翅膀，好像风车上的帆，身体忽左忽右，因足短而常常跌倒，而同时又急于前进不顾一切。全身笼罩着忧愁，屡跌屡起，好似带着大捆的东西。它侥幸逃走，是由于追者失声发笑放松了追赶，而不是真因为它走得很快。"

在水中，它非常活泼。它用翼游泳，除在水面上，两足只作舵用。肺内充满了空气之后，它下水可潜到 10 英尺的深处追捕鱼类，在水面下就能吞咽它们。它回到水面后，将身侧向一旁，"在奇怪的嬉戏的欢乐气氛中，用上面的一只翅膀击水，急扭着前进，过了一会儿，侧向另一边，并以一只翅膀拨水"。

企鹅中最大的称为"帝企鹅"，重达 80 磅，直立时高达 3.5~4 英尺。其数目与分布地均比企鹅少，但在某些地方，帝企鹅的大繁殖区是年年可以看得见的。帝企鹅与别的企鹅不同，它在仲夏到其繁衍处，卵是产在冰面上的。产卵后移置于宽松的皮肤所成的袋内，袋悬在身体最低处无毛的小片上，而盖藏在两足之间，生下小鸟后也是这样地保护它。雌鸟虽这样精心地保护孩子，但因严寒的气候，死亡率仍然很高。

蠢驴般的企鹅（这样称呼它是因为其叫声和驴一样）掘穴来放置卵，在人迹罕至的地方，穴的深度仅能容下其雏，或仅在一丛草下或一块悬石之下造一个小穴；但若在马尔维纳斯群岛，因容易被侵害，所以穴的隧道比较深，有深至地面 10 英尺以下的。它们怎样掘穴的，似乎还没有人考察过，但大概是嘴与足并用。那蠢驴般的企鹅自雏鸟孵出后，开始作驴鸣声，从日出到日落，永不休止，直到它离开这冬季处所之后。

特拉诺瓦探险队的利维克博士对企鹅的生殖情况有详细的记录。记录中也包括了黑颈鸥，这是小企鹅的一种，仅限于生活在这冰雪之地，不如其他种类分布较广。利维克的观察是在维多利亚地的阿代尔角进行的，企鹅到这地方大约是在 10 月中旬，最初只有两三只，稍后就有大群到来。到了 10 月底，这地方有七八十万只企鹅了。它安然地登陆之后，雌企鹅就寻找旧巢居住，或者另掘新穴，坐而守候。雄企鹅因长途跋涉，状态非常疲惫，不久便开始求偶。雌企鹅似乎是因疲乏还没恢复，在竞争者没出现之前不怎么对雄性特别注意。接着，两雄相争，挺胸进逼，以短翼互相疾击，雌鸟在旁边观战，稍微表现出一点关切。战斗似乎不太激烈，观察者虽偶见它们有流血，但从未见过斗死的雄企鹅。

战胜者为保护其巢穴和驱逐情敌，大概要花费 3 天时间。但到 10 月末，各企鹅都已经成对，开始享受家庭生活。雌雄都守在巢中，都没有食物，直至生卵之后，其中一只到海上寻食，数日后才归，携带食物以喂养其配偶。小企鹅出生后，老企鹅轮流守巢，并轮流到海上觅食。但因黑颈鸥筑巢的地方不在平坦的海岸上，而在高 500~700 英尺的石坡上，所以运输食物绝非易事。下来时比较容易，它们只要张着两翼滑下来，因为皮肤下脂肪甚厚，所以即使撞着岩石也不会受伤。但上来时那可不同了。"在哺育期内，这些山居者每 24 小时内要往返多次，从海上带许多的糠虾到巢内——对这体大而足短者来说这是很辛苦的，每次返巢须费两小时奋力爬登。"真的，有时候它会觉得力不从心，如果所携带的东西太重时，它没有到顶就已经力竭了，因此工作所得的食物都会失去。携带食物的老鸟回到巢中时，张大其口，小鸟们便伸头至其口中取食。糠虾是它主要的食物，这是极普通的一种虾类的甲壳动物。

母企鹅很安静地住在巢中，但雄企鹅容易被外物所诱惑，而与其他雄企鹅争斗。这对于群居的地方损害比较大，伏卧着的雌企鹅常以各种方式发出劝告的呼声。可总体看来，企鹅的生活似乎还是很快活很成功的。

小企鹅长大后，老企鹅便到海上嬉戏，逗留得逐渐长久。它确实非常喜欢嬉戏，滑行，潜水，从水中跃起，群集在浮冰上任其流至他处，然后再落水游回原处，乘另一浮冰再流等，都是它所喜好的。那个时候小企鹅们聚集在那寄养的群中，由可靠的老企鹅负责防御贼鸥和保护小企鹅。嬉戏的老企鹅们也时时回到托儿所，给它们各自的小企鹅带食物。等到将要离开繁衍地时，它会整天地在冰上操练，每次数小时，举行有秩序的运动。这是它每年秋季北征到冬季栖居地的准备期，不久它就会离开此地，消失在风雪之中，到了春天便会重新出现在这里。

企鹅的生活有特别迷人的地方——它不能飞翔，它善于群居，它的母爱，它的嬉戏，它的游泳、潜水、爬高及滑行，它的向南迁徙而繁殖于南极洲上，它在大海中的冬季居处等都是。但最大的事实是，它冬夏两季所处的地方都是非常艰苦的，而它却能很好地适应。它虽然失去了飞行的能力——这种损失对于鸟纲是极为严重的，如大海雀便因此而绝灭——却能很有成效地维持其生命，如果人类不加以残忍的迫害，它的数量并不会急剧减少。这便是大自然生生不息的魔力，它目睹动物们在危险中生活，而在奋斗中成功。

海　燕

海滩上被大风卷起飘来的东西中，我们有时会发现撞死的海燕。有一次，我们还遇到它的堂兄弟——叉尾海燕也遭到同样的命运。它的繁衍地一般位于苏格兰北面及西北的小岛上，秋季它从这里迁徙到大海中，在那里过冬。大概在迁徙时，有些海燕在暴风雨中迷了路，因此撞在岩石上惨死。它比其他任何鸟更不需要依赖陆地，除了它的巢穴。它难得到陆上来，最后常常死在海中。

它们有许多的名称，这些大海上的生物，娇小而美丽的蹼足鸟，最普遍的名称叫作"卡蕾老母的雏鸟"，这大概是说卡蕾老母是保护被风雨所侵袭的弱者的，她对冒险的海燕也很仁慈。至于"彼得尔"这个词大概是从圣彼得会在水面上行走而得来的。

海燕是一种暗黑色的鸟，尾端及翼下略有白羽，长仅5英寸，翅膀非常长，很像褐雨燕，极适宜于疾飞。它的足也很长，但意义我们尚且不怎么了解。它与信天翁、海鸥、管鼻鹱等类似，但与鸥不同（虽有表面的相似处），从下列各方面可以证明：它角质的嘴是由许多的小片所形成的（令人想到爬行动物的鳞甲）；两鼻孔扩张而成为一双外管；每次只产一个卵，略有少许红褐色的斑点；雏燕的绒毛极长，颜色是灰黑色的；另外还有许多较细小的特质。

海燕已经成为彻底的海鸟，除了营巢时期外，完全在海上生活。它也会飞到海角上，如燕一般掠食昆虫，但并不是一定如此的。平常它总贴近水面飞翔，它的蹼足时时触及水面，或用来划水，在水面上浮泳。它的食物为小鱼、甲壳动物、软体动物或其他的海上动物。在营巢时期，它的嗉囊里含着许多的油，如果吃到不好的东西，它会把油猛烈地呕吐出来。那种油也经常由老鸟（雌雄二者）喂给小鸟吃。一只被捕的海燕一个月中会完全靠嗉囊中的油质生活。这种鸟身体中的油质非常丰富，一些岛上的原住民会用灯草插入海燕的尸体，点了当灯火用，"（它）体中的脂肪慢慢地燃烧着，直到用完而后熄灭"。

海燕的巢实在不能算是巢，只不过是由若干干草铺成的一块小席而已。它每次只产一个卵（在苏格兰，大约生于 6 月末），生在岩石或碎石中，或生在兔穴中，或在它自己造的穴中。穴中有一股麝香味。孵卵似乎由雌雄二鸟分别进行，孵卵期大约 5 个星期。在这个时期我们看不见它飞来飞去，因为它只在黎明时飞翔一会儿。老鸟孵出小鸟后，白天似乎任由它独处，自己又重新到海上采集油质，用来做小鸟的晚餐。直到秋天，小鸟才能离开其穴，并保卫自己的身体。它的婴孩期是如此长，巢居处若不在隐蔽的地方是不行的。

无疑，海燕与一科古代的鸟同科，其谱系可以推溯到已经灭绝的白垩纪的有齿的潜鸟。像其近属一样，它已经习惯于其所处的地方，并能在海面上捕食海中的动物，以维持其种类了。它的亲属中有潜海燕，极似小海雀，它已经成为极熟练的潜水者，倏忽间潜入水中，在水面下很快速地用翼游泳，出水时又从水面飞出——是利用任何可能性以维持其生存的一个显著例子。

大部分有机进化遵从如下规律：试验所有的事，选择其中好的而坚持下去。许多的动物都有依靠智慧和试验获得生存技能的特性，这使它们逃过了环境中一切困难的阻挠。至少，它们所得到的报酬是由创造而得以生存。

塘　鹅

我们把塘鹅作为一种海上的鸟，因为它夏季的住处，如巴斯岩、艾尔萨岩、布雷塞岛等都是其繁衍之地，而不是它的家乡。少数老鸟也许冬天会留在原处，但大多数都迁徙到北大西洋的水面上。一部分到了地中海和墨西哥海湾。有趣的一点是，它现在共有 15 个繁衍处，其中 6 处是在英国的海岸边。塘鹅是英国鲣鸟科中唯一的代表，它与热带鸟、军舰鸟、鸬鹚、鹈鹕在血统关系上是近属，而与家鹅是无关的。

构造方面的特点可注意的是它那鼻孔合成为细孔的鼻、发育不全的舌、有蹼的四趾。其中一趾的爪子有梳样的锯齿，与欧夜鹰、鹭、麻鳽等相似，但有什么作用目前还未能充分了解。更有趣的是，它肩带的鸟喙骨是向前倾侧的，几乎与胸骨的轴成一条直线，这使它在急烈的潜水时容易忍耐水力的撞击。还有一个特点，大家也还未能充分地了解，那就是它皮肤下面有许多的气囊。它们与鸟类所特有的内部气囊组织有关，可以从肺脏方面使之充气或出气。它们成为一层空气的软褥，包裹在身体的大部分，如果把塘鹅的皮剥下，我们会发现这些气囊是很明显的。欧文爵士、麦吉利夫雷教授等很早就研究过它们，但其意义却不能十分确定。塘鹅在风雨交加的海面上漂浮时，它们可增加其浮力，也许会减少潜水时所受到的震动。我们还猜想，它们对于冬季在冷水中减少体温的损失会有些用处。我们必须知道它们是平常的气囊组织的扩充，但颇与人类气肿的病态相似。气肿是一种膨胀的现象，是由空气充入结缔组织而引起的。最后我们还要注意的是，同样的气囊表面扩大现象也见于犀鸟和叫鸭，但它们的习惯却与塘鹅完全不相同。

任何生物都是适应环境而生存的，塘鹅的长处我们尚未描述完全，但再讲一点就足够了——它的嘴长而有力，端部尖锐，嘴根有一排细而向后的锯齿，用以捕鱼再好不过了。

塘鹅是饥饿的鸟，不过不一定完全如此，但它除了偶然捕食枪乌贼外，很少吃其他的东西，却是事实。它喜食长成的鲱鱼及青花鱼等。它常搜寻鱼群，因为捕鱼比较容易。有时候，它咽下了难吃的鱼——如有刺的鲂鳒鱼——这对它是很有害的。奥杰尔维博士说，塘鹅也和有些海鸟一样，在风暴气候中会受很多的苦，因为那时的鱼都被驱赶到它所不能见也不能达到的地方去了。"在我看来，在环境舒适的时候，再没有比塘鹅更有生机、更快乐的鸟了。在困难的处境中，它冒着惨烈的东北风，在饥饿及疲乏中奋斗，最后力竭堕水，顺着潮水漂去，没有谁比它更可怜的了。"另一方面，除了人类外，塘鹅没有其他的敌人。它在巢边积聚了许多恶臭的鱼堆，也许是藏贮本能的开始。因为在长期的暴风雨中，如果没有藏贮食物，那么老鸟和小鸟都会被饿死。

塘鹅每年只产一卵，以延续其种族，可见它在生存竞争中是很安稳的。卵壳呈微绿的淡蓝色，表面色白而粗糙，经常带有斑点。它的巢是通过搜集海草及漂流来的货物做成的。孵卵的鸟将两只有蹼的足按在卵上，以后也是捧卵而孵的。孵卵期需要经过 6 个星期，这是一段极长的时间。塘鹅孵卵时不要轻易惊扰它，它可能用嘴刺你，但决不会离开卵而起来。之所以称塘鹅为蠢物，大概是由于塘鹅见人不产生反感情绪，这种鸟其实是不蠢的。

初出壳的塘鹅既盲且裸，颜色苍黑，但不久就会生出一层美丽的白绒毛。它被喂得极多，因此非常肥胖。身体不大活动，但这对于它是很有益的，因为下临大海的高岩边不是小鸟们试飞的地方。三个月后，小鸟能进行初次的入水，但它还不怎么愿意。这延长的喂食期对于老鸟们而言意味着很繁重的工作，但它们守巢及寻食是互相轮替的。最初，它给小鸟所准备的是半消化的鱼肉，有时吐出之后重新又咽下，小鸟就从老鸟张大的口中探头取食。后来，小鸟从老鸟的嗉囊中取食新鲜的鱼，取食时是把头及颈全部伸入老鸟的口中。小鸟第一次自己捕食一条鱼时，可以算是一个非常重要的日子。塘鹅三四年后才会发育完全，随着长成而长出来的一层一层的羽毛显然可观。未长成者夹杂在已经长成者的中间，出现在生产处，它有得到种种暗示的机会，这在它本能的遗传之外，是有益的附加功能，因为即便是一只"蠢物"也是会学习的。

燕

大家都知道夏天到英国的有三种燕，依照它们来的时间先后顺序，分为崖沙燕、燕与毛脚燕，每年三者都会来度过一个夏天。崖沙燕是三者中体形最小、速度最快及活动最频繁的，背褐而腹白。一见便会知道，它在池塘及湖面上掠食小虫，筑巢于自己所掘的穴中。其穴有时深达1码，是由掘穿沙坑表面或河岸而形成。它的短嘴不像是掘穴的工具，它是用趾抓出松土的。掘穴的鸟并不怎么多。崖沙燕是一种欢乐而合群的生物，喜欢群集在地面的凹处或割裂处，也喜欢在空中飞翔，尤其在它离开了巢穴——不再对它有益时——之后，常集体居住在芦苇及绢柳中，殷勤地进行无谓的闲谈。

屋燕很容易辨认，它的臀部有光亮的白斑点，背部其余部分的颜色是深蓝色，腹部则是白色。柯克曼很巧妙地形容道，当屋燕在无波的湖面或河面上飞过时，"只有两个白点可见，一个点在空中疾驰而过，另一点则在下面，这是屋燕腹部在水面上的反映——一对孪生的星便这样地疾逝了"。屋燕的小腿也是白色的，这也是它的特质。

无疑，屋燕的原始巢居处是在高岩上有遮蔽的地方，现在仍有许多的屋燕住在那里。因此我们知道它的巢为什么不像半只盘子般的燕巢，却像半只酒杯，除了顶上有小窗户外，其他地方都是密闭的。由半英寸厚凝固的泥土所构成的墙是渐渐地造成的，中间有一些草毛，并和以若干的唾液，里面铺的是羽毛及干草。远东有穴居习惯的金丝燕，其巢也是用唾液沾成的，中国人把它当

崖沙燕

作食品，做成珍贵的汤，因为是由唾液所形成，所以极易消化。巢形似半只盛糖的盆，若其连续两巢被采摘，则此鸟不得不依靠海草，因为它的唾液已经干竭了。金丝燕与燕是没有关系的，但后者也有大量的唾液，所以知道它是否也营巢，那是很有趣的。黏液最初的用处大概是束缚并围紧口中的小虫。屋燕每数分钟喂养一次它的孩子——每年2只——每次它把嘴伸入小鸟的口中，递给它一团混杂的食物。大概每一个长长的夏天它喂给孩子的小虫至少会有1 000只。

燕是非常美丽的鸟，所以人们愿意给它一个更美的名称。这大概和它的张口无关，但"Hirondelle"一名似乎比"Swallow"更为贴切。雄燕的背部是铁青色，只有额部是栗色，分展的黑尾上有椭圆的白点，喉部也是栗色，胸部有黑纹，其余是淡黄色，尾下也是栗色。雌燕稍逊，然而也是很美丽的。但其美丽的色泽因其优美的动作而黯然失色——燕飞的艺术，完美无比，难怪希腊雅典娜女神有一次要变形为燕了。它的特色是其长翼，刚开始时覆雨羽非常长，罗斯金写道："每一个翼羽可以说是羽毛所形成的最强镰刀，在范围之内可以屈曲，其边缘可以伸缩——附在羽干上——编列如一架风车上的帆——羽茎生根，而边缘互相覆盖。"尾巴分开的力度比屋燕与崖沙燕的更加大，只有空中的飞翔是全用长翼飞行的。

燕对于筑巢处的选择并不是很固执，不过它喜欢头上有遮盖的地方。我们可以说，它喜欢巢居于屋内，正如屋燕喜欢巢居于屋外。但在世上尚没有人类的居室之前，它们两者早已开始其营巢的生活了，所以生物学上的解释仅只是说，屋燕原是岩栖者，而燕则是穴栖者而已。燕喜欢筑巢于横支柱一类的东西之上，并且经常在屋顶或岩棚之下，借以避雨，它的巢是由凝合的泥土做成的，形状像半只盘子。它的营巢生活很舒适，也很快乐。

有些生在英国的飞鸟会尝试南飞到纳塔尔或开普殖民地——对于小鸟来说是一段很长的路程。我们看见它秋天暂时在一艘自开普敦向北行进的邮船上休息，过了一会儿重新又启程向南飞行。有记载确实证明过它有时候回到北方的出生地，甚至回到同一屋内的旧巢中。但要注意的是，如果它回来得早，它常常先在水边花费数日，不是立即飞近人家。这样它可以有时间去窥探临近的地方，而重新发现那旧居的烟囱！燕通常一年产2窝，每窝约5只，这似是为了补偿旅程中的死亡所必需的。我们想到燕的生命力，它的快乐，是许多年代残酷淘汰的结果，才大概弄懂了歌德所说的"死是得到丰富的生活的一种方法"这句话的意义。

麦 穗 鸟

还有一种春天到英国的夏候鸟，就是那永远受到欢迎的麦穗鸟。它在3月份开始从南方回来，此后一队又一队地陆续到来，一直到5月份结束。但最后一队似乎包括的种类较杂，如格陵兰的麦穗鸟，它只路过英国，要到非罗群岛冰洲及格陵兰才营巢栖息。我们的麦穗鸟是一只迎春鸟，是候鸟中最先回到老家的。

它是一只非常令人满意的鸟，无论是谁见了它那炫目的白臀都可以辨认出它，所以它也被称为"白臀鹟"。因为白臀鹟常被老鹰猎食，所以有些博物学家认为臀部的白色是用来转移敌人目标的，使其不被攻击到要害。但这也必定是招致危险的广告，我们认为它凭借藏匿于短树或穴中的机智以及突然疾飞的能力而保持安全。它常常不经意间从低地上飞起，在空中很敏捷地盘旋，一半是为了捕捉昆虫，一半是因为这种急骤的运动可以挫败它的敌人。但我们也不必皱着眉头去苦苦探索它那白臀的用处——大概唯一的意义是美丽。

它的巢常建在兔子窟或别的类似洞穴中，是用草围成的杯形物，组织颇松，加上兔皮、羊毛等。巢中藏着大约6枚淡青色的卵，常在5月份孵出小

_麦穗鸟

鸟。雄者帮助建巢，也参与孵卵。雌雄自身都是食虫动物，收集蜘蛛、飞蛾等以喂养其幼鸟，并且将食物藏匿得很好。它们常先将食物弄碎为肉酱，然后再用来喂养它的孩子。

杜　鹃

杜鹃是一种令人费解的鸟——有许多的矛盾点。它几乎是唯一的不筑巢的鸟，虽然有些美洲的椋鸟也不筑巢，但一部分还是遵循旧习惯。有一种椋鸟连孵卵都规避，可是奇异得很，却利用它近亲的巢，这举动又的确属于筑巢与孵卵的本能。至于营冢鸟在发酵的植物所成的暖床中产卵，不能算是一种规避为亲的责任的行为。它们的幼鸟，因为它们预先安排得很好，能够在孵化之日爬到巢外，虽然不能飞，却能够行走自如。

在英国的鸟纲中，杜鹃还有一个独一无二的本领。成年的杜鹃在幼鸟尚未准备飞行之前的 6 周就离开海岸。其他的鸟都是幼鸟会飞后才去的。无疑，这奇异之处是因为成年的杜鹃专吃毛毛虫，没有这种食物时，它们不得不迁徙。它们的孩子则由受骗的继父母们所饲养。

雌鸟产卵的间隔期异常长，卵颇小，与鸟体大小不相称，雌杜鹃有许多的丈夫，因为大多数的杜鹃是雄的。幼鸟也有一种体质上的特异点，在幼稚期，它的触觉异常敏锐，如果它孵化处的巢主略微触及它背上的腰部，它便会突发痉挛，跳跃辗转——一个天生的自利者——并本能地从巢中驱逐出同居的其他鸟。幼杜鹃大概觉得鸟巢过窄，它的这种行为是扩张地盘的一种本能的举动。我们知道，有些小孩是不能忍受呵痒的，在继父母的巢中孵化的幼杜鹃就是这种怕触碰的动物。但据说，过了最初的 11 天后，那过分敏锐的触觉便消失了。

直到现在，鸟类学家一般都认为母杜鹃将卵产在地上，衔在口中，飞过篱笆或牧场等处，直至它找到一个适当的巢（篱雀或云雀的），它便把卵置于巢

_ 大杜鹃

中，以后就再也不放在心上了。我们相信许多观察者都曾经见过杜鹃产卵于地上，然后衔于口中，把卵放置在别的鸟的巢中——大概是预先已经郑重地选定了这个巢，然后把卵放下去的。

亚伯丁大学博物馆中有著名的"范顿收藏"，所收集的是各种的卵，杜鹃的卵有来自麻雀巢中的、莺巢中的、旋木雀巢中的。这种巢都很小，它是绝不能在其中产卵的。在波美拉尼亚，杜鹃常借用鹪鹩的巢，我们不能想象杜鹃能在鹪鹩巢中产卵。因此，还有别的理由，我们相信琴纳说杜鹃产卵于地上而衔置于其他鸟的巢中的旧记录大致是没错的，因为大多数的例子都是这样。

鹧　鸪

普通的鹧鸪与雉不同，它是英国的原住民，但其活动范围已扩充至乌拉山与西伯利亚。因此，它应当算作一种非常成功的鸟，我们想知道这其中的原因。

一个原因是它那晦暗的色泽在已耕的田或已割的稻秆中是不大明显的。它的羽毛既美丽又足以起到保护作用，大部分的颜色是灰褐色的，但有黑纹及栗色与淡黄色，头部及喉部有大块的栗色，而胸部则有新月形的酱色。它那色泽的精巧是值得研究的。我们会发现个体间颇有许多的差异点，这足见鹧鸪在生存竞争中已立足得很稳固了。一种生物的生存如果没有稳固的话，则凡无益的颜色变换均会被淘汰。我们以为鹧鸪有了它的隐身衣，同时它还是最美丽的鸟。为了实际的用处，雌雄两者的羽毛都是同样的。

鹧鸪在已收割的稻田中就像一块土，加上又有潜伏的习惯，便更安全了。它偃伏着，直至我们到它面前，才惊叫一声，鼓翼疾飞而去。它的疾飞便是它保全性命的办法，虽然它不能飞得长久。其胸部的肌肉极度发达，其短翼圆转灵便，这是一切能够快速飞行的动物的共性。鹧鸪飞腾时总是张扬它的尾巴，主要尾羽有 18 根，其外层是栗色的。它飞得疲乏时就张着两翼在空中浮着而渐渐地降下，好像操舟者的按桨而憩，因为所谓的飞翔原本就等于在空中划船而已。

它如许多其他生物一样，食单是很长的，能混合着吃各种食物，显然这对于它的生存有巨大的好处。其所食之物有谷及草类的嫩芽、紫云英的尖端、石南的幼枝、浆果、许多类种子、各色蜘蛛、多种昆虫，也不会遗漏无害的幼虫。幼鸟全依靠老鸟用昆虫来喂养，它能自卫后，仍喜欢以昆虫作为食品。凡农业兴旺的地方，鹧鸪也多，它对于农事有益处亦有害处，但都没有明显的影响。

自 2 月起直到冬季重新到来，鹧鸪总是成对地在一起，稍后则成家生子了。在冬季常常有许多家庭合成一大群，这种合群性足以抗击敌人的侵掠，因为群即是力。据说它们卧时成一大环，头向外，所以突然地攻击它们是很不容易的。

到了 2 月末，交尾期开始，大群分散，生机盎然，雄者互相挑战，翘尾高叫。它们奋力厮打，以足以翼以嘴相斗，搏斗虽然很激烈，结果却不会造成什么身体上的伤害。雌者随着争斗者奔走，好像它们很喜欢看争斗一般。我们也不能断言雌者是不斗的。也许争斗者对于雌者有所诉说，而后者则正在以目向其丈夫示意，因为在鹧鸪们配对后争斗仍是继续进行的。或者可以说是蜜月期延长了，因为产卵的要事不到四五月是不开始的。婚姻问题一经解决之后，它们夫妻间便很忠诚。换言之，它们是一夫一妻制的，比许多的猎鸟更为可靠。

鹧鸪的巢藏于牧草中，是一个铺有草与叶的小洼，常在篱笆边及林边等处。巢中约 12 个卵，经常是棕黄及褐黄色的，在它们的天然背景中是不怎么显眼的，而且，如果母鸟必须离开它们就会用巢中树叶遮掩。鹧鸪孵卵时伏得很隐秘，且有掩盖它们嗅迹的能力。就是有经验的狗经过附近孵卵的鹧鸪也绝不会觉察到；如果狗看不到鹧鸪，鹧鸪是不会有危险的。但它为什么能掩盖住其嗅迹，这是值得研究的。也许尾根处的油腺（许多的鸟都于此处分泌恶臭的东西）在孵卵期中因为某种化学的媒介或刺激素的关系而暂时停止了活动，也许是因雌鸟禁食才这样的。但理论是空的，必须用事实来证明。

孵卵期长 22~24 天。雄鸟虽不负责，却也并不远去，而是会立着做守卫，如果遇到极不幸的事，它会发出危险的警号，挺身而斗。观察者曾经说，孵化之日临近时，雄者亲密接近雌者，帮助它把雏鸟身上的湿处弄干。两亲保卫其可爱的子女，都是非常勇敢的。它们敢攻击鹰、鸦、白鼬、犬，甚至攻击人类。它们善于排除幼雏的危险，"会诈伤，以分散敌人的注意力"。早先据说它们能够把卵移置在另一个巢中，大概是一个一个用嘴衔运的。一种常见的现象是父母发出一声特殊的叫声，那黄褐色的雏鸟便会本能地服从。它们分散了，不见了。我们只要想鹧鸪产卵之多，孵卵之急切，父母勇敢而雏鸟服从，便可懂得它们为什么能成功了。

雉

在秋天的阳光中，看雉在已收割完的稻田中啄食谷粒是一种眼福。雉非常美丽，有红色、橙色、灰色、青色、黄色、紫色等，的确称得上绚丽多姿。雉是鸡类中的贵族，它得到人的珍视是因它美丽的装饰，而不是因为它的脑力或品格的任何力量。

普通的雉是小亚细亚和里海海滨的原住民。它在那儿还是一种野鸟，但现在在世界上许多地方已繁殖于人类的保护之下。可是它却不肯成为家禽。它可以被人驯养，但只限于被养的那一只，与其他的无关。雉绝不会产生家禽般的大群异种，也不像家禽几乎一年到头随时都会产卵。正如著名的沃特顿所说："雉的本性与家鸡难以接近，它仍然保存其野性，使我们不能完全地把它变成家禽。"困难的地方究竟在哪里，我们现在不能断定——大概是"缺乏可塑造性"的原因。其他的许多动物也都如此，譬如，我们不能把鸵鸟驯养为家禽是

_ 雉

人所共知的，大多数的蜜蜂到现在也还是野生的。沃特顿认为雉有一种"先天的畏怯"，凡非意料中的事发生时，它总要表露出这种畏怯。另一方面，雄雉虽几乎可以驯养，它却曾经攻击过绅士的太太，因为她们时髦的衣裙惹得它愤怒。

大概是罗马人首先把雉输入英国和欧洲其他国家。现在雉已经散布很广很远，新西兰岛及北美洲都有它的踪迹了。它所喜欢的地方是有许多小树的森林——不但可以供给它住所，且有许多不同的食物。在生存竞争中，它因为能吃许多不同之物，所以生存没有什么困难。如果一种东西缺少了，它可以吃其他的。杂食各物的生物总比专食一物的容易生存。雉与家鸡相同，食单很长，它的砂囊可以说是能容纳任何东西，就是小石子它也会吃下。它吃的是种子、果实、芽、叶、根、花、昆虫、幼虫——还有什么不包括在内呢？我们的确不忽视它喜食谷粒，但也不应当忘了它能吃许多的叩甲科昆虫（如叩头虫之类）的幼虫及别的害虫。它的食单中有奇异的东西，如鼠、蛇、橡实、榛子、槲实、瓦苇及羊齿类植物。我们必须承认雉是很贪吃的，我们也不能说，在胃内塞满羊齿类植物算是智慧的行为。但如果它养成了食羊齿类植物的习惯，则山地的农夫至少很欢迎它们，因为羊齿类植物对于高地的牧场是很有害的。

雉的翼对其身体来讲并不算大，它们宽阔而圆，肌肉也是很发达的。雉的飞行极快，我们曾遇到雉从店铺的玻璃窗中疾飞破窗而出，这是记载上所常有的，足以证明它飞行的速度很快。若被豢养，它会变得很懒（它又何必从很舒适的家中飞出去呢?），但雉是英国猎鸟中飞得最快的鸟。据擅于打猎者说："雉在树木的顶上极速地旋飞时，是最难射取的。"雉能游泳，游得很好，虽然它不怎么喜欢下水。至于奔走，谁也不能赶上它，它常在地上啄食种子及小的动物，所以两足的肌肉是很发达的。

雉与大多数的猎鸟（或家禽）相同，是天然的一夫多妻者。雄雉们常常互斗，强者将弱者驱逐，而占有许多的雌雉。因为弱者不得配偶，所以这样的淘汰显然有益于雉的种族发展。雄雉常常先啼叫，而后振翼，刚好与雄雉相反，后者是先振翼而后啼叫的。雄雉的啼叫是其在雌雉前嬉戏的先声。它装模作样以自炫优点，接近它爱慕的对象旁边后，其翼半展半敛，尾巴也伸展开来，上半面的背部也侧向旁边。还有更为详细的情形，譬如泰格米尔的《雉》一书说："红色的皮环绕眼部，范围颇大，那小而紫的冠毛是直竖的。"这是一种初步的进化。最进步的如追求雌雉的印度雉，其翼上的羽毛比普通的要大，且饰有美丽的眼样的斑纹。雄的印度雉常奔走于雌者之前，突然停步，展开其美丽的双翼，如同一面半圆形的扇。它将其头掩藏于扇底，这样雌者可以尽情地领略这极端的活的引诱，舞者常常模仿它，作为裙舞的一节。雄印度雉两支长尾羽摇荡着，发出沙沙之声，美丽的扇也缓缓地舞着。日光自上面照在那眼样的斑纹上（每翼上约有 20 个眼样的斑纹），宛如关节样的装饰。但这种眼样的斑纹只有雄者有，而且其翼不展开时也是隐藏着看不见的。

雌雉在 4 月或 5 月筑一个简陋的巢，大多在地上，并且上面还有掩盖的东西。这实在不能称为一个巢，仅仅只是在地上挖成的一个穴而已。卵有 8~9 枚，青褐或青灰色，由雌雉孵育 24 日而成为雏。不论造巢、孵卵，雄雉绝不帮助雌雉，多妻者大概都是这样的。家禽中的雄鸡总是无私奉献，它发现了一些食物，便呼唤它宠爱的雌鸡来吃，而自己则又转身忙其他的去了，好像是毫无口福，但雄雉绝没有这样的德行，当然偶尔也有雄雉领导一群幼子或孵卵者，但这种例外无关紧要。大概生物开始变化时，两性间的分界线常常是不能分得十分清楚的。鸽类中常常有雌性的雄鸽及雄性的雌鸽。还有一个变化的例子——生物变化的源泉是不会干涸的——雌雉竟利用了鸽或松鼠的树上的巢，而在此不适当的地方产卵而孵之。要知道，在寒冷的气候中，雉是常常栖息在树上的。还有一个例子，凡居住在乡村的人都知道，即雌雉的巢往往与其他两三只雉分用。甚至一巢之中卵数达 30 枚，这是三只雌雉共同产的。这种奇异的现象也会出现在营冢鸟中，一堆发酵的牧草常为许多雌鸟所利用，导致其成为一个数鸟公用的巢。

雉有许多天敌，有些敌人能摧毁它的卵而取食其子，如白嘴鸦、乌鸦和雀鹰，其他的则直接攻击那些已经长大的雉，如狐与白鼬。此外，还有一件有趣而隐晦的事实要提及，即孵卵的雉与鹧鸪相似，会掩盖它的嗅迹。泰格米尔说："犬及别的嗅觉灵敏的动物经过极短的距离内的孵卵的雉，若不是亲眼看见，竟然全然不觉后者的存在。"对于在地上居住的鸟，这种事实是的确存在的，而其价值也是显然的，但谁知道掩盖嗅迹是怎样成功的呢？

红 松 鸡

正如圣基尔达的鹪鹩，红松鸡完全为英国的产物，我们也珍爱它——尤其是在 8 月中旬，那时候可以看到大群红松鸡。在许多方面，它是一种有趣的鸟。它显示出在隔绝的境况下，它这一种类是怎样发展演化的。它繁殖于各种

_红松鸡

极特殊的地点，自海滨直到高原上，只要有石南及石南属植物的地方就行。它只靠简单的食物存活——石南及岩高兰的嫩芽，山上的浆果及苔与灯心草之果，但遇到有稻田的地方，它喜欢改食谷粒。雪下得很大或长期不停时，便是松鸡困难的日子，那时候它会下降至幽谷，或联络其他同伴做长途旅行，迁徙至较适宜的地方去。它的强有力的翼使它有疾飞的能力，但每次都不能支持太久。它的羽毛的颜色有极大变化性。专家能辨别出那红黑白斑的雄鸟及红黑白斑与淡黄斑的雌鸟，除此两种之外，还有每年随季节气候变化而来的显著的变化。

红松鸡与它的近属欧产的黑雄松鸡及雷鸡不同，而与其堂兄弟，即冬天毛色变白而到山上去的雷鸟相似。红松鸡是一夫一妻制。在春天，我们看见雄松鸡在荒地的高处立着，并能听到它的稍微吵闹的挑战声（"壳克、壳克、壳克"）。雌松鸡伏在它的旁边，似乎对于即将发生的事情很有兴趣。另一头雄松鸡走过来，于是它们便开始争斗。两雄飞至空中互相以嘴击刺，想重伤其敌人的头。雌者似乎在鼓励它的争斗中的配偶。

它的卵是红色的，与其羽毛相似，产于地上的巢中，孵育工作全由雌松鸡完成。松鸡非常早慧，而母亲亲自带领它们搜寻蝇及幼虫。雄松鸡护卫家园，阻挡其他的鸟的侵入，极为勇敢。我们曾见它飞到一棵低的树上，打了一只恶意的乌鸦一个耳光。幼年时代过了之后，松鸡除了鸷外，很少有外界的敌人；鸷淘汰了较弱较笨的松鸡，似乎对于后者是有益的，因为这样会增进它种族的活力。

我们不曾听说松鸡有任何的全身病，但它有许多的寄生虫，居处拥挤、食物不太好的松鸡身上常有某种微小的丝虫——十二指肠虫。十二指肠虫滋生，会导致松鸡死亡。希普利爵士考察过松鸡的疾病，发现松鸡全身上的寄生虫有 25 种之多。（在皮肤的外层与羽毛的基部，有许多的小虫在那儿咬啮，同时在皮肤内，身体的空隙处，如消化管内、细胞及细胞组织内、血液内，都有蠕虫及单细胞动物群聚着。）

松鸡所吞咽的蔬菜中有小昆虫这类小虫在内，包含初期的绦虫，后来或许成为极可怕的侵入者。或者松鸡是从地上取食浆果时，感染了十二指肠虫，正如小孩吃了曾经放在湿地上不干净的蔬菜或果实而感染了蛔虫一般。松鸡身上的十二指肠虫或丝虫是极薄极细的，要看见一条活的这种虫是困难的，因为它是透明的。它侵入体内，其后果比绦虫更为严重。它侵入了食管的一对盲管内，在那儿繁殖起来。从 2 月份到 4 月份，荒地上的食物是极少的，只有一小部分的石南尖端可食。因此荒地上所有的鸟都聚集在有食物的小区域内。泥土上满是松鸡粪中的十二指肠虫，松鸡屡受感染乃是一件不可避免的事情。松鸡既有了许多的丝虫，泥土上也沾染得越多。如果春天没有到来，石南不长出新的嫩芽，则松鸡们将无一存留。

幼鸟在最初几个星期中死亡率颇高，正相当于小孩因感染了微生物造成的病，如白喉及猩红热而死亡一般。松鸡的感染是由地上的微小的病菌（球虫目），结果食管发炎，松鸡往往因此而死。不幸的是，松鸡的幼鸟在未死之前能使泥土上沾染数百万的病菌。

我们且不谈这种惨烈的事情。最要紧的是自然的动物界中是没有先天的全身病的，并且由寄生虫及微生物而引起的疾病往往是由于人类的干涉造成的，至少在我们看来似乎是这样的。我们射杀了鸳，过分保护松鸡，致使松鸡的健康日渐恶劣，因为弱者及不适宜于生存者（不论何方面的）都没有被淘汰。许多健康的动物都有寄生虫，松鸡当然也不例外，但如果主人与寄生虫之间能安然生存，寄生虫的存在似乎没有多大的害处，只要不因食物不良或无天然的淘汰（即自然的选择）而导致全身疲弱，或因居处拥挤沾染了过多的微生物，则寄生虫自然是没有能力作祟的。

在英国有大块的区域，依照现在的泥土的状况而论，只能成为无利可图的满生石南的荒地。这些都是松鸡的居处，若不是大群地虐杀不符合真正的游戏精神，则猎取松鸡可以说是合法的娱乐。就红松鸡自身而言也无妨碍，它尽可以保存其种族，纵然 8 月中因为遭到猎取而减少了许多。

田 凫

这虽超出了科学的范围，但我们禁不住把各种不同的鸟与各种人类相比较。海燕是海上的游民，燕鸥是哥伦布，鸳是劫掠的男爵，麻雀是平民。在我们看来，田凫似乎是那欢乐的骑士。许多人都说到它那悲哀的叫声或是它的呼号，但不论鸣声如何，田凫是欢乐的、勇敢的、爱群居的，并且有时是滑稽的。

在苏格兰的大部分地方，田凫是终年常在的，但它是"半候鸟"，这就是说，它们有些是同我们一起在这里度过夏天的，到了冬天，会赶到爱尔兰去，

_田 凫

而它们的住所由其他从较远的北方来的鸟占用。当然，有些会完全离开我们这里的海滨，而到非洲去过冬。在北方的冬季中，我们有许多机会去赏鉴这种鸟。它常见于田间，飞的时候很显眼，奔走的时候则不怎么显眼，但总是很美丽的。

田凫是鸟纲中遭受惨祸最厉害的，因为它的卵是珍贵的食品，而它自身也常被捉去当作食品。可是自爱尔兰至日本，自北极圈至印度，它都能保全其种族。我们的第一个问题必然是，它怎样能以多难之身存在于世呢？原因之一是田凫具有可塑性，无论在何处它都能生长繁荣——荒地上、河口的海滨上、农人的田间及泽地上；还有一个原因是它的食单甚长，它吃各种各样的昆虫，如叩甲科昆虫的幼虫、皮虫、蚯蚓、蛞蝓及小蜗牛。总之，我们要记得那显著的事实，即田凫是农人最好的朋友。但除了不择物而食、不择地而居外，田凫还有其他的特点足以使之生存——它是非常谨慎的，所以要乘其不备而捕捉它是绝不可能的。它的幼鸟有一种极有用的本能，如遇到危险即伏倒在地上。它的群居性足以使它驱逐敌害侵入。最后，它是聪明勇敢而又愉快的，它是很有自信力的，我们在恶劣的气候中尚且能看见它的愉快。更要知道，除了一切的优点外，它还有一个精力旺盛的身体。

田凫在4月份产卵，卵数4枚几乎是不变的，其安放的办法是将卵的小端向着中央，从而节省空间。其卵非常著名，与黑头鸥及海鸠的卵相似，颜色异常多变。要找出50种不同颜色的卵也不难，但大部分在泥土的背景中是不大

显眼的。孵卵由双亲分别完成，田凫卵通常 26 日就能孵出雏凫。关于田凫的
幼雏有三点特别值得注意：它们是极其早慧的，能在 24~48 小时内离开它们的
巢；它们在天然的背景中是不怎么显眼的；它们能够本能地说些像田凫所说的
"话"，因为它们在卵中时已听到过这些呼唤的声音了！不过两亲也时时教它
们。如果无可避免地遇到敌人侵入，雌鸟会先藏好它的卵，然后静静地沿着所
处的地方，而行到稍远的地方，行走时是身体低伏着的，同时雄鸟用力腾到空
中，袭击敌人。

雏鸟孵出之后，不久就会离开它的巢，双亲合力分散敌人的注意，如有乌
鸦或鸥走近时，它们会起来而与之对抗。

云　雀

我们把大家熟悉的云雀归为草地上的鸟的一种。许多英国的旷野在春天变
得很美丽，因为有许多美丽的花和持续不绝的云雀的歌声。那些歌者从日光暖
和时开始，一直到日落，歌声不
息，在夏天它只在午夜停止两三个
小时。云雀不论是早上、晚上，日
间、夜间，都会歌唱，它是通年歌
唱的。

云雀的歌中最动人者是它精力
的充沛，同时却显然是很安闲的。
我们所听到的，正如雪莱所说的，
是一个热心的倾泻、"一股欢悦的
洪水"和"一阵旋律的雨"。云雀
并没有像斑鸠那样能说许多的

云　雀

"话"，但它说了又说，不知疲乏。

歌唱占了求爱的一半，另一半乃是一种嬉戏。雄云雀显露它几乎全白的尾羽，在它的爱人面前颤翼而飞；许多次在天空的飞翔使双方的恋爱成熟。有些论据显示，雄云雀尝试选择一个区域，以为其预定居住的地方。雌雄两者实际上是一样的，它们都有冠毛。它们黄褐色的羽毛极适宜于隐藏在泥土旁，但在临水的草地上，我们常见雀鹰捕到许多的云雀，虽然它们的颜色并不明显。

它乐天的个性使它有一种很好的食欲，它的生活的成功在于它能食蔬菜也能吃动物。它吃有害昆虫、蜘蛛及小蠕虫等，但它也食用许多的种子、小植物的嫩叶、草类及谷类的嫩芽。它也损害初生的芜菁及谷类，但它的功劳远大于它的过失，它能铲除许多的野草及害虫，所以杀死一只云雀实是一种罪过。它的困难时期是在雪掩没了大地的时候，倘若暴雪持续不停息，它必须飞到爱尔兰等处，否则只有一死。

4月中，云雀在地上低洼处建造一个简单的巢。巢由草茎制成，内面较为整齐，经常有一些毛发铺在巢内。雄鸟收集材料，雌鸟将材料建造成巢。孵卵的职责大部由雌鸟担当，卵约3枚，呈微灰或微褐色，孵育两个星期而长成雏云雀——看不到眼睛而且绒毛非常少，雏鸟不能自卫，双亲需要保卫数星期之久，所喂的食物是昆虫及小蚯蚓，这种保护的工作是由双亲分别完成的。它通常一季中生产两次，也许能够更多，巢常常隐藏在草间，我们常见它筑巢于高尔夫球场中或崎岖的小路边，可以说是极不合适的地方。据说，雌云雀常常不直接飞至或飞出巢中，它来往时，先在草间的曲径中走了一段路后，才飞向巢中或离巢飞去。

毕克拉夫是英国博物馆著名的鸟类学家，他教人注意幼云雀口内的亮黄色——这是云雀等鸟所共有的。但云雀的舌根有两个黑点，其尖端有一个三角形的点。他认为这些点与别的幼鸟类似的记号相同，很有用处，可使其两亲把食物盛到幼鸟的口内，而不用摸索或浪费太多的时间。大约每一刻钟喂食一次，而巢中的吵扰越少，小鸟们越能够躲避掉食肉禽与兽的侵害。幼鸟在能飞之前便已经离开了巢。

云雀在地上行走得非常快，只有向后的大拇趾上有长爪，到底有什么作用尚且不太清楚。长爪确实比其他趾的爪长，在草中似乎没有什么用处。云雀平常在地面上飞行强劲而快速，在冬季表现得更加明显。如果我们突然走近云雀旁，云雀就会偃伏其身，准备跃入空中。但最值得赞赏的还是它那高高的飞翔。两翼上下振拍，十分迅速，离地一段距离之后，它就开始歌唱。它上升时继续歌唱：

你飞向苍穹，

歌唱而仍高举，高举而更歌唱。

它继续高高地飞翔，直到那鸟成为一个黑点或几乎看不见，歌声仍然不断。周游了片刻之后，它也许会突然地开始下降——张开两翼落下来，间以短时间的飞翔，但其时那歌声仍是不断的。在将要落地时它才停止歌唱，落到地上，或向平面疾飞而隐没于牧草之中。

许多鸟常常因为农业的发展而数量日减，唯独云雀不是这样的。它喜欢空旷的地方，常筑巢于正在生长的谷类中，在那里它特别安稳，不会遭受伤害。至于它的食不择物和不引人注目的羽毛乃是其赖以生存的因素。一对云雀在繁殖期可以生产数窝小鸟，所以牛顿教授计算道："它的繁殖比其双亲平均至少高出四倍。"当然，它会遇到人类或恶劣气候带来的损害，并且经常被白鼬、伶鼬、猫、鼠、鹰、鸦等捕食，但能生存下来的还是很多的，要维持其种族绝对绰绰有余。

一般说起来，云雀可以算是英国的常居鸟，但称之为"半迁徙者"较为恰当。云雀来来往往很是忙碌，并且它的迁徙情况非常复杂。明显的事实之一就是在秋季从大陆来了一群群云雀，它们成群地飞来，持续数日之久。

麻鹬

麻鹬是非常动人的鸟。在北方整个长长的冬季中，大群麻鹬聚集在低地的田间或海边。我们数了下，在一起的大约有 50 只——很欢乐的一个群，虽然其叫声是悲凉的——居利、居利、居利。在湿沙滩及浅池中，它很有成效地掘食各种海滨小动物。弯曲的嘴长约 6 英寸，其尖端的感觉极敏锐，这是涉禽所具有的共同特征，因为它的食物是触到的而不是眼见的。

山上积雪时，苏格兰北部的麻鹬要一直到 4 月初才离开海滨。气候变好时，它急忙赶回去，它求爱的呼声使山上的岑寂处充满了春意。关于夏季的呼声，彭斯说："我曾听到夏天麻鹬响亮而孤单的呼声，而同时觉到灵魂的高大，如同虔诚地敬神或专心于诗歌时一样。"但我们在春天所听到的，并不是夏季哭泣般的呼声，而是元气充溢而欢乐的，有美丽的颤音，是一首涟波般的歌。雄鸟高高地飞在空中，动作像鹰一样。它下降而又上升，兜圈而又飞翔，不断居利、居利、居利地叫着。

它的巢仅仅是在地上的一个低洼处铺些枯草而已。巢中往往有 4 个褐色或微青的大卵，卵上有肉桂色的斑点。它的巢边往往有几个假巢，也许是为分散敌人的注意。但也可能是麻鹬开始巢居时，另外看见有更好的地方而自己放弃的。

雌雄麻鹬长相大致相同，只是雌鸟略大一些。雌雄二鸟都担任孵卵的职责，常偃伏得很紧密，它们斑驳的褐色羽毛在石南和枯草中极为不显眼。遇到危险时，麻鹬会马上溜走，奔走几步，如果仍不能躲开，就离开飞去。那绒毛蓬松的灰黄色雏鸟孵化后，两亲的看护尤其紧张。我们走近时，会听到嘶嘶的警告声，雄鸟随即飞起，在荒地上巡视一周以示抗议。据说麻鹬大约共有 10 个字音，我们走到远处时，那惊骇的叫声停止了，雄鸟飞回到雌鸟的身旁，

"发出一种表示满意的乐声，是一种延长的咯咯的颤音，极其鄙陋粗野"。

人们有时候会问，既然麻鹬的嘴很长，在发育时怎样能在卵内容纳下呢？生物学上的答案是很有趣的。幼鸟的嘴本来是短直的，类似鸽的嘴，长嘴的遗传性在小鸟出生后数星期内是表现不出来的。幼鸟很可爱，它那带斑点的褐色羽毛足以掩藏它，使其不被敌人看见。听到危险警告后，它有马上分散伏卧的本能。

夏季小麻鹬在荒地上成长，搜寻昆虫、蠕虫、蜗牛、蛞蝓、浆果来吃。食物短缺时，它便开始合群而居。它在冬天是群居的，在夏天是独居的。在8月中我们看见"V"字形鹬阵向海滨飞去。其飞行速度极快，因为它的翅膀很长且胸肌很有力。它飞近时，我们看见它那苍灰色的腿和朝上略翘的长嘴。当我们听到它叫着居利、居利时，便知道又是一个夏季过去了。

与弗吉尼亚的鸽从拉布拉多飞到巴西，或太平洋的黄金鸟从阿拉斯加飞到夏威夷需要经过许多海程相比较的话，麻鹬从原野飞到海滨似乎是距离很短的迁徙了。然而在原则上，这都是随着气候而动的群体行为——自繁衍的地方迁移到食物充沛或休养生息的地方。无论路程的长短，鸟总在其往来的范围内较冷的地方生殖，并且虽然有些英国的麻鹬迁徙的路程很短，但在秋季常有大批的麻鹬自大陆更北的地方飞到我们的海滨上来。

麻鹬的堂兄弟杓鹬是英国的过路鸟，在更北的地方繁殖，在更南的地方过冬。它比麻鹬大约短10英寸（麻鹬大约长26英寸），居住在海滨的时间比麻鹬少。它咯咯的叫声，往往会重复七次，所以又名"七唻鸟"，还有一个名称叫作"窃笑鸟"，也是因为它的鸣声而起的。梅斯菲尔德博士写道："杓鹬的呵呵笑声就好像手鼓的振鸣。"

彭斯、斯蒂芬孙等诗人都爱好麻鹬，谁又不愿赞美它呢？羽毛华美，栗色的眼也很美丽；它的长嘴与长足相称；它飞行的姿态健美，善于游泳又能奔走；它是很勇敢的鸟，会毫不迟疑地攻击侵犯它的猛禽，常常伪装

_ 杓 鹬

受伤来搬运它未孵的卵；它的鸣声中的词汇量也很丰富。无论从哪方面讲，麻鹬都是可爱而动人的动物。

蛎 鹬

为了说明搜寻食物的情形，我们暂且以蛎鹬为例，它是英国的居留者，也有许多产于美洲。它是一种非常动人的鸟，我们一见便能认出，因为它有显眼的黑白羽毛、鲜红的嘴以及肉色的脚。它飞得极快，叫得很响，发出奎克、奎克或徽克、徽克的声音。它是一只海滨的鸟，但春天到来时，它会成群结队，快乐地飞往北方的河边。它飞得或高或低，好像非常急迫一般，但仅只是嬉戏罢了。4 月过后，蛎鹬群解散了，它们转而成双成对地出入，虽然我们常见它们三只——一雌二雄——在一起飞。雄鸟正在求爱，而雌鸟选择

_蛎鹬

其最喜欢的求爱者费时会很长。雄鸟沿着沙岸行走，向雌鸟鸣唱着它的小曲，中间夹有一种克利、克利的颤音。它一会儿鞠躬，一会儿舞蹈，忽此忽彼地不停，它的邻居也来这里做同样的事。两只雄鸟往往会互相冲突，但它们所做的一切无非是因为失恋而已，雌鸟似乎因为厌烦独自走开了。

隔了一会儿，它们却成对了，筑造了一个极简陋极随便的巢——仅仅只有些小石、贝壳以及飘浮的零星小物。简陋的巢往往建在海滨岩石中的沙地上、沙丘中或河旁的卵石堆内，它最喜欢的巢居处是小河中的沙洲上。它每年产三次卵，颜色不怎么显眼，微黄色的壳上有暗黑的斑点。双亲轮番担任孵卵的重任。雌鸟孵卵时，雄鸟常为它守望，如果有侵掠者出现，雄鸟会发出警号，雌鸟悄然溜走。它在地面走出一段距离之后，雌雄会一同占据一个要地，再观望一下情形。它们是非常勇敢的鸟，会抵抗比它们更强大的敌人。

雏鸟的绒毛是灰黑色的，非常利于隐藏，它们听到亲鸟的警号后便立即潜伏不动。夏末，许多曾住在河边的蛎鹬回到海滨，与留在那里的同类重新聚在一起。它主要的食物为小的水中动物、昆虫的幼虫，它们从石片之下和水草之中寻获这些东西。它也常出现于农田中，大概是为寻找蚯蚓而来的。应当提到的是，蛎鹬的近亲翻石鹬，习惯把平石掀起，把海草拔起，以找寻沙中的跳虫、蠕虫和其他泥土下的小生物。根据从研究蛎鹬寻食所得到的主要启示，每一种生物都有它自己的方法，那么蛎鹬的方法是什么呢？

我们奇怪为什么这种鸟被叫作"蛎鹬"，是曾经有人见过它在吃牡蛎吗？它的大部分食物是海虹，在海虹丰富的地方，它可称得上专家。它捕捉海虹有3种方法。第一，等到潮水浅浅地淹没海虹时，它才涉水，因为潮水掩盖海虹时，海虹都会张开其两片壳，通过食流吸进小生物。蛎鹬涉水时很镇静，它见甲壳展开着，便立刻把长嘴伸入壳内，那么事情就算是已完成一半了。它割断了使壳关闭的肌肉，甲壳只得张开着，它把可口的肉拖出来，用其剪刀般的嘴剪断附在壳上的肌肉。它的工作效率很快，因为潮水如果涨高了，海虹上面的水面太深，它的足虽长但不能立直，潮水如果退去了，海虹露在岸滩上，已经把它的壳紧闭了。但蛎鹬是不会因海虹的闭壳而退却的，它会很伶俐地乘隙把海虹的甲壳分开来，因为海虹闭着时，往往是留着一些缝隙的。最有趣的一种方法是，蛎鹬能按照海虹横卧的方向而变化其手法，因为并不是所有的海虹完全同样地附于岩石上的。在这种小小的顺应之中，我们发现了智慧微光的闪耀。第三种方法是直接把海虹吞下肚去，但这只限于较小的海虹。这个方法它也用来对付玉黍螺（穷人的牡蛎）、小蟹、蠕虫或别的许多海滨小动物。

它处置帽贝的办法特别有趣。凡是经常驻足海滨的人，必定都知道那些软体动物，顶着一个凸起的壳和有黏性的足——不能强迫它脱离岩石。如果你一定要强迫它，那你不是打破了它的壳就是损坏了你的手杖。唯一的方法是突然取下它，或给它快速而且有力的一击，使它盾形的壳离石飞去。现在蛎鹬的方法就是任意选择两种方法中的一种来用。它静候着猎物的移动，因为它们经常做短距离的行动去寻求海藻。帽贝的足开始爬动，其壳的边缘稍微与岩石相离，这便是蛎鹬的机会了。它立即伸嘴进去，帽贝便脱离了岩石，蛎鹬的嘴很有力，可以当作杠杆来用。

蛎鹬处置帽贝的第二个方法较为少用，但其效果却并未减弱。它悄悄地走近，突然从其横边敏锐地一击。它击得极快且瞄得又准，恰好击在适当的地方。这一下，帽贝便离开了岩石，其余的事便很容易办了。蛎鹬常把它的猎物带到一个特殊的地方，然后挑出贝肉食用。有时候许多的空壳一起堆在海滨上，足以证明蛎鹬吃过了不少的美味。这些空壳相当于史前人的贝冢——大堆的贝壳，证明史前人吃了许多的贝肉。但我们的目的只是讨论一种普通的鸟——如蛎鹬——的各种寻食法而已。

天　　鹅

当我们看见天鹅两翼半张，弯着颈，竖着尾，用它那黑色的足做有力的击

_疣鼻天鹅

拍,游得很快而仍保持其庄严时,我们没感觉到其他的,只感受到生命的尊严。天鹅是一首诗,一本书,一段和音,且是一位生长名门的贵族。用平常的话来讲,天鹅是一种最动人的鸟,它的日常生活值得我们敬佩。虽然它不能如俗话所说使我们五体投地,但它使得我们自觉渺小。真的,它能够断人一根肋骨,杀死一条狗!

在以前,天鹅受人保护的现象比较明显,因为那时候的习俗是在天鹅的嘴上刻上一个记号,并把其翼上的长羽毛拔去,每年一次。在诺福克等地方,拔毛不常执行,其回报便是可以看到大群飞翔的天鹅。一群天鹅下水时那耀眼的白翼和振翼声迫近的情形在特纳女士的《泽地之鸟》一书中有很好的描写:"我们如果远望沼泽,会看见一条乳色的泡沫般的东西在芦荡中漂浮。一群天鹅前进时,其情景就像这样,如果你的耳朵很敏锐,在1英里之外便可以听到它们那有韵律的拍翼声——一种明白清晰的声音,如陀螺的嗡嗡声。"考沃德把这种震动声比作硬地上的驰马声。大天鹅飞时发出金属般的响声,疣鼻天鹅与大天鹅不同,飞时除了呼吸外,并没有别的声音。按照有些学者所主张的,它有一种飞行时的呼声,但即使是有,也不是常常让人听得到的。

我们亟须声明的是,疣鼻天鹅并不是哑巴。在日常生活中,它并不是没有会话。如被激怒时,它有一种含怒的叱声;还有一种颤抖的咆哮声,表示反抗;更有一种亚雷尔所称的"柔软的低声",很凄楚动听。但我们的天鹅如果不是相对沉默的鸟,它应该不会被称为"疣鼻天鹅"。"天鹅在临死之前歌唱,人们若于没有歌唱前而死去也不算坏事",去批评这种话那是太蠢了。我们决不会批评这种话,也不赞同米什莱的话,说天鹅在维吉尔的时代是常在暖和的南方歌唱,但到寒冷的北方来居住后便失去了它们的声音了。米什莱这么说似乎不是基于确有的事实,而是假定习性的转变,我们对此不能相信。

纳瓦拉王后以为,天鹅的精灵从其长颈中离开其身体时,会产生音乐的低鸣。或许纳瓦拉王后的话是对的,但这不是解释天鹅能歌的原因,而是解释天鹅不能歌的原因。因为比之喧哗的大天鹅，疣鼻天鹅之所以沉默，是因为它是用其颈来歌唱（以动颈代替唱歌）的，因而其颈比野天鹅的更加灵活多动。

我们所说的，可以用特纳女士所叙述的故事之一来阐明。应注意的是，天鹅是实行一夫一妻制，并且关系是非常亲密的。要引诱一只雌天鹅使它离开雏鸟是很难的，雄天鹅虽常独自活动，却很惦念它的家庭，如果遇到危险则会勇敢地保护妻子与儿女。有一次，雄天鹅正在守候，而雌天鹅并没有按时返巢。一小时又一小时地过去，雄天鹅渐渐地忧虑不安，"不住地直立而呼叫"。它绝不注意特纳女士的抚爱（他们是老朋友），也不吃给它吃的面包。隔了数小时特纳女士驾着小舟到芦苇荡中寻觅，突然遇见那雌天鹅正在急忙地赶回来，头伸向空中，呼叫着。"听到它同伴的呼声，它马上呼应。我随着看后续发生的事。雄天鹅离开了它的雏天鹅，任它们留在岛上，大步向前去会见它的妻子。它们遇见时，双方都表示出许多的相爱之情。它们磨嘴交颈，咯咯欢笑，然后一同游回家，雏天鹅也以尖声欢迎双亲回来。"雌天鹅的迟迟不归并不是故事的重要部分（它的嘴上有一伤痕，也许在与别的雌天鹅争论它们自己家雏鹅的优点），我们的注意点是在求爱时它颈的动作很明显地代替了歌唱，虽然不能代替语言。

疣鼻天鹅大家都很熟悉，很容易从英国的两种野天鹅中将其分辨出来，后者与大天鹅都是冬季从苏格兰来的候鸟。因为疣鼻天鹅有一个黑顶，黄喙的根部也是黑的，其他两种刚好与之相反，喙根是黄色的，喙的尖端是黑的。野天鹅的颈比较僵硬，并且它们游泳时也无半展其翼的可爱习惯。野天鹅的胸骨值得我们注意，其气管直降至龙骨中而弯转，这是疣鼻天鹅所没有的。

野外的天鹅会用水中植物造一个大巢，高可达 2 英尺，直径可达 6 英尺。如果水涨时，巢也可以加高。这个大巢的中部可称为"内巢"，铺有绒毛。天鹅常于 4 月中产卵，数量为 5~12 枚，色微绿而白，大约长 4.3 英寸，宽 2.9 英寸。雄天鹅也孵卵，化卵成雏大约需要 5 个星期。上文已经讲过，天鹅的配偶是终生不变的，雄天鹅是一位诚挚的父亲，巢如果遇到危险，它会凶猛地快速前行。这在考沃德可爱的书中描写得很好。他的书名为《大英群岛的鸟类》，是一本关于鸟类的配图丰富的书。书中说："在这种举动中，翅膀与肩膀举得更高，颈向后曲，几乎全掩没在两翼之下，那鸟在水面上，双足齐划，猛力前冲。"雄天鹅不但非常勇敢，有时还坚持完成孵卵的任务，这是很需要耐心的。

幼天鹅孵出后，背部有灰黑色的绒毛，随后会慢慢变成暗褐色的羽毛。这些羽毛渐渐地变成了白羽。但在幼天鹅一岁之前，这种变换是不完全的。在极少的例子中，似乎幼天鹅的羽毛天生就是白色的。

天鹅在北美洲也有其他种，且均比欧洲的大。其中有一种叫号手天鹅，翅膀长达 7.8 英尺。据说它是一种凶猛而好斗的鸟，但尽管如此，它的种类也日见减少。它的声音可与法国号角的突鸣相比拟。另有一种名为小天鹅的，现在还很多，它的嘴根是黄色的，喙是赤色的，而喇叭鸟的喙则全部是黑色。艾略特这样描写小天鹅的歌："这是一首很悲凉而调子很合于音乐的歌，其音好像第八度音程中的轻弹。"

南美洲有一种小天鹅叫作"卡斯卡蕾"，但有些学者坚持认为它是一种鹅。其翼上最长的羽尖端是黑色的，喙与脚都是微红的。"它在陆上觅食，叫声响亮如喇叭，飞时的声音稍逊于真天鹅。"然而另外还有一种南美的天鹅，名叫黑颈天鹅，头黑，而颈的大部分也是黑色。在澳大利亚南部及塔斯马尼亚有一种美丽、颜色为黑或褐黑的天鹅，现在已非常少了。它身体虽是黑色，翼却是雪白的，"喙如珊瑚，而有象牙色条纹"，有些羽毛——如肩膀上的——卷曲得很美丽。澳大利亚的品种与其他地方的不同就是通过此黑天鹅的发现而更加明显的。英格兰有人豢养这种鸟，它固有的美丽和其奇异的毛色形成对比，使它赢得人类的赞美。

由此可见，天鹅类中有许多的变异，虽然它的种类并不太多。

天鹅为确定的鸭科之亚科，与鹅的关系并不太远，鹅是鸭的另一亚科。以前在英国，畜养天鹅的权利只限于有较大不动产者，但现在已经渐渐地扩大了。牛顿教授在它的《鸟纲字典》中告诉我们说："伊丽莎白在位时，属于私人和公司的养天鹅场有 900 所之多，都是皇家养天鹅局所许可的，它们的管治权是通行全国的。"每年 7 月或 8 月份去观察重要的天鹅群，并在幼天鹅身上各加一个记号是很麻烦的。牛顿教授于 1896 年中写道："英格兰最大的天鹅养殖场中，唯一的名副其实者，是属于衣尔却斯特爵士的，养殖场在弗利脱水上，地处多塞特郡的却雪尔海岸内，可养 700~1 400 只天鹅，地方自然尚嫌狭小，但与英格兰各河边所有的天鹅相比为数极少。"

现在天鹅的数量并没有增加多少，但我们希望一切美丽的鸟都能生存不息。

沼泽间的麻鳽

麻鳽是稀有的冬候鸟中的一种，我们喜欢它不仅是因为它的美丽和趣味，还由于它是一种属于英国的鸟。因为它常生活于英格兰和南苏格兰，无疑，当新石器时代的人——长颅、方形面颊、短小有力的渔猎者——一万年前在英国北部开始探险时，他们所常听到的一种非常刺耳的声音，便是麻鳽在泥泞中的叫声。但地平面渐渐地变迁，如 50 英尺高的海岸所示，使麻鳽所居的泽地日渐缩小。农业发达后，麻鳽逐渐减少。并且人们经常把猎取它作为娱乐，它的肉多少也是可食用的。到 19 世纪 60 年代末，麻鳽便离开此地，不再是生于此地的鸟了。直到 1911年，才有好消息传来，特纳女士与文森特在诺福克

_大麻鳽

郡湖区发现了麻鸦的巢。人们不去侵害它，麻鸦现在重新又回来了。1918 年，特纳女士知道周围 4 英里内有 7 个麻鸦的巢，一直到 1923 年增至 11 个了。"现在，在湖区清晨的美景中，那打破寂静而有回响的一只麻鸦对另一只麻鸦的挑战声，已经成为许多地方经常听到的声音了。"这才是最好的消息，我们希望麻鸦将不再和我们告别。剿灭一种美丽的动物常常是由于目光短浅，但人们如果知道了保存其种类的价值便会对其加以保护。所以我们敢于赞赏麻鸦，自然当归功于特纳女士的《泽地之鸟》——富有科学及美术价值的研究成果之集成。

麻鸦是鹭鸟中的一种，是一种大鸟，身长约 2 英尺，翼长约 1 英尺。细看就会发现，它褐色的羽毛中有许多的金黄色和黑色的纹，还有喉部羽毛呈白色，腿与足都是青而微蓝的。雄鸟与雌鸟同样美丽，也同样地不惹人注目，因为颜色的重要作用在于使这鸟穿了一件隐身衣。当麻鸦静立于芦苇间，嘴尖向着天空时，便成为泽地景物的一部分。正如毕克拉夫所说："长条的栗色自颈部的前面下行，好像芦苇的影子，那淡色的底质和厚而暗黑的条纹极像那已枯的芦梗。"这只鸟与它周围的环境完全融合了。美洲麻鸦和小苇鸦有一个不同点，它们颈的背面没有普通的大羽毛而只有松松的绒毛。但这一区域的一部分却被竖直的长羽毛所覆盖，那羽毛生于颈的两侧，而在头后相遇。它们与鹭相同，有几个地方的羽毛尖端有粉末，那是角质层状的小片，据说在梳理羽毛时有些用处。若以此粉末摩擦食指及大拇指，会有油腻的感觉。但这是错觉而已，它是干的，并无油质。更奇怪的是，它的中趾上有栉齿状的东西，但这在许多其他的鸟身上也是常见的。

麻鸦被发现时，虽然它的毛色足以藏踪匿迹，它也会放下直立的姿势而潜伏，头缩在肩上，颈向横面弯出。它张开其颈部的羽毛，并竖直它的冠毛。这时我们必须小心，因为它会突然伸直身躯，极准确、迅速地用嘴啄人，也许会啄敌人的眼睛。麻鸦不大喜欢飞，它飞得很迟缓，飞时如枭一般悄无声息，两翼扇动的节拍则比鹭要多。它能极快地奔走，在泽地中穿越而过。

我们感到可惜的是，麻鸭在鸣叫时并不把嘴伸向芦苇中或水中，而是把嘴伸向天，并且鸣叫的都是雄麻鸭。考沃德说过，麻鸭的呼叫声是一种"深沉的、牛鸣式的、有同调的声音，就算相距 1 英里多也可清晰地听到。我曾于 5 月的时候听到它整日整夜地鸣叫，且听到三四只鸟互相酬答。鸣声每一回重复三四次，每一音符间相隔一两秒钟，然后或短或长地停一会儿"。

它的鸣声被称为"牛鸣式"是很有趣的，因为这一个词语与它别的名称相呼应。如它的学名 *Botaurus*、法文名称"Taureau d'étang"等都含有"似牛"或"似牛鸣"等意思。特纳女士说过，她的一个朋友夜间不敢从泽地的某一处经过，因为有一头"大牛在泽中鸣吼"，但她以为麻鸭的鸣声远不及牛鸣粗犷。她曾在 3 英里之外听到麻鸭的鸣声，那时是 5 月的晚上，明月当空，"红颈鸟在歌唱，鹬在鸣，田凫在叫唤，芦苇丛中的鸣鸟也在弄舌，好像它们的心也要胀裂了"，凡关心鸟的人都羡慕她这一次的经历。"在这许多歌声之中，夹杂着一种深沉的低音箫声，那是 6 只麻鸭隔着广阔的沼泽互相竞鸣的鸣声。"雄麻鸭在 2 月初就开始鸣叫，直到 6 月中才停止。无疑，那鸣叫是呼唤雌鸟的叫声，有时候雌鸟也答以低而尖锐的回音。但这种牛鸣式的鸣声也表示向另一只雄鸟的挑战，其他雄鸟会马上勇敢地回答。从鸣声上理解，雄麻鸭在空中飞行自炫及空中两雄间的争斗都有类似的意义。与牛鸣声不同的，还有两性间互相呼唤时的粗犷的埃克、埃克声，还有一种不同的声音是幼鸭向亲人求助的勃勃声，其声很像用竹管在一杯水中吹气而发出的水泡声。

它的巢是一个简单的结构——芦苇荡中一堆枯的芦苇而已。雌鸟产 3~6 枚褐色的卵，约 3 个星期而成雏。幼鸟出壳后两三日就非常活泼，而且从开始就好争斗。它们显出一种奇异的稚态，用其两翼越过其巢，或于立直时用来支持其身体。它们从早到晚，每时每刻都需要食物，母亲猎取鳗鱼来喂养它们，非常忙碌。特纳女士曾对幼鸭做过一次活灵活现的描写，四五日大的幼鸭，立着高约 6 英寸，波浪形黄褐色的绒毛长而软，掩着它的脸部，身上赤裸的部分有滑手的蓝色粉末，它偃伏、直立、向后踢足或伸嘴攻进，非常像一个活的黑面木偶。

长到一个星期后，你要攻击它就没那么容易了。稍见危险，它们便藏匿到芦苇中，它们柔软的黄褐色绒毛与芦苇暗褐色的鞘及嫩芦自身的颜色完全调和。它们能一动不动地躲避过危险，因为它们在喂食时不会大声喧闹，它们在没满 10 个星期前不能高飞。麻鳽吃蛙、水蜥、鱼等沼泽的小动物，它们对于人类绝无害处。它们也许有些天敌，如泽鵟，但它们的繁殖范围极广——从爱尔兰到日本及非洲全部的泽地，足以证明它们能在那些地方永远地生活下去。

鸊　　鷉

住在河边，常会看见鸊鷉们在嬉戏，那自然是一种很幸运的事情。我们不能随时看到鸊鷉，但可以看见它的次数要比一个偶然观察者所想象的要多些。它是娇小而坚实的鸟，长约 9 英寸，几乎没有尾巴。它的颜色使它不引人注目，背部呈暗褐色，腹部是灰白色的，到了冬天都会变得暗淡一些。

观察鸊鷉是一件非常快乐的事，它的动作活泼至极。它的隐身技艺算得上艺术家级别——它不但会连续地翻跟头和潜水，还能用别的方法突然消失不见。究竟它隐匿的把戏是怎样完成的，我们也不知道。就是那潜水的动作也非常迅速——即使看过一百次，我们的眼睛也不能断定究竟看见的是些什么。它翻一个跟头出水，然后头向下潜入水中，但我们的字句太拙，不能描写这种奇异的身体技能。在水面下，鸊鷉们用它栗叶式的足敏捷地划水，那小腿显出奇异的连环式的适应。麦吉利夫雷的观察也许是可信的，他以为它在水中也用到它的翼。如别的水鸟一般，它会在水面下"飞行"。鸊鷉经常在离开潜水点很

_小鸊鷉

远的地方重新迅速地出现，足见它在水面下的行动是极快的。如果鸊鷉同时用足和翼，那可以说它又变成一种四足动物了，因为鸟的祖先就是四足的爬行动物。

鸊鷉常到湖中、池中和河流流速慢的地方，从高处的荒地到海滨上都有它的足迹。到了冬天，一部分湖冰冻了，水中的小动物也极少了，它就常到河口，它美丽的形态使得河口富有生气。除了少数从遥远的北方到英国来过冬的和从英国的一处迁至另一处的鸟外，鸊鷉可以说是英国的居留鸟。它不大习惯飞行，但它飞行时却很快，而且是沿着直路飞的。如果被追赶，它更会飞得很快，那是很令人惊讶的。

鸊鷉以水中昆虫的幼虫、水蜗牛、小鱼及水草等为食。因为它的食单上的食物比较少，所以不得不时时潜水觅食。许多鸟往往勤于觅食，从而弥补其食物的缺乏。

知道䴙䴘雌雄间求爱情形的人很少，这是很可惜的。如果能有赫胥黎教授细心研究䴙䴘那样的收获，那就好了。交尾的䴙䴘很欢乐地互相呼唤，发出怀脱、怀脱的声音。它们会共同工作，造一个很大的巢，巢或浮在水面，或附着于灯心草上，或系在水中的树枝上，或筑于浅滩上。总之，巢是筑得很安稳的。所以中央盆样的凹处常在水面之上，绝不使水浸着巢中的卵、孵卵的亲鸟或新生的小鸟，否则太危险了。

巢是用水中的植物做成的，这种植物死时即发酵，因此增高了巢中的热度——有利于卵的孵化。腐烂的植物所生的热量使巢中的卵容易发育，因此亲鸟们乘机嬉戏，而任由细菌活动所生的热度孵化其卵，如果没有细菌，腐烂就不会发生。在巢留待发酵时，亲鸟们采了一层杂草掩在卵上。造巢孵卵是雌雄两者共同的工作，每年孵卵两窝，在4月至8月之间。卵与其他䴙䴘的相同，两端都尖，即两端相似或几乎相同。卵壳白垩色，但因裹在潮湿的草中而沾染了斑点，一星期之后，就全被草色所染，几乎看不出有卵了。

雏鸟是动人的小生灵，其黑绒毛渐渐变为褐色，红斑或玛瑙似的条纹则渐渐变为白色。双亲共同喂养孩子，很早便开始实施教育。雄鸟或雌鸟常使它们伏在背上，带着它们出游。亲鸟潜水时，雏鸟便被迫而游水。如果遇到危险，那么雌鸟会将雏鸟挟在翼下，它们就是这样潜入水中的。我们听说雏鸟在巢中伏在其母的翼下，当它们的父亲衔着食物走近其巢时，它们便探头而出，非常可爱。当幼鸟的潜水和游泳的本能起作用之后，它便学习辨识哪些是食物，哪些是天敌，并且与双亲一同游玩。但若白天遇到了巨大的惊扰，家庭中的各个成员便各自分散，而不再一起居住了。

蜂　鸟

蜂鸟主要是（虽然不是绝对的）花的造访者，它自身也像是一朵在飞舞的

_ 棕胸铜色蜂鸟

花。无疑，有些蜂鸟是山鸟，会飞到安第斯那样高的山上，与积雪为邻，但大多数总是要与花为伴，因此会伴随夏天而至。

说到蜂鸟而不说一句过奖的话是很难的。它的颜色是如此美丽，奥杜邦称它为"虹的闪烁片"，而布丰写的是"绿宝石、红宝石、黄宝石都在它羽毛上闪烁"。它的运动美丽而轻巧，当它振翼飞舞，或在花间跳跃时，好像一只蝴蝶。古尔德在关于蜂鸟的一本专著中，称它为"活的宝玉"，其实还不止于此——简直是舞的宝玉。它的种类极多——至少有 500 种——这是它成功的一种事实。每一种数目都极多，好像它是昆虫一般。还有一种动人的地方就是它的饮食非常精细，正如很早的一个观察者在 1671 年描写金蜂鸟道："这是一种极小的鸟，只于夏季中才能见到，大多数是在花园中，从一朵花上飞到另一朵花上，吸食花中的蜜，和蜜蜂的举动一般。当它在花上掠过时，并不在花上逗留，而是飞舞而过，用极长的嘴吸取花中的甜质。"事实上，蜂鸟吃蜜，也吃昆虫，并且有些蜂鸟是以昆虫为主要食品的，不过它吃的东西总是很精美。

它的身躯娇小，非常动人。最小的只有 2.25 英寸长，其身体还不及最大者安第斯大蜂鸟的一个头那么大，后者等于中等身材的褐雨燕。我们观察一个小蜂鸟，往往疑问它的体内是否具备了所有的器官。牙买加的蜂鸟全体约长 2.5 英寸，它的巢的直径只有 0.75 英寸，卵长 0.28 英寸，宽 0.2 英寸。这真可谓是"具体而微"了。

蜂鸟只局限于新世界中有，它们广泛分布于自巴塔哥尼亚至阿拉斯加北纬 61°的地方。它在多山的地方最为成功，它分布的中心区是在北安第斯。还有一种隐居的蜂鸟只有巴西有。关于这种蜂鸟，里奇韦博士在他关于蜂鸟的回忆录中写道："它是色彩非常鲜明的鸟，且有一些金属光泽，有时候没有，但不居住在日光中，也不在花丛中取食，而是居住在阴暗的森林中，且全靠树叶及树枝上的昆虫为生。"

在温暖的地方，蜂鸟也是候鸟。例如金蜂鸟夏季的家在北美东部，到了冬天它一直向南方迁徙到南方的巴拿马地峡。它和其他的蜂鸟迁徙的路程超过 2 000 英寸。里奇韦博士说："只有在南佛罗里达和加利福尼亚温暖的山谷中的几种蜂鸟在美国境内过冬。"他更注意到了它高飞的范围。有一次，他看见过一只内华达畜牧场上的蜂鸟高飞至 6 000~7 000 英尺。就在同一天，他还见一只同类的蜂鸟飞达 6 000 英尺之高，越过了东洪堡山的最高峰。

蜂鸟飞的速率大概比猜想中的速率低，奇异的是每分钟每只翼的颤动数非常巨大。卢卡斯博士计算其数目约为 500 次，而在同样的时间内，振翼较慢而飞行不慢的塘鹅只有 150 次左右。每分钟振动 500 次必须耗费许多的精力，所以蜂鸟的心脏非常特殊便不足为奇。它的飞行动力很小，可以被蛛网所牵住！它不能在地上奔走，只能待在树上和空中。

蜂鸟的嘴往往是细而长的。有一种蜂鸟嘴长 4.5 英寸，比它的全身还长。蜂鸟的嘴大多数是直的，但有些是向下弯的，而反嘴蜂鸟的嘴是向上弯的——这些奇异的弯曲显然是为了适应于对付花冠弯曲的花。下颚合在上颚的槽中，所以那合着的嘴很像一根管子。与其特别的嘴相对应的是其极长的舌头，伸出缩入非常快。舌根是圆管式的，但约在舌的中段分裂为二，成为两个自由的舌尖。每一条舌尖都是半管形或槽形，都有向上弯曲的膜状边缘，但其末端则略有擦损。整个器官非常适宜于吸食花蜜和常住花丛的小虫。在有些例子中，蜂鸟的确是有益于其所接触之花，因为它能把一朵花上成熟的花粉带至其他花上，还有些蜂鸟会把花中的害虫杀掉。

蜂鸟在生存的竞争中非常成功，这从它某几项行为中可以看出。它富有冒险精神，常飞近观察者面前，似乎要详细地观看他一般。它"对于人类的信任非常可爱"，竟会受人的教导而向前食蜜。雄鸟好斗——虽身体小但脾气非常大——在繁殖期不但与其同族相斗，且会驱逐它巢边的其他大鸟。蜂鸟间啾啾的谈话是很多的——表达喜悦、高兴、愤怒和惊悸，但各种雄鸟"除了啾啾的鸣声外，是否还有近似于歌唱的鸣声是很可疑的"。至于嘤嘤之声那当然是由两翼快速震颤而来的。除了在造巢方面似乎的确有智慧的表现外，它的智慧怎么样，目前知道得很少。因为有时候它的行为已超过所谓本能的日常生活，如据我们所知，它会把一块石子或一堆泥土放在悬着的巢一边，以防其倾覆。

蜂鸟的巢掩藏得很好，如果人们不是出于偶然或见到蜂鸟从巢中飞出，很少能发现它们的巢。巢中常产两卵，色纯白，稍微有点长圆形，就好像两粒小豌豆，但我们知道这也是照着这只鸟的身躯比例来的。孵化期为 12~18 日，一季中往往产卵两窝。

因此我们知道这些娇小的鸟——有些比土蜂也大不了多少——在这拥挤的世界内也有立足之地。它的天敌很少，极易获食，而它的巢也不易被发现。正因为这些原因，它也许才免于生存竞争的激烈淘汰，这种相对的自由也使它如那些它所接触的花一样茂盛地发展。

犀　鸟

许多热带森林的鸟都有坚硬的嘴可以啄碎坚果，但很少有像犀鸟那样用嘴当武器的。长而锐利的嘴可以用来啄各种食物，从根类、果实到小龟。它还能在树上啄出一个洞，使其变成自己的巢居。它飞时有声，高出树头之上，发出一种咯咯的叫声，好似汽笛的呜呜声或驴叫。雌犀鸟的故事是很奇异的。当雌鸟在巢穴内生了卵，将伏在卵上孵雏时，它先用黏土将巢的出入口封闭，只留一个小孔。善于观察者说，它之所以用其预先收集的东西（泥土及树脂）将自己封闭起来（此种工作虽然雄鸟也参与，但大部分是由雌鸟自己做的），目的大概是要保护它自己和幼雏不受到猴和蛇的侵害。其他的观察者坚持说，巢穴的门是由雄鸟在外面打造的。大概这两种观察者都没错。无论如何，雄鸟的确是常在巢边的。

雌鸟在巢穴里不会饥饿，因为雄鸟会从泥墙所留的小孔中喂食物。它到

双角犀鸟

了树上后，发出一种作为暗号的叩门声，雌鸟便昂首朝向洞口，来接那多汁的果实，或是一只蛙，或是一只鼠。在有些例子中，那食物是包在一层薄皮内，从雄鸟的砂囊里脱下来的，这包着的食物非常像一根腊肠。雄鸟工作很卖力，很辛劳地供应妻子的需求。过了些日子小鸟已经孵化，雌鸟准备离穴时，它却已经瘦得不成样子了。有时，它竟然会因疲劳过度而死！

还有一种吃果实的大嘴鸟，就是那颜色非常绚丽的美洲热带巨嘴鸟。它那橙黄色的大嘴两侧是平的，形似龙虾的爪。嘴虽极大，但其重量不至于会妨碍巨嘴鸟的飞行，且在采集果实时是一个非常有用的工具。身体笨重的巨嘴鸟能安稳地站在一枝舒适的树枝上，用它那大嘴的嘴尖采集周围细枝上的果实。

麝雉

热带中辉煌的鸟为数甚多，非洲有闪光的太阳鸟，南美洲有如活宝石般的蜂鸟，新几内亚岛的丛林中有美丽的蜂鸟。但在博物学家看来，丛林和湿地的鸟中，再没有比麝雉更有趣的了。这种奇异的鸟产于英属几内亚，是爬行动物纲与鸟纲间活的链环。在它的生活状态中，它像爬行动物的部分比它像鸟类的部分要多。正如彼得所说："对于它，时代的昼夜变动对其影响要比别的有机生命要慢得多。在它们古典的类似爬行动物的各点——声音、动作、臂、指、习惯——中，它们把过去时代的暗淡时期结束了，而且再将地球上鸟类生活的幼稚时期带给我们考察。"

麝雉的巢常筑在水面上、荷花塘边或河流沿岸的树中，它的巢仅是平台样的一堆枯梗，中间略凹，并且常常很松散。巢离水面 6~15 英尺，有时更低，偶然也有筑在高出水面约 50 英尺的高树上的。麝雉非常温顺，非到侵入者摇动其巢所在的树枝时绝不离巢而去。虽然栖息在同一枝上的另一只鸟被击到地上，而同栖者仍坦然整理其羽毛，不怎么特别注意同伴的尸体。但到了最后，那些鸟发觉巢已被动摇，才开始咯咯地发出其奇异、粗糙的叫声。雌鸟的声音比雄鸟更为沉着，咯咯的声较多，但两者普通的音调却有些像蛙的咯咯声。

麝雉的家是在一种称为"品泼勒"的有刺的树上，树生于河口黑潮所到的湿土上。树上满生着巨大的刺、淡而艳丽的花，颇似紫藤，其叶色青而软，就是麝雉的食物。麝雉就在这种树中度过光阴，在交叉的枝上筑巢，并密伏在所生的卵上。日光太热时，雌鸟栖在巢的边缘，而以其自身的影子掩护其雏。年复一年地它住在这同一个地方，因为它强烈的麝香气能使它的天敌远远躲避，而它也因此得到了安全。

花 亭 鸟

有许多的鸟会建造非常美丽的巢，例如金翅雀的巢就是一个杰作，不仅美丽而且实用，能使巢成为一个既柔软又安稳的雏鸟的摇篮。花亭鸟却强烈地喜欢美丽而无直接的用处的东西，似乎只因享受美丽而造设这些美丽之物。这些鸟不但建造形式很动人的凉亭，还将其装饰得很美观。花亭是雌雄交际的地方，在它们成为配偶之前就已经造好了。亭与巢无关，巢常筑在树上，是普通的构造物。

花亭鸟与蜂鸟的关系很密切，与乌鸦的关系也不远。它常显露出美丽的羽毛，但不能与华丽的雄风鸟相比。它的歌与其说是合乐音，不如说是很有力的。它在美丽与音乐方面所缺少的却以花亭的装饰来补偿。它有许多种，但均限于生活在澳大利亚等少数地区。

我们且以锯嘴花亭鸟为一个简明的例子。它在树旁边开辟一个圆形的场地，把所有的树枝、树叶和小石等搬开，绕着这场地的四周插下攀缘棕榈的卷须，向内弯去；然后寻觅背部为银色的树叶，整齐地铺在整理过的地上，叶的光面向上；接着栖在上面的树上，但常常跳下来把被风吹开的叶铺好，或把被风吹得反转的叶子的银色一面重新翻向上面。在这例子中，雄鸟会造这样的一个游戏场，雌鸟也会造一个。雌鸟坐在树枝上，静静地等待求爱者的到来。它除了在游戏场中阔步或将萎缩的树叶去掉外，终日唱歌，往往要费许多的力量。

缎蓝亭鸟的布置更加精致。它的雄鸟是紫黑色而有光泽的，雌鸟是灰绿色的，花亭似乎是雌雄两者所共造的。最初它只在空地上用树枝架起数英寸高的平台，再在其上用小枝搭成拱道，顶上或开或闭。拱道上常饰有弯形的蔓草。此外还有别的东西，如入口是由蜗牛壳、白骨、有光泽的羽毛等搭成的，这些东西是它从附近的地方收集来的。它花费许多的时间，在拱道处或出或进，追逐其爱好的配偶。它阔步、鞠躬，并显露它的美丽的羽衣，雌雄两者似乎都十分快乐。

最近一个观察者描述那花亭像一个倒置的拱门，顶上是张开着的，立在一片小小的旷地上，以两旁的羊齿与灌木为一天然的篱笆。在入口处有白骨、陆地贝壳、数枝鹦鹉的蓝羽毛、几片蓝玻璃及约 20 枚花瓣——主要是堇菜。"为去采集这种花，它必须到离此地两三英里远的人家的花园中。"

有时候，在一美丽的红色九重葛的丛林下，有领花亭鸟在一个低低的平台上造了一个长亭。它是颜色朴素的灰褐色鸟，有晕色的红堇色的颈，雄鸟的较为光亮。它自身所缺少的颜色常用采集的东西来补偿，如在亭前撒满了鲜艳的花、蓝桉树的红浆果、小的哺乳动物的骸骨、别的鸟的光亮的羽毛、闪光的贝壳。如果它住在已废弃的掘金处附近，炫耀品中还可以加些玻璃的碎片，甚至是空的铅罐。它显然是被光亮的物体所吸引。我们在书上读到过，一个博物馆中所陈列的花亭标本所包含的大半是一堆装饰品："装饰品中有一大而白的单壳类的贝壳；大的陆蜗牛的壳，约有 400 个；发光的石子，大概是火石及玛瑙；颜色光亮的种子壳；四足兽的白骨以及别的有趣的东西。"雄鸟在这些炫耀品前昂头阔步，好像它因这些收集品获得光荣一般，而因此更加兴奋了。最后，为了某种它知道的最确切的理由，它把一件特别好看的东西衔在嘴内——或许是一片树叶、一朵花或一根羽毛——举得高高地挥舞着，冲到它的游伴面前，两翼颤动，在花亭中或进或出地追逐伴侣。过了些时候，它们便同去树中造巢了。

另有一种有领花亭鸟，用小枝编织成高 4 英寸的平台，花亭本身高 16~20 英寸。其装饰品都是普通的物品，其中有从数英里之外的海滨衔来的贝壳。雄鸟爱好自炫，非常快乐地舞着跳着。有一次有人看见它衔着一条长而干枯的红蜈蚣，一连衔了数日。也许是此物恰好投其所好，它把蜈蚣衔在嘴中舞着，好像一面旗一般。这种行为究竟含有何种意义却是不容易想象的，到底这光亮的东西是此鸟的爱情记号，还是仅用来挥舞，好像手杖一般？除了这一只花亭鸟外，在这花亭中所见的来客足有半打之多。但是，我们仍然不懂其意义是什么。每有一只雄鸟到场，其结果总是相同的，即雌雄两鸟成为一对，飞到树上去筑巢。

最大的花亭是牛顿花亭鸟所造的，它在两树间用树枝筑亭，覆盖上蔓草，用白苔羊齿及花朵做装饰。亭高 10 英尺，阔 8 英尺。亭的主要部分附有矮茅舍样的建筑，但谁也不知道这有什么意义。花亭鸟确实有许多谜一样的行为。

但最美丽的花亭是园丁鸟所造的，各种不同的园丁鸟所造的花亭也各有不同，但都很奇异。贝卡利博士对新几内亚园丁鸟的爱情生活有很好的记录。它是一种朴素而带红色的鸟，大小约与鸫差不多。它选择一片高约 3 英尺的以小灌木为中心的地方作为基地，造一个由苔藓交织而成的圆锥体，可以增加中央的柱子的支撑力；然后将树兰细而直的枝像屋椽一般地排列，一端搁在地上，另一端搁在中央的灌木的顶上，结果形成一圆锥形的木屋，地上的直径约 3 英尺。那四面放射的草样的椽的叶子依然还在，经久不枯。这种托生在树上的兰常常是这样的。这作为花亭已经很好了，但还不够。细椽会用更嫩的小枝来缚牢，再把苔藓盖在上面，成为一个做得很好的美丽屋顶。中央的柱脚与各椽的下端间的空处成一游廊，几乎是圆的，实际是马蹄形的。

但还不止这样而已，在木屋的出入处的前面有一个软苔的小牧场，这里的苔平滑而光洁，没有茅草、杂草、小石或其他与布置不和谐的东西。在这个美丽的绿色毡毯上散布着花朵与颜色各异的果实，特别像一个美丽的小花园。那收集的品种也许包含光艳的菌类和昆虫，有些散布在木屋内部，跟散布在园中的一样。一切干枯而萎缩的东西都被更换为新鲜的东西。园通常比木屋大，但两者的用意相同。它的意思是表示对于美丽之物的一种喜爱，而那种喜爱是与求爱相关的。至于它的巢则与普通的相同——仅仅是树枝上的一件简单的东西而已。

这一切的意义是什么？花亭的建成是需要时间与精力的，光亮的东西常从很远的地方衔来，它们并不是任意放置的，它们的安排是几经试验的。

或者我们可以下两个结论。寒鸦与别的乌鸦科的鸟所表现出的对于光亮物品的眷恋到了花亭鸟算是达到了最高的境界。它的爱好是我们喜爱美丽物品的开始，但还与求爱有关系。展现美丽之物是为了吸引它所爱慕的异性。或许与雄花亭鸟的羽毛不美丽而歌喉又不动人的事实有关，所以那"美丽的宴席"是艺术的一种形式，是用来表示爱情的。在预备这些美丽的宴席时，雌雄之间因感情相同而互相结合，一直到它们结婚生活。

the Outline of Natural History

第十二章

在陆地住惯
了的游历者

龟好像采取了"小心开慢车"的生活规则，
它无论做什么，都极审慎。
它慢慢地吃，慢慢地长大。
我们可以数它角质背甲上圆纹的数目，
来断定它的年龄……

动 物 生 活 史

当鸟类或哺乳动物还未见踪影时，数百万年中，爬行动物已算是地球上最高级的动物了。但大多数古代的爬行动物和现在的很不同——有些很大（如载域龙的股骨有 6 英尺长），有许多住在海里，有些能飞腾（如翼手龙小的像雀，大的像信天翁），有些还是两足动物。这些古代有鳞的动物灭迹以后，多数没有留下直接的后裔，有的变为鳄鱼、蜥蜴、蛇、龟和其他爬行动物。最古老的一种叫作"新西兰岛蜥蜴"，即楔齿蜥，是已灭亡的种族的唯一留存者，所以有时也被称为"活化石"。更重要的事实是，各种灭亡的爬行动物演化出了飞禽和走兽。关于这些我们所讲的已经够多，现在只略举几个爬行动物生活的例子。

爬行动物、两栖动物和鱼类，都是变温的动物，其体温和所处环境的温度相近。它们比鸟类和哺乳动物更受环境的限制，并且行动也没有那么自由。再者，按身体大小比例，它们的脑部较小，智力也发育得不及鸟类和哺乳动物，所以我们也不要期待它们会和高等脊椎动物有同样有趣的行为。

爬行动物的感觉并没有什么奇特的。蛇依赖触觉为生，就靠它的闪动的叉形的舌，伸出伸进，频率很快。无论试验何物，它都用伸缩不息的舌尖。爬行动物的视觉往往是很敏锐的。看一看变色龙在审度远近时是如何准确，就觉得非常有趣。有时隔 7 英寸远，它就能吐出很长的舌尖来攻击小虫。舌端胀得像粗棍子头，并且很黏。

许多爬行动物有敏锐的听觉，例如马达加斯加鳄。雌鳄把那像鹅蛋般的卵深埋在热沙里，一巢有 20~30 个。有时卵距地面 2 英尺。卵在这里孵化，形式上的确不便利，但在 12 个星期以后，当小鳄将要出壳时，会发出如呃逆般的声音。常在上面卧着的母亲就知道出壳的时候到了。于是它掘开泥土，以免刚孵出的小鳄活埋在内。某博物学家曾经尝试筑篱把巢围起来，可是一部分最终还是被雌鳄毁坏。他再造一个较坚固的篱笆，雌鳄却在下面掘出一条沟。它自己虽然没有进去，却设法救出了它的孩子，并带它们到水里去了。这个博物学家又放几个鳄卵在雌鳄房里的箱子里，再用 2 英尺厚的沙把它们盖上。当雌鳄走过或拍箱子的时候，小鳄在里面就会咝咝地作声。或许它们听得出母亲的动作，虽然它们不知道那些动作代表什么意义。小鳄上颚端上有一个"卵齿"，这就是用来钻破卵壳的。到两星期大的时候，这个牙齿就自然脱落。还有一件奇事，就是新孵出的小鳄比卵壳的尺寸大得多。这还的确是个疑问。卵只不过3 英寸左右长，但却能产出 11 英寸长的小鳄来。当然它在卵里面是盘曲的。但即便这样，又怎能容纳得下呢？

小鳄本能地作声，这是我们前面已经知道了的。换句话说就是在先天生成的能力中，它就能发出这信号。它并不用练习或学习，也不需明白它所做的是什么。爬行动物当中有很多本能的行为。我们拿美洲的软壳龟作例子，它的学名是 *Aspidonectes*。它是一个游泳健将，能在淡水藻里捕食蝲蛄和昆虫的幼虫。它在陆地上也能习惯爬行的生活，人几乎跑不过它。它喜欢在浮木上晒太阳，并且常向水卧着，所以即便遇到危险，也很少出事。在初冬时，它常自己在软泥里来往摆动往下沉，一直到霜线以下为止。以后它会在那里静卧数月。雌者选择地方产卵的时候非常仔细。它在地上掘开一个洞，产些卵在洞内，上面用湿土遮上，在上一层再产一些卵，然后用土盖上，踏实。若在产卵时被干扰，它没有走开以前一定设法掩埋严密。这种龟个个都这样做。这是循例的本能行为。

新孵出的鳄会咬你的手指，但这并不是智慧行为，只是一种称为"反射"的本能行为。例如，我们看见石头打过来的时候，都会把眼睛闭住。新孵出的龟能在黑暗中走到水里去，你要是把它的头揪向别的方向，它能自己更正。但是这不是智慧，这是生来的本能，像飞蛾被烛焰吸引一样。由无路可认的海中，吃鱼的龟年年寻路到同一个沙岛上去。我们不明白这样的"回家"行为，但是敢说这的确不是出于智慧。"回家"行为多少带点记忆力，我们曾见蛇离开人6周后还能记得人。

有种大的美洲蜥蜴，称为"鬣蜥"，平常很温和，但为了保护雌蜥，也会发怒。这在人类里，就得称为"有胆量"。爬行动物心里也许真有很多的感情我们难以想象。至于智慧也许也是这样，现在让我们从蛇这里来考察这个问题。

蛇

许多人相信蛇是有智慧的，但事实上这并没有很充分的证据。这些奇怪的没有四肢的爬行动物，在行动、捕食、进攻、逃避等事上毫无疑问是很有能力的，但是它究竟有无智慧尚待研究。它所有的只是天生遗传的能力而已，只有对付简单的日常问题的本能。它并无显示创造力的确证，它的智慧似乎是很低的。我们一定要记得——当一种动物的禀赋使它足够在每日生活中战胜大多数的困难，它就不大会显现出其悟性了。动物很少表现出超出天生本能的智慧。

就算蛇的心理能表现出来，也不能说它聪明。试举莱亚德所讲述过的一个锡兰眼镜蛇的故事来说明。这蛇曾探头进一个洞中吞了一只蟾蜍。但是洞口太狭窄，吞食后，头部胀大，不能缩回，所以不得不吐出想脱逃的蟾蜍。"蛇当然是舍不得的。它再把蟾蜍含住，仍竭力试图脱身，并又把它放弃。此次却得着一个教训。它只咬了蟾蜍的腿拉出来，遂胜利地把它吞食。"用"胜利"二字好像有点将畜比人，但是一般都觉得眼镜蛇的心当时是激动的。如果可以照样试一次，我们会更满意些。我们急于要看眼镜蛇再吃第二只蟾蜍时，能否一"下手"就咬住一条腿。若是它这样做了，就证明它也能凭智慧来学习。首次能成功，也许很多时候是靠运气的。

关于感觉，我们已经讲过那条当触角用的伸缩不定的舌头。蛇的眼睛发育得很好，只是缺少一种普通的肌肉——缩肌。当这种动物在阻碍物当中爬行时，眼睛之所以不大会有危险，是靠前面盖有整片的透光的膜。蛇没有耳鼓，所以我们敢说听觉在它们的生活中是无关紧要的。

为什么那么多人相信蛇聪敏呢？我们必须从普通人对于蛇的敬畏中去找原因。普通人之所以怕蛇，当然是因为它运动的奇妙，无从捉摸，并且它常能咬死人。无论如何，从最开始的时候，人类早把蛇当作地上魅力的象征。原始人是相信一种具有象征意义的动物含有所象征的力的品性或才能的。所以以相沿下来，人们就认为蛇比陆地上任何动物都更要狡猾些。它看起来很普通，却被许多人认为有特别的智慧——这也太宽容、太夸大了。

许多人相信蛇能做很多事，但这是不可能的。虽有人说亲眼看见蛇把它的尾巴放在嘴里，使全身形成箍状或轮状，实在是无稽之谈，这是蛇做不到的。

据说一条蛇能吞掉另一条蛇，而同时别的蛇也正在吞它。曾有人记录下来说，两条蛇同时吞一个动物时，会各吞一半，到中间相遇。

霍纳迪博士是纽约动物园的董事，对蛇和许多别的动物都很有经验，他相信我们这里所说的蛇只有有限的一点智慧。现在引用他的话，当然是很公允的。他所著的《野生动物的心理和行为》里讲到蛇的"敏锐的智慧和推理"。他相信"一切动物能对付新环境，在大难临头时，能保护它们自己"。但是蛇有蛇的效率，没有人会疑惑，不过它的智慧和灵活性也并非"推理"。推理实指一串推究。

霍纳迪博士自述他的经验如下："我深信在所有脊椎动物中，我们对蛇了解得最少，而误解得最多。世人多贬蛇好斗，远过其实，并且对它的智识又过于低估。"他举出斜格纹的蟒蛇一例：这蟒身长 32 英尺，在从新加坡运去纽约的路途上，"它在应该蜕皮的时候无法脱去它的皮"，只得由人代为剥去，以救它的生命。一开始它蜷曲着抵抗，但是五个蛇夫静静地工作，安慰着它，竟一直剥下去，都很顺手。"一点多钟的时候，连剥眼和唇上的死鳞时，它都不抗拒。我曾见许多病人，受的痛苦比这个小，而抗拒医生却很厉害。这条森林里新捉来的野蛇很快就认清了它所处的地位，并且居然能表现出理解，真使人惊奇。我不知道有哪种成年的野兽能在同样的情形下表现出这样的智慧。"

所谓"智慧"二字，当然大有不同。但是我们很疑惑，这条蟒蛇能否像霍纳迪博士所信的那样有智慧地静伏。它所处的环境，有很多地方可使它不抗拒。我们一般认为，蛇有许多天生的动作方法（反应能力），足够应付各种一般情况，并且当意外的事发生时，它们能设法保护自己。假如它们没有这样

蟒　蛇

的效率，或许还要智慧些。

人们常说蛇还有一种迷惑鸟的能力。我们曾见过这种事，虽很有科学的意义，却是很惨的一幕。蛇好像把鸟吓僵了，许多动物都会因为害怕而麻痹的。它看起来并不像被迷惑或被蛊惑了，而似乎是恐惧得发昏，僵硬地动了两三次，就傻乎乎地站在那儿了。我们有时候看见小马被汽车吓呆，好像冻死的动物一样僵硬，甚至要等我们来搬开它。所以，联系到这所谓迷鸟一事上，我们也只是觉得蛇有效率而已，仍然无所谓智力。

蝰　蛇

至少从穴居人那时起，也许再早一点，史前人有个偏见，使我们至今对普通的蛇，尤其对蝰蛇不会公平地看待。在多蛇的地方，很容易从事实上判断这成见对不对。但是即使这样，也不能阻止我们照蝰蛇所应受的那样称颂它。它的形状是可爱的，头比颈宽，身体向后变尖，最后是一条短尾。蝰蛇在颜色和斑纹上有特点，比如头后的十字叉。我们和彼特鲁乔都认为"它的花纹令人大饱眼福"，它们的确长得很美丽。谁都不能不惊叹这动物动作的迅速。扭曲的身体忽然伸直，向前急趋，好似用肋骨代桨，在地上划动。罗斯金说："吓它一下，盘曲的身体就变成一支扭折过的箭、一条含毒的生命波射过草中，像掷出的枪一样。"

每对肋骨尖附着在横生腹侧的每片大鳞上。有种肌肉撑起这些鳞，使它们的后缘紧抓着地面。这些肋骨移动时，使鳞复回原处——结果长长的身体便向前进。这倒好像是许多根篙撑船，却不像许多条桨划船。

蝰蛇一身有许多种形状，适合于在乱草和碎石间爬行。这些肋骨把没有四肢的动物变成多足的马陆。当我们走近时，它窜得多么快！它靠深的球窝节骨和双关节的作用，使那么多的脊骨能自由地左右运动，而没有脱节的危险。它内部的每样东西都有利于身体的伸长。像肝，通常是宽的，在蛇这里就变为狭长的；两个肾也不是左右并列的，而是前后相随的。内部没有安放两个充分发达的肺的余地，所以左边的肺缩得很小。当蛇受惊时，右肺很快地逼出气来，发出咝咝的声音。

没有人会说蟒蛇吃得卫生。它杀鼠、蛇蜥（无足蜥蜴）、雏鸟、水螈和幼蛙。蛇通常会在夜间出来猎食。它用一个颚扣住捕得的食物，另一颚向前移动，就衔紧了。于是那边再放松，再前进，这样蟒蛇就吞下捕获物。但捕获物好像常常不能容纳进嘴里，蟒蛇有时把所捕食物的后部抵在石头上，以顶进它的嘴里。当受害的动物经过嘴到食管里去以后，食物的下行似乎靠蛇肋骨痉挛性动作的帮助。有人会想到，它嘴里塞满食物，正要拼命下咽时，恐怕要窒息了。但是由于气管的前端移向前方，伸出于口部，所以空气仍能下行到肺，蟒蛇并不容易闷死。

＿眼镜蛇和鼓腹巨蝰（右）

蝰蛇毒腺似乎是变态的唾腺。毒牙是卷转的牙齿，里面有一根管道连接毒腺，毒汁可以从这里射出。这是自然的变旧成新的方法。蝰蛇预备攻击时，下颚一开，有如一种精巧的自动装置，毒牙便竖起在上颚了，并且能挤压毒腺。如果毒牙断落，或者自行脱落，马上会有新的来顶替。因为这后面还有一颗更小一点的，所以毒牙不断地有补充。由蝰蛇本身来看，这是天生的。当毒管的前端和新毒牙的基部连接时，一定经历过一种有趣的生理结构上的重大转变。

蝰蛇的胆汁是它自己毒汁的解毒药。一个人要是被蝰蛇咬得很重，倘若还能镇定地杀了它，剖出它的胆，是有希望脱险的。我们之所以说被咬得很重，是因为它的毒性好像是会随时增减的。当蝰蛇健康并且很久没有咬过人或动物时，它的毒性才很烈。对大多数的成人来说，被蝰蛇咬了并不甚危险，但是有些人连被跳蚤咬都是危险的。

很多人知道"自己塞住耳朵的聋蝰蛇"这一说法，因为无稽的博物学到处误人。但是蝰蛇并不聋。虽然它没有耳孔可以堵塞，也没有耳鼓，但是颚和发育得很好的内耳有解剖上的关联。每当吃东西，它听到的声音大得像喇叭一样。像别的蛇一样，蝰蛇瞪眼看人是因为眼睛不能动。眼睑不过在胎里存点痕迹，到长成时便没有了。蝰蛇好像是隔着固定的第三眼睑看东西的，这第三眼睑外有透光的角质鳞，像一块表面玻璃，在蛇蜕上可以看得很清楚。我们不能说蝰蛇失去了青蛙就会流泪，但如果真是这样，它的泪一定是由鼻孔流出的。

蛇　蜥

我们拿没有四肢的蜥蜴作为原野动物的另一种例子。蛇蜥的学名叫 *Anguis fragilis*，是英国动物当中特别有趣的一种。它住在干燥的草地上，这个地方有草和树木的庇荫，而且蛞蝓很多（它常常被误认为是蛇而被杀）。其实，除了形状和无四肢外，蛇蜥并不像蛇。它的鳞带圆形而且相重叠，全身的都很相似。鳞下又有薄薄的骨质片，因此和蛇鳞大不相同。但两者有一处相像，就是蛇蜥光滑的鳞上的最外层皮死去后，整个脱下，像蛇蜕那样，由头至尾，由里翻外。除了尾部死皮有时向后顺卸而下，有人拿"刀出鞘"来比喻这种尾部脱皮。

与蛇相比，蛇蜥尾巴长，而蛇尾巴短；蛇蜥总有胸架的痕迹，而蛇却从不显出。它们的头颅、颚、肋骨和腹部都不一样。在通俗博物学上，蛇蜥又应该称为"盲蠕虫"。人们却并不这样看，因为它有很清楚的眼睛和活动的眼睑。从前有位动物学家说：蛇蜥看见蛞蝓时就"喜悦地闪烁"。蛇蜥的耳孔很小，并且在鳞下藏得很严密，所以被人疏忽就不足为怪了。它主管触觉的舌是有刻缺的，不像蛇那样是两歧的。

在 4 月或 5 月间（随气候而定），蛇蜥由冬眠中醒来，就从藏身的地方爬出来。它们交配了，并且起身去寻食，食物以小蛞蝓、蚯蚓和毛毛虫为主。它们并不袭击，也不疾趋，只慢慢地行动，捕捉它们能捉到的。它们虽然很羞怯，但是却在白天工作，特别是在原野树木的庇荫处，或树林附近的草里。在 8 月至 9 月间，雌蛇蜥产 8~12 个软壳的卵。卵一生下来就自己裂开，孵化出很美丽的小蛇蜥，像银色蠕虫一样约长 1.5 英寸。开始，它们只吃很嫩的蜘蛛和昆虫；6 周之后，它们比原来增大一倍；五六年后，它们完全长成。普通蛇蜥约长 10 英寸，尾巴约占身体的一半。英国博物馆有条特别大的蛇蜥，长 17 英寸。当天气寒冷、食物稀少的时候，它们就退避到多青苔的岸上的洞里，或躲到枯叶当中安适的地方，或钻进松软的干土里。在它们过冬的地区，可同住 20 条蛇蜥，彼此相聚在一起，好使大家暖和些。大概是因为这个地区适宜居住，所以它们年年住在这里。

这种无四肢的蜥蜴在欧洲、亚洲都是很普遍的，它有许多有趣的特点。它有蛇的形状，它们是不同的两类，却有相似的生活状态。系统不相属的动物，表面上相似，称为"趋同"。当被捉的时候，蛇蜥就僵硬了，尾巴很容易自脱，像大多数的蜥蜴那样，常这样来自救。这种反射的或自动的自残，称为"自裂"，林奈给蛇蜥起名为"脆"就和这事相关。自裂必定是很古老的反应，因为身上预定一段脆弱的部分，得以从那里裂断。把尾巴放弃，如果能逃命，失去的部分以后能够再生。虽然新尾是个补救的办法，这种再生却是大自然的医治力的好例子。

在脑的上表面，耸起一个松果状的器官，像许多其他脊椎动物一样——在蛇蜥里，在称为"新西兰岛蜥蜴""活化石"的楔齿蜥身上这一特征尤其显著，这部分很显然具有眼的构造的痕迹。对蛇蜥来讲，这好像仍是一种感觉器官，或许善感温度的变化，因为这种动物见到强的阳光就很快地避开，尤其当它还小的时候。

最后，蛇蜥是过隐居生活的最好例子，它很容易自行躲避；它并不是稀有动物，可又不常见。它能生存，也因为它善躲避，这本身就是一种技能。

变 色 龙

变色龙的原名叫 *Chameleon*，意思是"地狮"，但大多数变色龙是树栖的动物。它是真正的蜥蜴，但是它从普通蜥蜴进化出来是很奇特的。自古以来，生物演进的许多变迁中，这一定算是最奇特的例子中的一个。像有种树鼩的后裔变为蝙蝠、有种尖嘴鱼的后裔变为海马，这些都是很特别的变迁，但是还没有像蜥蜴演化成变色龙那样令人惊奇。

每种动物都拥有许多适合性或适应性，但是变色龙浑身都是诡计。我们在南非洲看见它站在树枝上一点也不动，以为它睡着了。但是它忽然吐出棍棒状的黏舌，有身体除去尾巴那样长。它有种不可思议的运动法，慢到使人看不出它在移动。它的眼睛突出得很奇怪，用一种古怪独立的方法来对光。它对光时很精细，让人替它担心，怕它来不及捉住停在那里的苍蝇。它开始先对准右眼的光，再对左眼；等两眼都对准光后，才伸出舌来。它费很多时间来对光，但是对准后，它就突然射出它的舌，差不多像爆发一样快，或者说它像弩箭那样快，更贴切些。对苍蝇来说，每次都有一种晴天霹雳的感觉。

我们曾经说过，变色龙的名字的意思是"地狮"，这是很奇特的名称，不禁使人费心力去想象变色龙和狮的相似之处。大多数时候它不住在地上而住在树枝上，为什么这么奇怪的动物要被称作狮呢？是不是因为它使有些动物——比如狗——看见就害怕？当被攻击时，它有时会缩小身体；但是有时又会涨大身体，张开口，好像威吓一样。有时它嘶嘶地叫，并恶狠狠地向两边摇来摇去。它鼓起肺和气囊，涨大它的身体，难道不像猫见了狗耸身竖毛来蒙混吗？猫的王不就是狮吗？由此不好推到变色龙吗？但是与寻常人讨论字源学是有危险的，所以我们不能强迫人相信：因为涨大而发怒的变色龙像只鼓气的猫，

_ 变色龙

就得名叫"地狮"。

现在我们问变色龙如何能适应枝上的生活，我们自己站在较稳固的地位上了。它的适于钩卷的尾使人想起猴尾；手指、脚趾都分开，以便捏住支持物。它的手很有趣：三指向里，两指向外。脚趾却是两趾向里，三趾向外的。普通的变色龙在 24 小时内，能变化出六七种颜色。在晚上，它多数时候是乳油色，带黄色大斑；在白天常是灰绿色，带许多黑点和若干淡褐色块；激动时就显出栗色块和金黄色点子；当它大怒时，黄点就变成墨绿色。但是这还不是它色彩库的全部表现。

变色，一部分是这种动物心境的表示，另一部分是对外界变化的反应。它有时变得更加令其他动物注目，如同发出警告；有时只当作隐身衣，正像它有时把自己变大，有时变小或细瘦。所以在变色当中，也似乎有两种策略，一种是恐吓，一种是隐遁。变色由真皮里的分枝的色素细胞伸缩所致，但是另有无数的细胞带黄色油点和鸟粪素结晶体，或别的折光强烈的微粒，其过程很复杂。讲到变色龙的皮，容易使人想到它经常进行的蜕皮。当外皮的外层死了以后，皮上便起泡，像一张张薄纸一样。变色龙向石上或树枝上轻轻摩擦，皮就一片片地脱落。

变色龙具有许多特别的性质。当寻常蜥蜴在天敌手中失去尾巴以后，它常能长出一条新的，有时是一条暂时的尾巴。但是变色龙的尾巴不是脆的，而且如果断了，也不能再生长出来。这两种关联的特点并不难明白，变色龙的尾能钩卷以悬挂身体，一定要强韧些，这样它的尾巴就能缠绕在枝上，才不致有危险。

它的皮上没有鳞，却有细粒。眼睑相连合的地方，只有一个细孔，舌头像装在管子里的弹簧，有血充进，就帮它猛力弹出。巨大的肺和狭长的气囊相通。这些也都是变色龙的特点。

多数变色龙在地下产卵，卵发育很久才有白色的小变色龙孵出。雌变色龙

O

通常伏在卵上，在大多数的例子里，像南非洲的侏儒变色龙，小变色龙是在母腹内孵出。这表明许多不同的动物在演化历程上的一种趋势——向着胎生进化。

变色龙的私生活我们知道很少。一方面因为它善于躲藏，另一方面因为它离开本地不容易存活。并不是它死得很快，而是它常常绝食数月，最后总免不了一死。它差不多是专吃昆虫的，但是它的食欲常常变化。它需要很多的水。它们睡在树枝上，很牢地附着在上面。气候极端寒热的时候，它就避到地下去。但是僵卧时怎样经过，我们很少见到。我们要当它是转变过的陆栖蜥蜴，大部分很适应树上的生活。当气候太寒太热或快要产子时，它就又回到旧时常住的处所。

淡水蜥蜴

在淡水动物当中，很奇怪的，我们要包括一种用肺呼吸的蜥蜴在内。这是博物学里一个引人入胜的美点。歌德说，动物总企图做几乎不可能的事，然而却成功了。一部分无疑是因为生存竞争太激烈，但是高级动物另有冒险精神。动物常常要找新的适当机遇，于是我们就常常看见意外的事发生。一条用肺呼吸的蛇离开陆地一百英里，在海里做什么？一只陆栖的蜘蛛在湿地的池里，在水下用丝织成穹顶网，往里装满干空气做什么呢？两栖纲里的蛇蜥或鸟纲里的穴居鹦鹉，怎会住在地底下？再谈到我们现在的问题上：蜥蜴在水里做什么？

脊椎动物里最先在陆地上住惯的是爬行动物，它们两栖的祖先开始前往陆上，到此才完成这种大迁徙。虽然它们是用肺呼吸的，但是它们当中也有不少其后又回到水里去居住的。像鳄目、龟鳖目和海蛇，都可以称为"二次水栖"动物。蜥蜴陆栖的习惯，连穿穴和爬树在内，养成得极深，以至于偶然有例外，会让人感觉很有趣味。我们要例举科普斯泰因博士近来所讲的摩鹿加群岛产的水蜥蜴。它并非新发现的动物，但是从前很少有人知道它的奇怪习惯。它的属名为簇尾蜥，最著名的品种住在安汶岛、斯兰岛和西里伯斯岛，叫安岛簇尾蜥。这就是科普斯泰因博士所研究的一种。另有一种产于特尔纳特和哈马黑拉岛，第三种出在菲律宾。从上可以看出，变种遭隔离后会成为新种。在英国附近，有奥克尼羿和圣基尔达鹪鹩可以为例。人类也有隔离作用，限制婚姻范围，这好像向来是支配和造就种族特性的重要原因。

安汶岛水蜥或水蜥龙从不离水很远。它通常在小溪、水塘和咸水湖旁的悬枝上，展开它的肢体，如受猛烈的攻击，就潜入水去。水蜥天天回到树枝上，卧在那里极其镇静，因为它没有天敌，连人也不怕。除去两种麝猫外，摩鹿加群岛更没有别的肉食兽，原住民也不吃水蜥，这就是成年水蜥极镇静的原因。

幼水蜥却大不相同，它在河底的石下或池中的茂草里躲藏得很快。因为它幼时常被鹭鸶和鹰迫害，直到长足时才变得一点也不畏缩。用不着奇怪，因为这时候它有 2 英尺多长！它的食物，包括水中或水旁植物的叶和别的部分。科普斯泰因博士曾在一处有几个硫黄温泉的池里，发现一群水蜥，但从没有在海里见过。所以，唯一的海蜥只有加拉帕戈斯群岛吃海藻的海鬣蜥一种。

在安定且暖热地方的细河沙里，雌水蜥埋下它的卵，8~12 英寸深。正像雌鲑鱼不在流动的沙砾里产卵那样，雌水蜥也避开流动的沙。虽然原住民不吃长成的水蜥，却喜欢这种卵，卵黄很多，据说味道很美。它有 2 英寸多长，所以值得找来吃。它包在坚韧的羊皮纸状的"壳"里，壳的颜色灰白，有灰色的点子和条纹。摩鹿加的气候差不多不分四季，因此一年到头都有幼水蜥在那里孵化出来。

最值得注意的特征是雄水蜥长成后尾上的饰物。从近尾部起，上侧中央长出船帆样的饰物来，特别惹人注目。这是雄水蜥特有的，像雄鹿的角那样。更值得注意的是，那雄水蜥长成壮实后就没有这种饰物了。一条雄水蜥长到两英尺长，完全和雌水蜥一样，但是此后就张开它的"帆"。大概由于血液受到一

0

种化学的刺激物即激素的刺激。这是很理所应当的，蜥蜴既然住在水里，就应该生出一张"帆"来。但是这不过是巧合而已，因为只有雄性这样。

海 蜥 蜴

有一种最奇怪的爬行动物，就是吃海藻的蜥蜴（海鬣蜥），住在加拉帕戈斯群岛的石岸边，常潜入海水去找它最喜欢的海藻吃。它有 4 英尺长，在陆地上走得很慢。达尔文乘"卑格尔号"航行时，对这种动物很感兴趣，并且看出些很有趣的特点来。"这种蜥蜴在水里，身体和扁尾像蛇般运动，缩起腿，紧贴在身旁，游得又自然又快。有一个水手系了一块重东西在一只海蜥身上，把它沉下水去，以为这样可以立刻淹死它。但是过了一小时以后，他拉起绳来，这只海蜥仍然十分活泼。它的四肢和坚强的爪特别适合爬过遍布海边的不平的礁石和火山岩的裂缝。在这样的地方，常有这些可怕的爬行动物，六七成群歇在离海浪数英尺高的黑石上，伸开腿在晒太阳。"

达尔文所见的特性，有人很费解。蜥蜴当然是用肺呼吸的，当它潜入水时，一定要靠肺和血里所蓄的氧气呼吸。它却很随意地而且经常地潜入水中。但是强迫它进水，它又不肯。达尔文看见海蜥被迫跑到海面上的岩石的角上，宁可让人捉住它的尾巴，也不愿意跳下水去。他捉了一条投在水里，它立刻就回到岸上来。达尔文特别奇怪，说："我好几次赶一个蜥蜴到走投无路的地方而捉到它。它虽然善潜水和游泳，却总不肯下水。我把它丢下去，不一会儿它就回来了。"达尔文试着解释这种奇怪的行为，说是因为蜥蜴在陆地上没有天敌，而在海里就不免遇到许多饿鲛来害它，"因此养成这种固定的和遗传的本能，总以为陆地是安全的地方，无论遇到什么意外，也绝不肯离开"。我们要记得，蜥蜴或许比较晚才开始到海中游历。这个见解有着有趣的证据，就是海蜥有个"誊本"，是它的表亲，却是生在陆上的。

我们必须大概说说这个陆栖的表亲，它引导我们离开海藻，而让我们了解到秘密。达尔文称它为一种海鬣蜥。现在它的学名叫作 *Conolophus subcristatus*，但是人们都同意它和海蜥是很相近的，并且说它的生活方法是旧式的。当达尔文到加拉帕戈斯群岛的一个叫詹姆士的岛上去时，这种蜥蜴成群结队。"我们寻找了好半天，找不到没有它居住的地方来搭我们的帐篷。"它是种迟缓的动物。它慢慢地爬行，尾和腹部在地上拖着。它常常停下来，昏睡一两分钟。它在比较软的火山土里钻洞时，先用身体一旁的腿来扒土，再换另一边的，依次互换。达尔文说："我观察一只蜥蜴很久了，等它半段身体都埋在土里，就走上去拉它的尾巴。这样一来，它受惊不小，不一会儿就起来，看看到底发生了什么事，看着我的脸，好像要问：'你为什么拉我的尾巴'？"

陆栖的和海栖的有分别。前者的尾是圆的，不是扁的，它的趾间也不生蹼。它吃多汁的仙人掌属、金合欢属的叶和树上落下来的酸浆果。但是，最有趣的是这两种近亲同住在悬崖处：一种穴居，吃仙人掌；另一种水栖，吃海藻。这就告诉我们说，两者都在很困难的生活限制下过日子，并且它们共同的老祖宗也曾在困难的制约下过日子。这两种蜥蜴得出了两种很不同的解决法，其中一种是独一无二的。因为只有一种蜥蜴潜入海里，游来游去，也只有一种蜥蜴吃海藻。动物被逼迫得太厉害，就着急去找无论什么空隙来安身，或者采取无论何种没有经过试验的方法来生活。生物界到处都有"更换生活方法"的事例。

龟

留着"蠵龟"一名给海里四肢扁平的蠵龟科，如做汤用的绿蠵龟和做梳子用的玳瑁等。我们可拿"陆龟"来称呼陆地上的种类，拿"水龟"来称呼淡水里的种类。在英国常见的是希腊陆龟（一种陆龟）。至于怀特所研究的 *Testudoibera*，和前者很相近。这些龟是爱暖和的，当天气不太热时，最喜欢晒太阳，

_ 南美洲的几种陆龟

它们起得晚，睡得早。如怀特的宠物在夏天的长昼下午 4 点就睡了，到第二天上午很晚才起来。到 11 月，它埋在土里，一直到第二年 4 月中旬的时候——在英国当然是最好的办法。它并不真作冬眠或蛰伏，因为那种特别状态只有某几种动物才有。爬行动物的这种行为更像是冷昏迷或昏睡。

　　龟好像采取了"小心开慢车"的生活规则，它无论做什么，都极审慎。它慢慢地吃，慢慢地长大。我们可以数它角质背甲上圆纹的数目，来断定它的年龄，因为一圈就是一个夏季里生长的结果。怀特观察到他所养的龟（现在藏在英国博物馆内），到 6 月变得很活泼，努力去求异性的爱。但是在平时，它很小心，总避免一切过度的劳动。

　　许多游历世界的博物学家曾经问：为什么许多岛上的特产动物是其他地方所没有的？在东印度群岛里，每一个岛有特有的猴、爬行动物、淡水鱼和蜗牛。夏威夷群岛里，每一个岛各有独有的蜜雀，每个森林中也各有独有的蜗牛。白令海峡里，三个海狗群落各产一种海狗，圣基尔达产一种鷦鹩，奥克尼产一种鷦鹩，都与众不同。这是什么原因呢？

大概的回答如下：大多数生物是能变异的，后代常和父母不同，而且一个家族中，也各不相同。换句话说，更新变异是常有的事情。在岛上，新变异容易维持下去，比在没有交配限制的地方，更容易取得稳定的立足地。当"育种家"得到了能使它满意的变种，它就找和这些相似的，或者特别相似的来交配。换句话说，它用同族繁殖的方法来创造新种族。这种同族繁殖在自然界里也是有的，只要杂配受了限制，这在岛上当然比在大陆上容易。

大龟常住在有水潭和多汁植物的山谷里，但是到了夏天，会爬到山上。在它常经过的路上，有几处石块极光滑，大雨后滑得不能行走。除了在中午又热又亮的时候外，可以看见或听到大龟很闲暇地在徘徊，这个时候也许黑暗，也许有些光。1905年，一个游人在3英里内遇到30多只大龟。好像这种遨游大部分是为了恋爱。雄的发出吠声，在树林里声音可达300码外。这好像和达尔文所认为大龟是聋子是相反的。

龟卵比鸡卵大些，一层一层地产在地洞里，一窠约有18只，但是雌龟决不放它所有的卵在同一地方。幼龟好像死得很多，因为它有天敌，那就是秃鹫和野狗。等它有1英尺长以后，除遭人毒手外，还是很平安的，因为人类凶残起来，对它是非常危险的。它的肉是很美味的；从脂肪榨出来的油，在从前又能卖个好价钱；科学家搜罗标本，也有责任。于是，有些岛上所剩下的大龟只有几只了，在别的地方竟一只也没有了。我们不能假装不知道这件不光彩的事情——这些寿命可达数百岁的动物的绝种期竟然也计日可待了！

大龟能生活150年以上，而我们所讲过的几只竟有数百年高龄。但是今后不久就会一只也没有！丹皮尔和别的老游历家见过龟群，到毕比只见过一只！它在海里游水片刻以后，不久就死了——这给活动影片提供了几百英尺的材料。人是不值得信赖的。

多数龟能活这样久，和迟缓的生活节奏是相一致的。它老得慢，死得慢。怀特的龟比主人多活约一年，在 1794 年才死，在英格兰活了差不多 54 年，其中最后的 14 年是在塞尔伯恩过的。很少有几只活到数百岁的。在 1766 年，从塞舌尔群岛运了 5 只大龟到毛里求斯岛。其中有一只到 20 世纪初还活着！在 1901 年，哈多博士报告说："它虽然差不多瞎了，却仍保持固定的习惯，并保持着健康。"它的壳长到 1 码以上，背上能载两个人。

龟在多方面都慢，反应也不快。脑和头颅比起来，小得可笑，但是它却也很聪明，否则它就不能生存得这样长久。它能学会分辨人，并且善于辨认地方。它们能牢记所住的地方，能从很远的地方回家。它特别能记得它冬天所住的地方，即使在很难找的地点。有只水龟竟能解决迷宫问题，这至少可以证明它能从经验上得益。据一个可靠的报告，有一群普通的龟会伸颈谛听园旁空场上城市军乐队奏乐。但是我们不知道能不能承认这事为智慧的确证。平常的龟不叫唤，但是在生产时期，它略发出嗞嗞的声音。在查塔姆岛上，雄的大龟吼起来，声音颇粗嘎。达尔文曾在 100 多码外听见。普通龟的嗞嗞声，只相当于这些大龟的大声的一点细微回响。普通的龟产 2~4 个白壳卵，像鸽卵那样。它埋卵在松沙里，我们从来没有见过它保卫它的卵。

龟和它的血亲都有坚韧持久的生命力，从它的身体若干部的局部生命上就可以看得出。像可食的绿蠵龟，肉已做成羹，而它的心脏，若放在适宜的地方，竟能继续跳一周之久。这就够奇怪，但是我们觉得最奇怪的事还在龟壳。怀特有点疑惑地说："这被束缚的爬行动物好像很可怜，装在一副笨重的甲里脱也脱不下来，好比囚在自己的壳里。"

鳄　鱼

在西非洲树林被河冲断或雨林让位给丛林和沼泽的地方，盛产大的两栖爬

_ 尼罗鳄

行动物——鳄鱼。鳄鱼在陆上很僵硬，周转不灵，所以受惊时就逃避到水里去，并且也在水里猎食。但是它喜欢睡在近河边的暖热的沙滩上，当一天最热的时候，在太阳下晒几小时。常有数十只鳄，彼此贴近，在一片沙滩上睡着。有群像鸽的鸟在它们群里跳来跳去，一点也不怕，并从它们背甲上啄水蛭吃。

鳄鱼用短腿爬下岸，潜入水下就不见了。它在那里伏得很久不动，只露一点鼻尖在水面上，但它并不会睡着，而是在等着捕东西吃。一只小羚羊离开森林，来到水边，神情像是一只被打的狗。它并没有认出鳄鱼的鼻尖，以为不过是一块石头或一块泥土，就弯下身来喝水了。鳄鱼轻轻地游近，然后用有力的尾猛力一扫，就扑着小羚羊，并且立即用强有力的颚咬住它。鳄鱼把动物沉在水下，把它淹死，它自己却不会淹死。因为它能把外面鼻孔及在长嘴后方的孔关住。气管的入门接到后鼻孔，若把前鼻孔放开，并抬出水面，水就不能在嘴里阻挠它的呼吸。牛羊、多种野兽、鱼和鸟都会遭它杀害，甚至人到河边汲水都会被攻击。

　　鳄鱼除晒太阳外，还有一个原因要上岸，就是它要在沙上穿洞做窠。雌鳄掘出很深的洞，就在那里产它的卵，个大，白壳，像鹅卵一般。它拨动热沙，四围遮住卵堆，并且看守很久。它就将那里当作它晒太阳的地方。约 3 个月后，幼鳄用一个特别的卵牙来凿开壳，并且发出奇怪的小声音，有点像打嗝，等母亲来帮它们从沙里挣扎出来。它比多数别的雌爬行动物更为慈爱，很高兴地带它的孩子们到水里去。

　　值得注意的是，沼泽地的大动物常有它的随从鸟。鳄鸟对鳄鱼很有用，能替它除去身上讨厌的寄生物，而自己也就常有东西吃。红水牛极善游泳，常和一群黄背的鹭及别的鸟在一起。它们跟着水牛经过沼泽地，捕食被牛蹄惊起的昆虫。有时这些鸟对于水牛很有用，就是即将有危险时，可以引起它的注意。犀牛的确很依赖它的"探子"——小的捕虱鸟，捕虱鸟围着它四面飞，并停在它的背上来寻糙皮上的扁虱吃。如果这群鸟忽然飞起来，犀牛马上就受惊。等它们回来，照旧镇静地找吃的，这些大家伙才算安定下来。

　　爬行动物一纲的种类太多，我们只能略述它们的生活状态而已。不过，我们所选择的几种动物都足以描绘它们的特点。

the Outline of Natural History

第十三章

水陆通吃的
活化石

它是敢冒险离水上陆，
而且坚持到成功的最早的脊椎动物。
它既不披甲，
也不执械，
更属奇特。

动 物 生 活 史

赫胥黎在动物学上有许多大贡献，其中之一就是证明两栖动物如蛙、水螈等更接近鱼纲，而不是爬行动物纲。两栖动物幼年时差不多都用鳃呼吸，有些即使已生长了肺，能呼吸干空气了，仍保持着鱼形的呼吸器官，一直到老，但是爬行动物幼体从不会有鳃。两栖动物无疑有许多地方已经超越鱼类：有手指足趾，像人肺一样的真肺，还有能活动的舌头。但它们确实还存在很多似鱼的特征，这也无可否认。所以不管形状怎样，都可以说两栖动物和鱼相接，而鸟则和爬行动物相接。

　　远古时代，有些两栖动物体型很大，但是现在的差不多都变小了。它们包括：（1）水螈和蝾螈，有很发达的尾；（2）蛙和蟾蜍，到了蝌蚪期末，尾就失去了；（3）像蚯蚓、奇怪的穴居无肢的蚓螈，即盲螈属。

两栖动物的行为

　　有些动物，例如猪，实在比它们的长相要聪明些，但是也有许多动物，实在比其外貌看起来要笨些。蛙和蟾蜍就属于第二类。当我们细看一只蟾蜍在路旁爬上岸时，我们就联想到一个伶俐的老人。当我们细看蛙注视飞蝇时，我们就感到精神极端集中的印象。牛顿有句名言道："想把它的心寄在那里。"这蟾蜍或蛙就好像是这样。但是这种推测和印象都太宽纵了。恐怕我们被大头所蒙蔽，就忘记里面藏着小得可笑的小脑，特别是蟾蜍的眼更能使我们轻易看重。皮特女士写的《田园与篱笆间的野生动物》一书中说到，蟾蜍有像珍宝一样闪亮的眼睛——它们有淡淡的金属褐色，带点红光，像火苗从深处向外冒。

蛙和蟾蜍能学会认人，但是我们不晓得它们是如何学会的。它们能从两三百码外找到回家的路。谢弗教授曾观察美洲产的各种蛙，发现蛙练习几次后，就会避开不适合吃的东西，如毛毛虫等，并能记住至少十天的时间。另一只蛙经过两次练习，就不再去碰浸过药的蚯蚓。它能完全记住一段时间，但五天以后，就不是很清楚了。当一只蛙捉蚯蚓时，受了轻微的电震，它一连一周不敢再碰蚯蚓，但是它仍不放弃粉虫。于是我们知道蛙能学习。可见少数慎重的观察比许多无从稽考的传说有价值得多。

谢弗教授实验所得的详细结果，有些非常有趣。当蛙一咬着有毛的毛毛虫，它立刻猛烈地吐出来。它有过这种经验后，就会留得一个印象，知道有毛的毛毛虫是要不得的。相反的，另一只蛙吃了化学处理过的蚯蚓，当吞咽时，肌肉并不抵抗。但是吃下去后，一定不消化，才能使蛙记得。它因此学得不吃蚯蚓，并能记很长时间，但远不及不吃有毛的毛毛虫那么久。

蛙和别的两栖动物每天吃东西时，很快地能学会避免不可吃的食物是很重要的。这样可省时间，节约精力，并免去痛苦。我们可以深信，蛙最开始试验许多东西，几次试验有了经验后，就会避免那些不适宜的。这和天鹅服从取食本能而从不误事是很不同的。这就不难懂得为什么蛙学会试吃什么时很快，而学会走出迷宫或学会跳过一条透明的线却极慢。因为这些困难是它日常生活中所用不着解决的。

关于前述有毛的毛毛虫一例，因蛙看见有毛的毛毛虫很快就联想到"不再要它"，并且学会后记住的时间比较长，于是便有了"不吃有毛的毛毛虫"的习惯。

但是还有更进一步的实验。我们想来，它还能让我们窥见蛙的心在哪里工作。将一个有毛的毛毛虫放在一只有经验的蛙的面前，毛毛虫就爬开，但是蛙喜欢动的东西，它不吃死的东西，所以它跟在毛毛虫身后跳去，一路紧紧地盯着它。蛙觉得有趣，但是它不再进行别种举动。毛毛虫一动，就引起蛙的兴趣，它就跳跃，但是等蛙接近视察，又触醒一件旧的记忆——或许记起以前受过的不舒适的经验。所以当蛙仔细考察有毛的毛毛虫时，它不是在那里决定"心志"吗？无论如何，它自己对自己说"不可以"。

但是这故事没有完。这只不能再引起蛙感兴趣的毛毛虫跌在一盘水里，并且拼命在水面上摇摆。这样新鲜有趣的摇动重新引起蛙的注意，蛙就重新考察。但是10秒钟已足够使蛙认清还是刚才那只有毛的毛毛虫，它最终还是走开了。我们不能说蛙的心像人类的心那样，可是蛙的确具有一点心智的微光。

拿蟾蜍的生态和蛙来比较很有趣。蟾蜍是闲散而不轻易动的，蛙是又性急又轻躁的。蟾蜍爬行，而蛙则跳。这或许是因为深藏内部的组织或气质不同的原因。但是我们要查究：是否因为蟾蜍生有较多的毒质，生活因此比蛙安稳得多？蟾蜍不能吐出毒汁，但是它的皮能制出一种猛烈刺激的、不适口的毒质，称为"蟾毒"。蛙虽然也有这种近似的毒质，但量少得多了。极少有动物会含蟾蜍在嘴里，蟾蜍那么闲适，也许和这点有关。或许蟾蜍也能感到自己的安稳。

我们讲过人类在两栖动物身上所进行的几种试验，但是这些动物自己进行过什么试验呢？让我们想想它的历史和它所取得的东西。现在蛙和蟾蜍、水螈和蝾螈以及奇怪的蚓螈代表两栖纲，这纲当泥盆纪末叶就已出现。我们以为，原始两栖动物一定有很大的冒险性和创造性，才造成这许多重大的新进步，因为它是爱试验的。

两栖纲从鱼纲嬗变出来，像现在的南美肺鱼可以为证。它的鳔已变成肺，能呼吸半年干空气。两栖纲完成它的演化上一大进步，就是由水里迁到旱地上。有些无脊椎动物已经经历过这危险而有希望的步骤；两栖纲是脊椎动物中最先上陆地的。但是只有少数几种，像有些雨蛙和阿尔卑斯山雪线以上的黑真螈，会终生完全脱离水中生活。所有平常的两栖动物年幼时，如常见的蛙和蟾蜍的蝌蚪，一定要在水里长大。若是池水干涸，它就死了。

动物界有个定则：一种动物由一个住所迁到别的住所以后，当它准备产子时，还有回到旧住所的倾向，像吃鱼的蠵龟由海里到沙滩上来产卵，大的盗蟹从内陆到海边来产卵。在两栖纲里，这条定则特别真实。我们看见，蟾蜍在产育期间走很多路，到一个合适的池里去。蟾蜍在幼年时期，很像鱼，如用鳃呼吸、心脏分两室、舌不会动、感觉细胞的侧线，如此种种，还有许多鱼态仍然潜伏在蝌蚪里。蛙在开始3个月里，要爬上它自己的谱系树，但是到后来，它就做到了两栖动物纲所曾做到的——从水里过渡到陆地上。

读者应当不会忘记，有些两栖动物如水螈和美西螈的陆栖性，比其他动物要差得多。但是所有正常的两栖动物都有肺，能呼吸干空气。如果北美洲的湖岸上不舒适，美西螈就会终身留在水里，并且留着鳃，正如发育得不完全的幼儿，过了好些年仍摆脱不了婴孩状。但如果岸上很舒适，美西螈就上去，失去了它的鳃，并且大改了原来的样子。于是美西螈就变成钝口螈，它们曾经有很久的一段时期被误认为是两种动物。换句话说，美西螈的幼体状态虽然能生产，但不曾十分得到钝口螈的成年期的特征。最要紧的事实是，在脊椎动物中，首先冒险移驻陆上的大功，要归给两栖动物的老祖宗。也许是从前曾经有过久旱，水泽都干涸了，也许在池里拥挤得太厉害，水栖动物不得不去陆上探险，不然就死了。但是我们应该承认，动物都有一种倾向，要做种种试验，然后选择更利于自己生存的。

两栖动物的进步

其他一大进步，由两栖纲的先驱所得到的，是获得了手指和足趾。在两栖纲以前的鱼纲里，有两对肢，但是只是鳍而已。这就是说，它没有手指。两栖动物得了手指，用处非常大，有了能握住一个支持物或异性伴侣的握力——有了把食物放进口里的力，有了感觉物体的长宽高的能力。我们看见大多数水螈的软弱的四肢不大能够支持其身体，只能慢慢地沿着泥淖而上或在水里划动。我们从这上面能遥窥从前小动物得势时的世界。这些动物身上最紧要的是用来游泳的尾巴，正如鱼一样；说得更准确些，是身体后部多肌肉的那一段，能左右交迭摆动而排水。在少数例子里，两栖动物用手来掘地。

动物化石里所保存的多是动物身体上的坚硬部分，因此，我们不能多讲古代已灭亡的两栖动物的舌。但是我们知道两栖动物迟早得有一个活动的舌，而且它也是最早能伸舌的动物。许多鱼有舌，但舌非肌肉所构成，只由黏膜包着结缔组织而已，并且不灵活；除非跟着口腔一起，否则它就不能动。但是蛙能运动它的舌，用得非常好。它对着不提防的昆虫射出舌去，百发百中。

蛙舌和我们的很不同。它生在下颚的正前，松松地倒向后方，并且分裂为很宽的两叶。当它射出时，面向下而底朝上，可以伸得很远，靠湿的皮面来黏住昆虫。但是蝌蚪不能伸动它的舌，舌里有肌肉纤维；它须发育些时间，才有力量能掣动全舌。这里又可见蛙好像慢慢爬上它自己的谱系树。

父母所做的试验

寻常两栖动物对卵的处置，可拿蛙和蟾蜍做例子。卵放在水里，就靠透明的蛋白质层涨大起来，帮它们浮起。蛙产下的卵成黏性的球状，有黑的中心，直径约 0.1 英寸，就是卵本身，球团聚而浮于水上。蟾蜍产两条长蛋白质线，纠缠在水草中。

瞎的、无四肢的、穴居的、外表似蚯蚓的蚓螈产卵在湿地里。它的鳃，在地下没有用处，在卵壳没有裂开以前，退隐在胚胎状态里。这就表明过去的器官现在正存活着。鳃现在虽可省掉，却仍然存留着。锡兰蚓螈，又叫作"鱼螈"，是一种有趣的动物，它成年后变为完全陆栖动物——像蚯蚓那样穴居。它不能产卵在水里，如果放在水里，就会淹死。雌的常在近水处湿土里产几个卵。它的身体围住卵，从皮里分泌出一种黏液，使它们濡湿，也许能给他们提供营养。当幼仔孵出后，它们即刻找最近的小溪暂时寄存在那里——这个暂时回到两栖动物祖宗住处的例子很有趣。

如果围绕一小群卵的蚓螈给育子的蟒蛇指路，那么别的两栖动物还是那些生袋装卵和仔的有袋兽的先例。像雌的囊蛙，背部的褶皮成为一个向后开口的大产囊，让卵在里面发育。幼体会长出长长的呼吸线，从鳃接出来。囊蛙的蝌蚪有一对美丽的、带长茎的、像气球的鳃或气泡，由呼吸孔里伸出来。每个气泡有两条血管：一条带去浊血，一条送进清血。在动物界，这是最奇怪的一种呼吸法。这是和那些幼仔挤在袋里很久相关的。这种蛙的蝌蚪就在母蛙的袋里变成幼蛙，但在别种囊蛙那里，蝌蚪却跑出囊外，到水里去。另一种比上述几种更有趣，是一种被称为"叶蛙"的雨蛙。它的卵产在高悬水面的树枝上用叶编成的巢里。到了合适的时候，巢底松散，让幼仔落入水里，再也没有比这更好的方法了。

有些雨蛙带它们的幼仔在背上，或者含在嘴里。克里斯蒂博士曾讲过一只雨蛙筑巢在沼泽附近树林里的一片大叶上。

"巢内有一团白泡沫或唾液，外面晒干，大概有一拳头大，外面已改变颜色。剖开来看，里面有若干小蝌蚪，在里面的湿沫里疯狂游动。卵就是在这里孵出的。等蝌蚪长大，足能照料自己，就落到水里或泽地叶堆或湿草里去住。"

　　最特别的是用圭亚那和巴西产的负子蟾蜍所做的试验。在产期，雌蟾蜍背上的皮陷下成许多小坑，呈蜂窝状，而皮里充满了血液。它产下 40~100 个卵，设法把它们放在背上，由授精给它们的雄蟾蜍在旁边料理。等卵沉进皮上的"摇篮"里，随后把紧密的小盖盖上，让它们在里头发育。渐渐地，母蟾蜍背上就生出一群小蟾蜍。它们撞开小盖，伸出半个身体，环视四周！在蝌蚪期，它们有外鳃和长尾，尾巴能帮助呼吸。但是幼蟾蜍必须等到长大以后才会离开母背。它们完全不趋近水，所以负子蟾蜍是一种正在变为非两栖的两栖动物。

　　产婆蟾在欧洲很多地方也属常见。它和前种又大不同。雄蛙一见雌蛙产了卵，就拿了过来，授精给它们后，再设法把它们围在它后腿的下段，因为卵是黏合在有弹性的线上的，它常常独自看管着两腿的卵。这些都是陆上的事，雄蛙也住陆上，除非在特别干的晚上，偶尔去沐浴，这对于卵是很有益的。大约三周之后，它就会潜入水中。幼仔此时已成无肢的蝌蚪，咬开外裹的胶，就得到了自由。它把一家子女放在水里后，再回到陆上。两栖纲里竟然有很多父代母看护子女的例子，真是怪事。许多雄鸟也耐心帮助育雏，可是高级动物很少走这条路。

　　为什么两栖动物要用这样不同的方法来保全幼仔的发育呢？一部分因为两栖纲是中间动物，一只脚在岸上，一只脚在水里。它是敢冒险离水上陆，而且坚持到成功的最早的脊椎动物。它既不披甲，也不执械，更属奇特。要稳妥地安置卵，而不能像寻常的蛙那样放它们在水里，别的方法也要试试看，尤其是当父母的陆栖程度越来越深时。所以，一种造个叶巢，高悬水上；一种在湿岸上掘洞；一种是雌的背着卵和幼蛙在背囊里；一种是雄的把它们藏在一个肥大的共振囊里。对于这些试验我们怎样设想呢？

　　两栖动物不会坐下来默想它所遇到的这些问题，因为它的脑很不发达，大概自然的工作方法是很间接的。行为常生变异，正如构造会生变异一样。当个体生命一开始，生殖细胞就拥有这种善变性根源，以后变异就从此生出。这些

_尼加拉瓜树蛙

新的变异，由个体在它的生命里试验过，那些最有效的变为一个种族遗传习性的一部分。我们打个比方说：生物好比在那里打牌，每次拿了一手遗传的牌；若和以前不同，就得凭它所有的智能来斗这副牌，无论什么都要试过，遇到好的就拿着不放了。我们敢说，两栖动物替下代解决谋生初步问题时，用的方法特别多。

普通的蟾蜍

中间动物的类型使我们想到几百万年以前脊椎动物开始移住陆地的时候，我们就举名副其实的两栖者蟾蜍为例。它是常被误解的动物，没有人喜欢穿别人穿过的衣服，但是多少人都容易采取别人的意见！像朱丽叶说过的"可厌恶的蟾蜍"就是一个例子。这可怜的两栖动物无疑因为那根深蒂固的历来相传的偏见吃了不少亏。

我们不能期望所有动物都像蝴蝶，并且蟾蜍当然不能和松鼠比美。美既有难发觉的美，也有容易发觉的美，而蟾蜍的美就属于有点难发觉的，倘若我们能分别询问一伙审查员，有几个精于审美的专门美术家在内，他们一定毫不犹豫地赞美蟾蜍的美。它当然是有点怪异，但确实是一个美术的统一体。

蟾蜍是种自卑的动物。它白天藏在洞里，黄昏时才出去猎昆虫、蚯蚓和小蜗牛。冬日它昏睡过去，把自己埋在松的干土里，或者枯叶中，或者空树桩里。在夏季活动时，每过数周便脱去一次外皮，扭着身子，用手指足趾来搔，渐渐地由透明的壳里脱出来；然后将蜕下的皮卷成一颗丸药状，吞吃掉。

_ 负子蟾

　　早春，常在 4 月的时候，蟾蜍就到了交配的季节。它常走得很远，到适宜的池水边。热心的雄蟾蜍比雌的多得多，为了争偶而互斗，抱住了雌蟾蜍，很久不放。布兰洁博士将它的叫声比作"远处小狗吠"，而哈多博士把雌蟾蜍日夜继续发出的叫声比作"小羊的哀鸣"。

　　母蟾蜍产下的卵多达 2 000~7 000 粒，缀成两串，有时长达 10 英尺。当它产下来时，就受精。一对雌雄在水里运动，就让卵纠缠在水草堆里。约 2 周过后，蝌蚪孵化，但是差不多需要 3 个月后，才能完全变成小型的蟾蜍而离开水。它们还不满 0.25 英寸长，比它们的父母活泼些，藏在草中和地上小洞里。当夏日久旱忽来骤雨，它们有时候大队出来，数量极多，以至于轻信的人竟会说"天雨蟾蜍"。

　　普通的蟾蜍和普通的蛙有别：它的皮有疣而呈现灰褐色；它没有牙齿，趾间的蹼较不发达，后腿短得多；它蹒跚而爬并攀缘，喜好夜出；产卵成串；还有许多其他的分别。但是我们要知道，蟾蜍有多种，单在蟾蜍属里，约有一百多种，分布于世界各处，除了澳大利亚地区和马达加斯加岛。有些种不像英国普通蟾蜍；非洲的跳鼠蟾蜍，四肢极细长；还有些穴居的蛙，和蟾蜍很相像。所以要准确地回答"为什么蟾蜍不是蛙"，我们必须探进骨子里，去查考各项专门的特点。

　　第二种英国蟾蜍叫黄条蟾蜍：有着大的发音囊，叫得很响；眼黄色，周身颜色很鲜艳；后腿极短，不能跳，但是跑得很快。不像寻常的蟾蜍，它产在爱尔兰岛和大不列颠岛两处。

　　俗谓蟾蜍"身濡黏液，口吐毒液"。其实它的皮颇干，也不能吐口沫；又说它偷吮母牛的乳房，但它不能吸，并且也不能饮。但是它别具生存价值的是皮腺，特别是眼后的一大群，能分泌很多毒液。我们看见这种动物被石头击中时，就渗出一种乳酪状的浆。浆里含一种易于挥发的有刺激性的毒质，称为"蟾毒"。蟾蜍皮上有了这毒质，比任何甲胄更有用。

盲螈小史

最著名的穴居动物中，有一种称为"洞螈"或"盲螈"的蝾螈属，住在哥伦比亚、卡尔尼奥拉和达尔马提亚地下水里的黑暗处。我们已经知道有四十多处都产它，多半在洞里有缓流的泉水处。当水浅时，盲螈常困在烂泥里，但是它喜欢活水。当水涨时，盲螈常被冲出洞外到光明处，但是它不能享受光明。盲螈的最初记载见于 1761 年，来自戚克尼次湖，这是被大水冲进去的。这种动物穴居者的代表，是真正的洞中生物，不生活在有阳光的地方。它的一生全在夜里，每天 24 小时都是一样黑暗。虽然也能在湿泥上扭动，但爱住在水里。它所住的地方温度约 10℃。

盲螈的家庭生活，很少有人知道，因为黑洞里不便做动物学的观察。它的重要住处，人类差不多难以到达，因此从没有人见过它的幼仔，甚至没有成年的盲螈。幸而这种动物还耐得住囚禁，所以我们能略用已知去推导未知。比方我们可以妥当地说：它多少能用肺又用鳃呼吸，它一定需要富有空气的水。长大的盲螈至少头几次见了光就吓回去。它在温度低而不变的水里最易繁盛。被饲养以后，它会吃各种枝角目生物（小甲壳动物），如水蚤、剑水蚤和小的水栖蠕虫，如颤蚓。它虽瞎，但试放一缕一缕的生肉在水里来引逗它，它也找得着。若由洞里捉只盲螈来观察它的胃里藏物，就会知道在自然的情形下，它吃一部分小甲壳动物，例如一种穴居的片脚动物和小的水栖蠕虫。地下的水里当然没有绿色植物，除非由流水带过。

我们能捉住盲螈，看它生育，由此可以发现很多有趣的事情。在早春的时候，雄盲螈的尾缘有时长高了，而雌盲螈变得比平常胖，由半透光的皮下映出卵来。产卵后，卵粘在水里突出的石头下面。每只雌盲螈一共可产 12~56 个卵。受精法好像没有确定，但是一定是在体内的，不像蛙卵是生下以后在体外受精。卵的直径约 1/6 英寸。但是外面另有一个套，套外有透明的胶裹住，像蛙卵一样，所以，尺寸差不多增到半英寸。约 3 个月后，卵孵化，幼虫差不多 1 英寸长。比起它们的父母，相似而小，只有很少几点不同：有一片细弱的不成对的鳍，从身体后背部起，连续至尾的周围；短小的后腿连两趾都没有；眼却明显地从皮下映出，成黑点。胚在暗处发育，本不带色彩，但如果拿新孵出的幼虫到亮处供研究，便会很快长出许多带褐色的细点。盲螈是卵生动物，前面已经讲过了，但这还不是它的全史。

卡默勒博士在维也纳试验室里的很适宜的地方养了些盲螈，在地面以下 16 英尺的深洞，常给它一些冰冷的清水。在这种情形下，盲螈不产卵，却产活的幼仔。用我们的俗话说，它是胎生的，不是卵生的。生卵大约不是盲螈的通常生殖法，是在缺乏冷水的环境中选择的权宜之计。我们现在虽然不能十分确定，但是在洞里的好像都是胎生的。雌盲螈产活幼仔时，浮在水面，把身体前后两段向下弯着。生产期常在 10 月。如果以前少数的观察结果足以作为证据，我们可以说胎生是最经济的生殖方法。因为平常通常只生两个幼仔，动物在幼年的时间越短，死的机率就越小，并且家庭越小，也越安全。

盲螈在生物学上有许多有趣的地方，尤其是在表明遗传与环境的交互作用方面。遗传指天生的性质，即遗传所得；环境包括所有环境、食物和习惯的影响。盲螈在黑洞里差不多都是无色的，但它并没有失去颜色的遗传因素。因为它一到有光的实验室，很快就变得有斑纹——它的皮肤像照片那样善于感光——在数月后，它竟然会变得很黑。如果再把它放回黑暗处，它会慢慢失去色彩；如果再把这变白色的标本移到亮处，它又变黑色。光是外界的环境因素，表现出内藏传色因素，这个因素仍然是遗传本性的一部分。

在洞里，盲螈的眼睛不能发育——它开始很发达，但是半途退化了，被掩盖在厚皮下 0.01 英寸深处——这动物是瞎的。但是卡默勒博士曾表明如果新孵出的幼盲螈在红光里长大，眼就会发育到能看到东西。经过 5 年红光照射，或用白光然后按时间给以红光，则盲螈的眼就显出透光的角膜、虹膜、大的晶状体、有杆体和锥体细胞的视网膜，诸如此类。总之，差不多已成为正常的眼睛。单独白光不能成功的理由是因为它不大像红光，红光能使眼上的皮黑色素发育起来，隔住了光，就停止了进步。我们找不着再好的例子来说明生长环境怎样帮助或阻碍本性了：在洞里，盲螈色灰白而眼瞎；在日光照及的实验室里，它们变黑；在红灯下，它们的眼发育到能看到东西。

另一种盲目的蝾螈称为 *Typhlomolge*，是盲螈的近亲，产在得克萨斯地下的洞里。这两种蝾螈在地理上虽离得很远，但是在构造上却很相近，使我们不得不把它们当作同一个祖宗传下来的，而这祖宗是像北美洲蝾螈（名为泥狗）的动物。这两个再从兄弟各自独立地分据在相离极远的达尔马提亚和得克萨斯两地的洞穴里。真是怪事，得克萨斯洞螈是白而瞎的，像盲螈一样。我们只见过从 188 英尺深的喷水井里喷上来的标本。把它饲养起来后，它拒绝食物，不久就死掉了。

想到洞穴和别的黑暗地方，自然而然地就会想到一切瞎的动物：它们的种数多吗？它们住在什么地方？它们如何生活？已故的艾特肯曾著《灵魂的五扇窗》，在《视觉》一章开头有句警句："生命没有开窗迎光以前，光早就在那里叩门，要走进生命里来。"如植物虽然无所谓真眼，但是博斯爵士曾表明过，树对经过的云有感觉，而且世界上最重要的过程（光合作用）就靠绿叶利用光。我们对于桌上靠近窗的盆栽植物，须按时转回它们向光的方面，免得它们长歪。许多简单的动物一点儿眼的痕迹都没有，也能向着光。蚯蚓也没有眼的痕迹，但对于明暗感觉极灵敏。还有许多无眼的海栖动物，当我们轻轻用手遮住它身上的阳光时，也有反应。从水母简单的眼，到海鸥极美的眼，中间有一个很长的斜面，逐渐上升。眼睛的功能，第一是感知明暗，第二是窥探附近物体的运动，第三才轮到构像和分辨颜色。

有许多事实供我们作反省材料。比如有些穴居鱼和穴居蝾螈，有正常眼睛的和有退化得很厉害的眼睛的竟住在同样环境里。于是就引出一个老问题：是穴居者因视力弱才到洞里去的呢？还是因为长时间在黑暗中不用眼，而眼退化了呢？还是能看东西的动物偶然遭意外而被冲进黑洞，其中有些能感觉到微弱的光寻路而出，这样一代一代后，只剩下那些向着盲目方向变化的存留到最后呢？

事实上，穴居动物幼年时的眼睛往往远不如长成时那样退化。这里就发现一个问题：眼是后来才退化的，是不是一部分由于一生不用或没有阳光刺激？或许穴居个体是因为住在黑暗中而变盲的。我们知道金鱼若关在暗处三年，就变得很瞎，视网膜上的杆体和锥体细胞都没有了。

水螈属和蝾螈属

切利尼在他的自传里说，有一天他和他的父亲坐在火前，忽然看见一条蝾螈在火旁烤火。他们两人看得都很清楚。但他父亲是老派教育家，就重打这小孩子的耳朵一下，使他永远记着这蝾螈。火里不是蝾螈惯住的地方，因为它喜欢阴湿。但是这件迷信的事流传很久，认为蝾螈的湿冷性使它能忍受高热，甚至于克火。

1716年，英国《皇家学会哲学汇刊》还记载一只蝾螈被丢在火里，"瞬间涨大，而且吐出许多黏质，浇灭了旁边的煤火"。真实可信的事实只是蝾螈在绝望时渗出很多毒液，和蟾蜍等许多别的两栖动物一样，并且它的肌肉压力大起来，能挤出皮腺里的黏液，喷到差不多1英尺远。

火螈或斑螈在欧洲很普遍，但普通人并不熟悉它。它喜欢夜出，白天藏在阴湿地方，大雨后常有许多出现，因为它受不了蚯蚓从泛水的洞里出来骚扰。蝾螈的皮有很多毒腺，所以很少有天敌敢接近它。许多博物学家相信这色彩鲜艳的外皮——黑地上大黄斑——警告大胆的实验派动物说：这东西不好吃，甚至很难吃。总之，这黄与黑是"警戒色"。

许多池沼和泽地水潭里常有水螈来往。这些缓慢的有尾巴的两栖动物和蛙、蟾蜍是远亲，而和蝾螈是近亲。英国有三种——冠欧螈、滑螈和掌欧螈——它们是近亲，隶属于水螈属，形状像蜥蜴。但蜥蜴是爬行动物，而水螈则是真的两栖动物，皮裸露而且湿，没有爪或耳孔。它们幼时用鳃呼吸，这在爬行动物里从没有见过。英俗称"eft"一词，通指水螈和蜥蜴。这两种很不同的动物好像在古代传说和迷信里经常混淆在一起。

水螈的皮冷湿且黏，有点招人讨厌。但是没有成见的人不会否认这种动物的美，它的线条很悦目，它的游泳姿势很优雅。雄冠欧螈在生殖期背上长出高冠，滑螈也有，而且身体的下面都有悦目的黄色或橙色。雄水螈到交尾期，尾的两侧添一条亮蓝纹，中间间以笔直的黑斑。论美感，水螈确实无可挑剔。

一年中，水螈在陆上的时候多，在湿地慢慢地爬，找小昆虫、黑蛞蝓和蠕虫吃；到冬天，躲在洞里，睡着不动，有时几个同伴在一起；春天一来，它就去寻水，有时走得很远，也像许多别的动物，回到本种族的大本营去繁殖。因

_ 墨西哥钝口螈

为水螈属于水生的动物，而幼时有鳃，一定要在水里过活。

水螈当然是冷血（变温）的动物，体温差不多和环境一样；在气质上，它也是冷血性的。只在生育期间，才会呈现出激动的状态。雄水螈在不动情的伴侣面前卖弄，炫耀其微红的色彩和摆动的冠状饰物，亲吻或者触它的头，并用很善感的尾巴来抚弄它。但是自始至终，这是件冷血的举动，不过是卵在受精成熟前所必须经过的。受精方法很奇特，但是它们连叫都不叫。

卵通常单独产下，并附着在如蓼属水草等植物上；每个卵外包裹胶质层。雌水螈常把叶子折起来，使卵不但黏在上面，而且藏得更严密。这显然有好处，因为卵若偶尔暴露在石上等处，特别容易被鳉鱼和食肉的水栖昆虫所吞掉。两周后，黄色幼螈就孵出来，比蛙和蟾蜍的蝌蚪更像鱼，更纤弱，有三对外鳃。当它们长大起来时，鳃就分出旁支；它们若着急爬出池，或许能保留鳃很久。它们如果在秋天还没有完成它们的变态，就得在水里过一冬，曾有人看见它们在一层冰下近池底处游动；但如果发育得很好，幼水螈到秋天就能离开水。有时候它们藏在岸旁水草堆里，后来会寻找到更干些的地方。长成的水螈离水比较早，等过了生产期后不久，就回到旱地。

幼水螈死亡率一定比蛙低得多，因为它们的卵没有那么多，但是所冒的危险却大致相同。为什么水螈靠小得多的家庭也生存得了？一部分就因为它把卵安顿在固定的地方，并常常掩盖它们。在这一方面，行为好像略有变异性，但是雌水螈会选择适宜的水草，如在加拿大的池草来安置卵，这样最为安全。我们须注意新孵出的幼螈有两对线形的外延物，生在上颚的两边，用来系在水草上。

讲到减少家属员数到极少，而仍然有效，要算前面讲过的黑螈了。它是陆栖的，住在阿尔卑斯山的高处，喜欢瀑布附近喷薄的地方。我们已经说过，它的幼儿在母体内发育，一次只生两个。父母对幼儿护养周到，能使一个小家庭适应生存条件；而家庭分子减少，又使父母容易护养它们的幼子。这是自然的循环胜算之一。

水螈像鱼那样游泳，就是身体后部的肌肉和扁平的尾摆动起来，排开水，先向一边，再向另一边。四肢太细弱，对游泳没什么用处，但是英国产极小的水螈（就是掌欧螈）的四肢却有全蹼。当水螈在陆地上爬行时，它的四肢好像不胜任这种工作。水螈的皮无鳞而有腺，能分泌一种物质，好像是用来御敌的。呼吸可以由皮肤进行，蛙冬眠时就用这种方法。在此我们可以注意到水螈的有些近亲，如某几种蝾螈，没有肺，但皮上另有一种特点，就是有很多感觉细胞。它们在身体两侧排列成行，让人想起硬骨鱼的善感的侧线。这就能表明演化向何方进行：远古鱼的特点，仍停滞在两栖动物的身上。水螈的外皮常按期死去，所以水螈也常蜕皮。它能用手指来帮着脱皮，把旧皮从头向背后剥下去。死皮有时是一片片地解下来，但是也能整个脱下，偶尔见它挂在池草中，好像是个水螈的鬼魂。我们说"偶尔"，因为水螈通常都将脱下的皮吞吃了——水螈有颗吝啬的心。

关于水螈，还有许多趣事：如它的四肢被咬去后，能重新生长；有时还在用鳃呼吸的幼仔，竟能产卵，这种奇事或许是因为它制造雌激素用的内分泌腺有毛病所致。但水螈最引人注意的地方，在于它是泥盆和石炭两纪里，住在旱地的巨大而凶猛的动物所传下来的矮小后裔。

the Outline of Natural History

第十四章

水中的
活跃分子

鲑鱼是"历史的生物"——
有独特品格，好比人格；
它现在的举动是受制于一个
永远不灭亡的过去的。

动 物 生 活 史

最早的脊椎动物是在生存竞争中得以成功的鱼纲。我们需要认清，从那时起，几百万年里，除了少数几种急先锋以外，脊椎动物只有它们。先锋中今日剩下的有圆口目、文昌鱼、海鞘（即被囊动物），以及普通脊椎动物里几种更古老的先驱。

　　有些鱼类，如海马、河豚和尖嘴鱼，长相都很奇怪，但是大多数一看就知道是鱼。它们的四肢是成对的鳍，没有手指和足趾；皮上有鳞；呼吸器是羽状的鳃；无眼睑；多数是用最有肌肉的身体后段来游泳。这一纲包括：（1）软骨鱼，如鳐鱼和鲨鱼。（2）硬骨鱼，如鲑鱼、鳕鱼、鲱鱼和鳗鲡。（3）肺鱼，分三属：昆士兰的澳洲肺鱼、南美洲的南美肺鱼和非洲的非洲肺鱼。这些肺鱼介于普通的鱼和两栖动物两者之间，它们有鳃又有肺。

感觉和行为

　　大多数钓鱼的人会同意鳟能小心翼翼地提防人这一说法。有些在观赏池里的鱼，听见饭钟声，就挤到岸边，可见鱼能把某种情景或声音联想到某行动上去。但是我们对于鱼的智慧，知道得还是很少。

角鲨会感知藏着看不见的肉，许多别的鱼的确有很强的嗅觉。鲤鱼会尝试一块食物，然后抛下，对它流露明显的厌恶。鱼有味觉，证据很多，味觉器官完全不在口腔里，而散在身上各部，如鳍。有种美洲鲶能用尾巴来闻味。在皮的各部，另有一种感觉——一种化学的感觉——能使鱼发觉水的组成有什么变化。

鱼的触觉并不强，但是在接近头和唇部或在触须状的突起上，会很发达。一种鳕鱼的颔上就有这突起，叫鱼须，最容易看出。可以看到各种硬骨鱼差不多都有一条侧线，生在身体每侧。它包含一排感觉细胞，深藏在黏质里，并陷入一条开口的槽里或在一条管道里，由鳞甲盖着，靠小孔通到外面。根据试验结果，这种侧线是一种机械感觉的部位，能使鱼发觉某方向来的水的压力是怎样。如鱼游近石头时，它自己排开的水从石上打回来，撞击这条侧线；它就能感觉到，于是就转弯。另一方面，侧线能使鱼发觉有支流汇入河里。这种感觉在晚上和在泥水里有非常大的作用。有些鱼，像迁移的鲑鱼或幼鳗鲡，逆流直上，"奋斗"到底；大约也因为侧线能使鱼照着河水的方向和强弱，而用适当的力来游。鱼有种深入的"义务性"（即向性），总要调整它的身体；这是与生俱来的，要使两侧所受的压力相等。软骨鱼像魟和角鲛没有侧线，就由皮肤里无数分枝的胶管替代，有小孔通到皮外。

水里有震荡或振动，有些鱼能用耳朵和侧线探得到。有些鱼有听觉，已经证实了；但是有些鱼对很大的声音也不理会。这并不是说它是聋的，也许它对声音毫不在意而已。我们不太知道鱼的听觉到底怎样，既然鱼都有很发达的耳朵，要问它究竟能不能听，这不是很奇怪？但是耳除听声以外，另有一种用处，即它是平衡器官，尤其是在那半规管的一部分，还没有发育到能听声音之前，先做了平衡之用。

鲑鱼从海里回到它诞生的河里去产子；幼鳗逆流而上时，力排万难，十分值得敬佩；雄鲥鱼用海藻或淡水植物来做巢；雄海马藏幼鱼在它的袋里；鲫鱼在海滩石堆旁看护它的卵，且为它们供给空气。这类行为的例子有很多，但

_电鲶（下）、多鳍鱼（上左）和箱鲀（上右）

这些都像出于天生的，教鱼执行每日例事。这是很有效的举动，但不足以证明是有智慧的学习行为。

在志留纪里，也就是数亿年以前，鱼已占领了咸水和淡水。它尽有时间来取得许多经验，或者尝试许多陆续由内部发出的新挑战。

动物常常进行革命，而且也常常探求新世界。它若不能获得新世界，就得让位给一个新角色。海洋里最深处就是鱼类所占有的新世界。那里只有长夜、长冬和极大的压力，又无植物，似乎不是适宜居住的场所；但有许多种鱼在那里安家。它们大约是跟踪海边或海面上所沉下来的食物而到了那里的：有些鱼是瞎的；有些有大而突出的眼睛；多数有特别宽的嘴，方便取食；有许多能发光。

住在深渊和爬上山溪，两方对照，相差真远。有些鱼在印度山溪里，逆着急流而上，由一块石头爬到另一块石头。它薄得差不多像片叶子，这才容易抵抗朝下的急流；身体下面的鳞也大为减少，使它容易黏附在光滑的石头上——我们知道两片湿玻璃黏合在一起时是何等紧密；它的偶鳍也能攀着，有些急水鱼更有特别的黏附器官；它的眼睛比平常的鱼小得多，而且长得靠近上面。总之，它有种种适应设备，使它能在这种艰难的环境下生存。

在印度各河口和各处淡水里，常有一种攀鲈，它的土名就是指"爬树的鱼"。虽然说的人把它爬树的本领形容得有点过，但是它的爬树能力实在是很强的。马德里渔场的威尔逊先生，曾训练它从水池里沿一块近乎直垂的布爬上去；它学会了用它的活动的鳃盖和刺朝上爬。攀鲈有时在陆地上走得很远，这是件很有名的事。

攀鲈的呼吸器复杂而且奇特。它也有寻常的鱼鳃，血就分布在鳃上，但其中一鳃弓上生着复合的骨质迷路，有许多血管在壁上。空气由口里进去，经过骨迷路，放出一些氧到血管里去，同时收纳一些二氧化碳，然后由鳃室出去。

加尔各答的印度博物馆里，已故的安南达尔博士说过，还有一种攀鱼能爬上湖滨支撑水阁的柱子。这种小鱼慢慢地缘柱而上,一路吃那有坚硬皮壳的植物和动物。它好像是用尾来爬的,使人想到啄木鸟用它的硬尾羽支在粗树皮上。当这种小鱼中途要歇息时,就用嘴唇紧紧附着于柱上。

在热带海岸上有一种很常见的泥猴鱼,当潮水退去以后,就跳出来猎取小动物:它的突出的眼生在头顶上,能向四面看;它在水外时,一部分的呼吸依靠尾上密布的血管。这种鱼有时跳出水很高,居然能到红树林的根上去,可以称之为"缘木之鱼";因为前面的两肢即胸鳍很有力,能够当小腿用。它真是出水的鱼,又是岸上的战胜者!

这些都是鱼的奇怪住处和奇怪生态,而且还有许多可以说;但是我们的目的只在表明对几种鱼的初步了解工作而已。我们并不是为好奇而谈,我们要晓得动物有种倾向——会搜寻较好而又较空的新地方,好到那里去暂避这猛烈的生存竞争。

探寻食物

鱼曾试过许多方法去解决食物问题。食草的鱼也有几种,如地中海棘鬣鱼的长食道里,除海藻等碎块以外,没有别的食物;英国河里的赤睛鱼也可称为食草者,但不是绝对的。事实上,许多的鱼除了水草和海藻以外,更吃很多的肉食。按摄入的食物由杂到纯排序,顺列而上:以鲤鱼为首,它无论何物都能吃;最低级的那些离开海岸的鱼,以所谓海尘——由海藻区冲出去的有机物碎屑——作为食物。

肉食的鱼极多——鲨食别种鱼,角鲨喜吃章鱼,魟常捕食蟹和牡蛎,梭鱼食鳟,这样类推,多得很。比这些高级肉食鱼低级的,又有些专吃从泥里取出或从水草里捉来的较小动物为生:许多种淡水鱼以蜉蝣等昆虫的水栖幼虫为主食;鳟的胃常塞满几十只小淡水蜗牛,此外没有别的东西。在这一派的极端,

　　有所谓细食者，像鲱鱼、鲭、鳀和小鲱鱼，专吃海面细小的甚或极微细的植物和动物（浮游生物）；这些吃浮游生物的鱼都很美味。由此可以推想，它们既吃得这般细巧，理应如此。

　　以上都是鱼解决求食问题的通常办法，但在这种背景前衬托出来，又有些顺变的方法。让我们先举几个奇异的例子。如印度河流里一些射狗母鱼，有时从口里喷水，来射飞过的昆虫，这和旗鱼的动作相反。剑鱼的上颚伸得长而尖，像剑形，有时好用来刺穿金枪鱼甚至于海豚，曾有剑鱼的刃无意间插穿 2 英寸厚的船板。对于锯鳐的生态还没有确切明了。它的长吻伸长成一把宽锯，常长过 1 码，左右两边生一排坚固的利齿，与锯边成直角。据有些博物学家说，锯鳐能从捕获的动物身上剜下很大块肉来。但是别的学者以为锯的主要作用是掘松海底的泥，掘出软体动物和甲壳动物来吃；这一说法还有待考究。

　　电鱼的习惯尤其不同，如电鲼和电鳗不但用它们的强电池来攻守，也用其来麻痹或杀死动物——尤其是鱼——来供自己食用。再举一个例子来表明可塑性。白鲫鱼头上和背部前段有精致的吸器或吸盘，用来附着在鲛、别的大鱼、蠵龟、游水类甚至于船上。小白鲫鱼对于携带它的动物并无害，因为它不是寄

_ 大吻电鳗

生物。它附着在别人身上是为了赶路，而且可以和携带它的动物分点食物。西蒙在托雷斯海峡看见有食物投入海中时，就有许多白鲕从水下突然上来，攫取些食物，仍旧回到原处去贴附着。我们很难想透这种和其他类似的特别习惯的起源和演进，除非承认鱼至少稍有尝试的心情。白鲕和它的携带者的关联一定由来已久，因为吸盘已进化到很精致了。白鲕一定时常附挂在携带者下面，因为它的下面比上面色深，而上面就是紧贴着他物的那一面。这当然与常规不符。读者不要忘记人类怎样利用它，在东非洲海岸和别的地方，本地的渔人在白鲕的尾上缚绳，教它入海去找寻蠵龟。当白鲕听命于天性（即反应倾向）贴在爬行动物身上时，渔人小心地收绳，就捕得了目的物，然后再放白鲕去捕捉。

初步的父母护子心

需要父母护养的鱼并不多。它们一次产卵就那么多，即使死去许多也没有关系。据说鳕鱼能产 200 万粒卵，而海鳗竟产 1 000 万粒之多。虽然这些数目未免太大，但鱼生育极繁，却没有疑义。在大多数鱼里，父母的护养是不可能的。但也有例外，就是卵产得少，而由父母护养的。若是卵数减少，只有改变方向，养护卵的个体才能续持其种类。反过来说，如果父母护养得好，卵数也能倾向于减少。这个循环不是恶性的，却是良性的，演化史里有很多这样的例子。

在鳐属和魟属里，在许多角鲨属和鲨属里，卵较少而大。卵外有角质硬壳。鳐和角鲨的卵的外壳叫"人鱼袋"——常连在海藻或石上，免得幼胚闷塞在泥里。电魟和许多角鲨所用方法更稳当——由母鱼怀带幼鱼，直到它们能自卫为止。在少数例子里，还有更进步些的方法，就是在出生前母子间关联得很紧密——这是寻常兽类的办法的先声——例如星鲨属里大多数都这样。亚里士多德在两千多年前已经明白，而且讲得很清楚。

海岸是常常变迁的，住在这里必须奋斗才得生存。那就无怪几种住在这里的鱼表现出爱子的习惯了。海滨水潭里极多鳚，最适于钻过狭缝，它惯于把卵滚成小球，再弯起自己的身体来围着它。它常投入星火蛤或海胆所穿的石洞，甚至避入空的牡蛎壳里去，好更安全些。至于这样初步的育雏工作，是单由雄的负责，还是由雌雄双方负责，还不能确定。不过无论如何，总是由亲护子，这一点毫无疑义。

所谓的鲕鱼更进一步，这种怪鱼的后肢（臀鳍）变为一种吮吸器，并且长得很靠前。它在低潮处石堆中的隐蔽处产下鲜明带紫或黄色的卵，成一大团。雄的把这一团卵紧紧地推进缝隙里去，在表面上掘些圆锥形的深坎，使水能直达这块东西的中心。它在旁边守护，赶走仇视的侵犯者，移开爬过的动物如海盘车、蟹、峨螺等，并且竭力收缩它的鳃盖，打水进去，使卵得到很多空气。这样奋力动作时，它用它的吮吸器紧贴在石上。它有时摇摆它的身体，猛烈到会发出声来。有个观察者好奇心太重，惹得它太厉害，竟被它咬破手。它特别有责任心，等到幼鱼孵出才离去。

北美洲海岸所产的蟾鱼更进一步。几只雌的安置它们的卵在石洞里或空壳里，甚或在铁罐里；雄的在外守卫，驱逐侵略者，哪怕在退潮时候，也不越雷池一步。等幼鱼孵出以后，不到长成，它总不远离它们。它张开胸鳍来覆庇这些幼鱼，样子看起来很快乐。不研究这些例子，就不能充分认清鱼的性情。

北美洲大湖里的弓鳍鱼咬去芦苇的茎，留出一块圆地方来造巢。它在这片修光的苇根上生卵。雄的就在这里守卫，有时静伏至几小时，有时竭力运用鳃盖作呼吸运动，把空气供给卵。幼鱼孵出以后，归雄的引带和保护。迪安博士写道："它好像看守得极勤，如果遇到危险，十分尽职。有时它静静地退到水草当中，藏在浮草的影下，只有四围的黑色幼鱼知道它在那里；有时它静悄悄地挟着一群溜开，拼命快逃。"当无法逃脱的时候，它就鼓起勇气，抗拒强敌。幼鱼多半由父亲照顾几周，有时保护时期会长得多。

攀鲈是马来群岛的大淡水鱼，后来也传到许多地方，如金奈。它长到差不多 2 英尺，味很鲜美。在生产期间，它用水草等物造一个近球形的巢，并把巢放在水边的植物上。这时，鱼呈漆黑色，眼红且有光，守护着巢穴，极好争斗。这攀鲈是鱼纲中能在水面上吞吸干空气的一种。雌的常常由水面上吸一口空气，把它喷在卵上，使它们得到充分的空气。这鱼会对卵喷空气，绝对是创举！

让我们再举印度的一个例子。有一种被称"腹丽鱼"的，生活在多草的池塘和沟里，以靠近金奈的河里最多。它在水底渣滓堆里挖出一个杯状的浅巢，并用绿色的丝状纤维衬在里面，然后产约 200 个卵。父母一同守护巢穴，并且时常仔细地检查它们的卵。拉杰说曾看见一桩很稀罕的事：雌鱼孵出卵后，就从一株水草根下含些黑泥渣，吐进巢去，看起来很像在那里喂幼鱼！不管这事如何，当幼鱼离巢后，暂时仍和它们的父母一同来往；父母也拼命保护它们，直等它们能自卫为止。

有几种身子细长的鱼，称为"尖嘴鱼"或"针鱼"。它们护起子来程度高下各不一样，却很有趣。北海中有一种尖嘴鱼的卵附在雄鱼的体外，别的几种尖嘴鱼雄的胸面上有两条直的折纹，中间形成一个特别的腔。当雄雌相会，雌

_苏里南蟾鱼

的就放些卵在这腔前，让它们在那里受精，直到成熟；雄的把卵装紧，再向雌的来要。有些种里，两道折纹中的血管里渗出一种东西，来给幼鱼做滋养料。在印度洋里，有种尖嘴鱼是由雌的经管的，卵袋生在后肢即臀鳍上。

说到极端，要数地中海里最多的海马。这种小鱼，头像马，尾像猴，有一片好看的扇形的背鳍，振动得非常快。雌的产出卵后，雄的即刻把它们藏在腹面上宽大的育儿袋里。这袋正如尖嘴鱼的腔，也由两条折纹合成，口开在前方。雄的每次只从雌的接受几个卵，但是不久又从别的雌鱼那里接受些来；等袋满了，它才闭合。内里有种海绵性的组织，富含血管，卵就分藏其中。血管里渗出一种东西来供幼鱼吃。等它们长好以后，袋仍由那两条折线连合处打开，放出一大群子女。多弗莱因教授观察得一向非常准确，一丝不苟。他说幼海马若遇危险，仍会回到父亲的夹袋里去，但是别人却坚不承认。

这种奇特的鱼和有些与此相近的别种鱼，产卵数都少。照我们前面所说，这些也是需要父母护养的。

多弗莱因教授引证巴西珠母丽鱼属的一种奇鱼，雌雄都似乎会将幼鱼衔在口里。这一方面是要避免危险，一方面是要把它们搬到较适宜的地方去。就是幼鱼已长大后，也常为安全起见，躲回父母的口里去。那么问题来了，鱼护养幼鱼（只有很少几种）为什么常常由父方，极少由母方来护养呢？这个疑问很难回答。不过有些例子中雌鱼产后常常乏力，甚至于死亡，雄的那时比雌的强健。

既然只有极少几种鱼能保护其子，为什么要在这本书里这样重视这件事呢？我们的回答是，它使我们看到鱼的天性里的各种可能性，这是仅仅研究鱼的日常生活时所不会料到的。

鲑鱼一年的生活史

解剖学家对身体非常熟悉，闭着眼睛也能知道，并且能指出各种器官的正确位置。博物学家则熟悉一种动物一年中的故事，就好像看电影一般，无不映在眼前。许多地方当然不免有些破绽，这表明博物学家的知识还有些不完备；但在很多动物身上，如蛙、鳗、蚊和蜂等，这种影像差不多已连贯无缺。鲑鱼也是这些最著名的动物中的一种，所以现在要离开已经研究得很好的生命全史，而从这些事件的背后去讨论它的生理的和历史的冲动。正如古生物志——从化石上叙述历代动物怎样相续——慢慢变成真正古生物学，来研究种族的历史或演化上的成因；研究动物生活史时，我们也应该由记述进到学理上。现在要谈的就是鲑鱼在一年中的生活经过。

在一年里最冷的时间，约在冬季，雌鲑鱼在河底的沙砾上开出沟槽，而且好像常能选择石块比较牢稳的地方。它摆荡它的尾，就做成产卵场；然后产卵，卵像琥珀色的珠子一样。它摆尾，扫些小石子来半掩这些卵；雄鲑鱼就放出鱼精在卵上，不过多半被水冲开而枉费了。这种生育也能在白天看见，但是我们相信大多数是在黑暗中举行的。苏格兰鲑鱼业监察员考尔德伍德曾发表过一篇论文，让我们注意到初生的鲑鱼卵的黏性和弹性。受精后不久，卵还稍黏，不易被水冲离石面；同时卵撞到石上，又跳回来。"卵很像涂胶的球，仍能从物上跳回，但一经停下，就轻轻地粘在东西上，直待胶质被冲刷干净，才不粘着。"虽然这样，仍有很多浪费，并非被压碎，而是被水冲走了；能安稳粘

_鲑鱼

在石上的卵有 15% 未受精，不能发育。20 磅重的鲑鱼能产 17 000 粒卵，不过比起鳕鱼和海鳗等海鱼，这并不算多。

在生产时，雄鲑鱼与雌鲑鱼一起慢慢地逆水而游。游一程，产一回卵，直到产完为止。一对鲑鱼所产的卵可占直径五六英尺的地方。雄鲑鱼并不问造卵床和掩卵等事，它只是很凶地赶开天敌和侵犯者。工作完毕，雌鲑鱼十分疲乏，就退到深水处去休息；雄鲑鱼稍后也跟去，但雄鲑鱼死得多，多数不能再回到海里去。

生活过程包含化学反应，这些都随温度高低而有不同的速度。鲑鱼卵在冬日寒水里为何发育得很慢是很易明了的。不像大苍蝇的卵那样急于在夏天暴露出来的肉上发育，鲑鱼卵极慢地发育，以实现它的遗传性。起初好像简单，后来形成复杂的东西；脑和眼、心和鳃，继续生成；约 3 个月以后，卵就孵化了。

由卵生出仔鲑鱼，带着卵黄，突出在腹部的一个囊里，以致它不能快速运动。仔鲑鱼在石罅里挣扎得很可怜，它们绝对不能侵犯它物的。卵黄囊愈缩愈小了，在一两个月内，仔鲑鱼长到 1 英寸长，能自由来往，也能保护自己了。

产卵约 5 个月后，到次年 4 月，水里重见小动物，如昆虫幼虫等活动起来，这些可供给幼鲑鱼做食粮。这时可以看见幼鲑鱼窜来窜去，追东西吃，并常到水面上来。它们在 5 月里，长约 1.3 英寸；到 10 月里，就有 3 英寸，但食物就断绝了。整个冬天，它们静伏不动。

第二年，它们就长成一岁鲑鱼，有五六英寸长，像小鳟，但是好看得多。在身体每侧，出现八九个排得比较整齐的"指痕"；这些是由于一些细胞里藏有黑色素。它们是位于下层的真皮，而映到透明的鳞和最外的透明表皮以外来的。

再到春天，当幼鲑鱼开始过它们的第三年——当然个体不同——一岁鲑鱼就变成两岁鲑鱼了。鳞已长得厚实些，并多带着银色光泽，把一些鲑鱼的"指印"遮盖起来了。两岁鲑鱼穿上银色入海衣，而且组成上也有精细的变化。我们不知道两岁鲑鱼怎会应召赴海的，这或许由于内含的一些化学刺激素，使鱼开始变得一刻不停地游动。据说养在水槽里的两岁鲑鱼竟会跳出来，要往海里去。

咸水里多营养又多刺激。两岁鲑鱼变成入海鲑鱼，但中间的几个变相就不甚明白。入海鲑鱼的鳞现出一段夏带，一段冬带，并且有第二段夏带的雏形。约到3岁半，入海鲑鱼就趁夏到河里来，等秋天时产子。但是也有些鱼，一入海后，永不回到河里来。所以这样产子的只有鲑鱼。有些鲑鱼在海里要活到五六岁。鲑鱼很有个性，所以准确的生命曲线在各处各有不同，甚至于同在一条河里的各样鱼。

动物的生命史就像米尔扎桥一样，很少人过得去。对于鲑鱼，这真的一点也不错：多少卵被水冲去，多少卵不能受精，鳗鱼寻仔鲑鱼来吃，鳟鱼吞食幼鲑鱼，梭子鱼吞食一岁鲑鱼，黑鳕鱼在河口等吃两岁鲑鱼，海豹吞食入海鲑鱼，产后鲑鱼自相残食，水獭一点不费力就能吞食力竭的产后鲑鱼。

鲑鱼的英文名意思是"跳者"，等鲑鱼逆着急流而上时，便达到一生中的最高点——我们通常拿它代表各种动物的倔强性。我们已经讲过鲑鱼的个性；我们要记着这事，才好讨论逆流上溯这件事，这不是空着肚子所能做到的。有些鲑鱼由海入河时，也许碰巧吃了一餐，也许回想吃过的饵，也许碰到引得起兴趣的钓饵，竟受引诱。但主要事实是：成年的鲑鱼力争逆流，大都靠在海里所聚积下来的精力。我们希望能了解：鲑鱼是源于淡水后来去征服并利用海的呢，还是源于海里，后来为安全计才到河里去生产的？无论答案为何，我们一定要认定一个能启迪人的观念：鲑鱼是"历史的生物"——有独特品格，好比人格；它现在的举动是受制于一个永远不灭亡的过去的。

鳗鱼小史

所有的生命史当中，最奇特的大概要算普通的鳗鱼，直到最近几年，我们才知道得完整一些。我们先来说离人们最近的鳗鱼，就是住在池里和河里安静处的那些鱼。

圆柱形的身体在泥里转动，在石堆当中进出，并且鳗鱼喜欢有东西碰着它的身体。普通长成的雌鳗鱼约有 1 码长，雄的最长不超过 20 英寸。雄鳗鱼要 4 年半到 6 年半才长成，雌的还要多两年。好像在这最后的两年当中，雌鳗鱼几乎超过雄鳗鱼的大小。在生长期间，鳗鱼带些黄色，再加些灰、褐和绿色；但到快长成时，它们就披上银色。所以，发育中的鳗鱼称为"黄鳗鱼"，生产期中的鳗鱼称为"银鳗鱼"。我们可以说：鳗鱼从来不在淡水里生育。

鳗鱼的构造很有些特点：没有相当于我们的腿的后鳍；嘴生得特别宜于贪食；通鳃室的口很小，所以鳗鱼在水外可以很久都不觉得痛苦，因为鳃不易干。无疑地，鳗鱼能由池里经过草地，而到河里。

常言道，鳗鱼无鳞，但这是不对的。因为鳗鱼鳞很多，不过很小，并深藏在黏性的皮里。我们能按照鳞上所长的约近同心圆的数量，算出鳗鱼的年岁来。但是我们要加 3 岁，因为鳗鱼不到 3 岁是不长鳞的。鳗鱼差不多可称为食肉动物，因为它们会攻击所有其他鱼类，有时候还吞食蠕虫、淡水蝲蛄、蛙、水禽、河鼠等。里根写了一部非常有价值的书，名为《英国淡水鱼志》。他列举了鳗鱼的食物范围中的一些奇例："几年前，在靠近舍伯恩的某个池里，有个工人捉住一条大鳗鱼。他先看见一只天鹅正在挣扎，就过去看是怎么回事。原来这天鹅把头伸进水里，就被鳗鱼咬住了，直到工人把鳗鱼捉上岸来，它才放开了天鹅。"鳗鱼只要稍有机会可以吞别的东西，就去攻取它；它自己却难得被别的动物吞食，除去在幼鳗鱼时期。

鳗鱼像鸦一样，基本都在夜间捕食。白天它躲在石下或泥沙里。据说雷雨交加时，它是活动不息的。在生长期里，鳗鱼大部分栖于淡水，但是有些却到河口或海港，甚至于出了河口附近的浅海去寻觅适宜的食物。

过了几年以后，鳗鱼就完全长成熟了。它的形状改变了：腹下的颜色变为银白，眼长大了，吻没有以前那么扁平，前鳍伸长而带黑色——鳗鱼此时正换上入海衣。习惯也变了，食欲减小，食管收缩；颚因为不常用，颚上肌肉也渐渐地变小；嘴形也跟着改变了；血的成分也改变了，碳酸气比从前更多——也许因为这些鳗鱼就暴躁不宁。它觉得非起身不可，多半在秋天晚上迁移，我们曾在晚上看见一群鳗鱼顺河流下。

有时鳗鱼很难出池，比方水闸有时会关闭。但这好动不息的鳗鱼会跳出水来，并能在湿草上蜿蜒一程。另有一种险难，就是渔人知道什么时候会有"鳗鱼汛"，就放些塔糖形的网在河里适当的地方，一打就打起许多。银鳗鱼的肉比黄鳗鱼的肉更可口。

但是许多鳗鱼能到海里，这就是第一段行程。施密特博士 17 年来探讨所得，非常确切。他和别人已证明鳗鱼先要经过很远的路途，才能寻到适于生育的地方。它们从波罗的海、北海和地中海出发，都挤到大西洋中；非到海内它们不能完全长成，而且并不是任何一个地方的海都行。像北海大部分嫌太浅，而够深的地方又太冷，它只得远迁。施密特博士证明：欧洲鳗鱼的生育地方在大西洋西部，约在北纬 22°~30°与西经 40°~65°之间；生育地方的中部约为北纬 26°，差不多在西北夏威夷群岛和百慕大群岛半途中间。在这地方，有一次一网打上 800 只很小的鳗鱼，这表明已经发现鳗鱼的巢穴了。生育以后，大鳗鱼好像就死了，它们从不回淡水去。

这是一个重要的发现，所以我们须引施密特本人的话。他说："一群一群的鳗鱼由欧洲各方远向西南，渡过大洋而去，就像无数祖先所曾做过的那样。这路程需要时间多久，我们不能说，但是我们现在知道鳗鱼的目的地在大西洋西部——西印度群岛东北和东面。此处就是鳗鱼生育的地方。"施密特博士写这几句话时,一定很得意——他把 17 年耐心的研究和艰难的工作,凝缩在这里了。

鳗鱼的漂游自在的卵,还没有人见过,但是它多半产于春天和初夏。很娇嫩的幼鳗鱼长 0.33~0.6 英寸,浮在水面下 600~1 000 英尺深处——那里光很微弱,温度约 20℃。它吃极小的生物,长得很快,当年夏天平均就达到 1 英寸长。它上升到近水面处,约在 75~150 英尺深处,有时简直就到水面上来;随后被卷入上层水流东去,回到欧洲海边去。当年夏季没完时,它已经在路上了,不过仍在西经 50°以西的西大西洋里。我们先暂且搁起那些漂向美洲去的不谈,专来讲那些回到欧洲去的幼鳗鱼。

在第二年夏天,幼鳗鱼平均有 2 英寸长,这时它多数还在大西洋中部。它像什么呢?幼鳗鱼在第二年就像一片树叶或一柄小刀的刀片;除了眼睛,差不多周身透明的,它正像一片活玻璃。博物学家在 1856 年就知道它,并且给它一个专属名称叫"鳗鲡属",原意是"光头"。但是以前没有人想到这些透明的海鱼就是鳗鱼的幼年时代。我们现在知道,这就是未来的 6 英尺长的大海鳗鱼的幼年时候,它是离不开海的。现在再来讲鳗鱼的行程。

到了第三年夏,幼鳗鱼已逼近欧洲海岸,它这时约有 3 英寸长了。它仍像透明的刀片,但是不久就要变样了。它很悠闲地摆动叶形身体,游泳的姿态很可爱;它还能浮着不动,因为透明,差不多看不见——这样或许能逃过海鸟的馋眼。

过了这年秋冬,就有很奇怪的事情发生。这些小动物不吃食了,当动物这样做时,我们就可以看出要起大变化了。鳗鱼的身体从刀片形变成圆柱形,约有织绒线衣用的骨针那样粗。当起变化时,幼鱼变轻,变短。在动物长大时有此情形,虽然很奇怪,但是我们想到它不吃东西,就解决了这一疑难:它这是用旧质料,按新计划,来改造身体。它的精力既只有消耗而无增进,是一定要减轻的，结果如何呢？

现在的幼鳗鱼约 2.5 英寸长，比之前坚韧些，好预备逆河而上。它现在约满 3 周岁，它就沿海边寻找河口。有些行程较远，不像塞文河较阿伯丁郡的底河容易找到些，地中海比波罗的海近些。那些溯波罗的海河流而上的，一定经历过 2 000 英里以上海程了！

幼鳗鱼春季溯河而上，实在好看。盎格鲁—撒克逊人称之为"鳗鱼汛"，意思是鳗鱼的旅行。这些小游泳家如此之多，有时用一吊桶能捞 1 000 多只。它乐于傍河边而上，不喜欢迎着河心激流。这里有桩奇事——幼鳗鱼每天一定要调整它的身体，使水两边挤得一样重，这就使它一直向前。若是它到了两水交汇处，还能重行调整自己的身体，来迎合新河流，这样仍能直上。它上去必有一种极强的驱迫，若是走到瀑布下，它就游上紧靠着旁边有苔藓盖着的岩石，绕过难关。有些博物学家说，将来要变雄的幼鳗鱼不像那些要变雌的幼鳗鱼逆游得那么远，它落后，而雌的幼鳗鱼仍前进。

在河中行，只在白天。我们看见过幼鳗鱼千百成群游过，差不多头尾衔接；但是太阳一落山，忽然一条也看不见了。它们全都蜷伏在岸下或石下去了。

在瑞士海拔 3 000 英尺高处也有鳗鱼。在康士坦茨湖里，鳗鱼很丰富。这里在莱茵河上沙夫豪森大瀑布以上，但是幼鳗鱼或许由其他水道迂回而上。兰基斯特爵士在他动人的《安坐科学谈》里说，据可靠的报告，通往多瑙河的川里，居然也有鳗鱼，但极罕见，虽然多瑙河并没有鳗鱼汛，"无疑地，它们都是一条一条地，从莱茵河或易北河的支流，经运河所成沟渠，而移入多瑙河水系的"。

尼亚加拉大瀑布自然成为幼鳗鱼逆游的障碍。但是美国动物学家贝尔德教授写道："在春季和夏季，游历者若是走进瀑布脚下水幕背后，看见极多幼鳗鱼在光滑的石上爬，并在翻腾的旋涡里蜿蜒，一定会大吃一惊。"他接着说，那里幼鳗鱼多到能装满千百列的货车，然而瀑布是幼鳗鱼过不去的！

至于隔绝的池塘里也会有鳗鱼出现，必须知道幼鳗鱼会从排水管钻上，或者回溯一股细流而上，又能贴着湿的草地挣扎过去。如在意大利北部，有时幼鳗鱼被导至适宜的地方；而它常常在鳗鱼汛繁密处被捕获，再放进别处的池里。无论如何，它经过长程以后，才来到池或湖里。

让我们摘要记下全篇历史：长成的"银鳗鱼"——从湖泊顺河入海——在大西洋西部生育后，父母就会亡故。透明的幼鱼开始长途旅行，经过幼鳗鱼期——鳗鱼汛——发育成"黄鳗鱼"。

鲗　　鱼

一种动物能否引起人的兴趣不在于其体型的大小，可用鲗鱼来做例证。它是英国最小的淡水鱼，但却是最有趣的鱼：它好强，喜欢争斗，也有同等坚强的爱子之心；它有些很离奇的习性，又有很多变种。在英国的名单上，至少可列3种：三棘的、十棘的和十五棘的鲗鱼。这些常分隶于三属，意思是说它们相差得比一属当中的三种要大得多。

在北半球的河和海里，从堪察加到西班牙，从阿拉斯加到加利福尼亚，都有三棘的鲗鱼，即三鲗鱼。这是小身体而有大胆量的好例子，因为它虽不满4英寸长，却一切都不怕。在有些地方，特别是在北方，它多半住在海里，称为"银鱼"；在别的地方，如环地中海一带，它差不多只住在淡水里。它的外貌常随不同的产地而略有不同，适应性极强。若是忽然把淡水鲗鱼放到海里去，固然要致死；但是任何在河口咸淡水相交处的，不论出海也好，入河也罢，都过得惯。在咸水和淡水里，它都常结群，贪食昆虫幼虫、小甲壳动物和蠕虫，也不免吃别的鱼的卵和雏。它的食欲很大，捉住了小动物，就像斗牛犬那样咬死不放。这就使初学垂钓的人容易捕获，不用技巧也可以钓到小鲗鱼。

当繁殖时期将近，大约在春末夏初，鲗鱼就会穿上它的婚衣。背上的黑绿色铺到两边成条纹，雄鱼的腹下就变成鲜红，雌鱼的腹下普遍带银白或金黄

（它的数目好像比雄的多得多）。雄鲥鱼在河旁储水处，或者缓静浅流，或者海滨近高潮线的浅滩里筑巢。鲥鱼用碎草筑巢，更靠从肾渗出的黏丝来缚住这些碎片，缚得整整齐齐。结果形成一横放的桶状，直径大约 1 英寸，有一端开着一个口，就像顶上开洞的穹顶，巢附着在水底。筑巢也要好几天。雄鲥鱼一心做工，特别讨厌被打搅；等它造好巢以后，就去寻找异性伴侣；在求偶时，表现出鱼类特有的快乐。雄鱼引雌鱼到巢里去，一半是靠诱骗，一半是用威迫。雌鱼进去，产几个微黄色的卵；过四五分钟，就由来路对面打一个洞出去，不辞而别；而且以后的进展与它也无关系了。于是，雄鱼进来授精给那些卵。第二天，这个小小的多妻者再出去另找伴侣，情形如前，直到巢里有很多卵为止；卵数必须抵得过死亡率，这是生活的定律。雄鲥鱼并不管娶妻多少。

雄的不单看护巢，防范别的动物侵入或无意中游近，它和近邻也打得很厉害。这样争斗时，很能表现出雄鱼的本色。激动的时候，红色质细胞好像变大了，全体的颜色也更浓。争斗并非儿戏，因为它的一个别名"快刀杰克"可不是白来的：它会用背刺当武器，割裂它的敌人。雄的在情场和战场上都得胜后，会变得驯良些。它就代理母职，来看护巢穴：用它的嘴修补破坏处；用它的鳍扇风，使巢里有足够的空气；如果幼鱼提早离开巢穴，它就用嘴衔它们回来。严格些说，这时的巢只有架子，因为幼鱼孵出后，大部分已经被破坏了。无论如何，雄鲥鱼是很繁忙的，直到它全部的家庭成员都去开始生活的冒险航行为止。前方固然有危险，但船已经下了水了。

十棘鲥又称为"修补匠"，有 7~12 个短刺，而身长不过 3 英寸。它不像三棘鲥向南分布得那么远，在苏格兰好像北以福斯河和洛蒙德湖为界。它在淡水中的时间比较长。雄的在生育时呈暗褐色，巢并不附着在水底，而是在水藻上。

十五棘鲥比别的种类大，有 5~7 英寸长。它完全住在海里，而且造巢在海边。材料是海藻和植虫，也靠肾里渗出的细丝来系定，这很像一种变态成为常

态了。无论什么动物，如果肾中渗出这种黏液，我们一定说它是病了；但是这种鱼一到生育期内，雄鱼就如此。我们不能不怀疑：雄的究竟真能复原吗？有些学者说�鱼平生只繁殖一次，活不过两三年。我们来讨论一下：雌的是否因繁殖过劳而变得很冷淡，让那些为生子牺牲得较少的、或许体质本来比较坚实的雄鱼活下去，好护养卵和雏？我们应该查明，雄�鱼经过这种工作后，是否也有伤亡？

�鱼的生活里还有很多别的有趣的情形，并且很值得进一步研究。有少数的鱼是能用胸鳍游泳的，�鱼就是这样——胸鳍普遍是作平衡器用的。海�鱼可以慢慢地用胸鳍划水，使它向前进或向后退；但在匆忙时，它的后身就显出波状的动作来了——这是鱼的正宗游法；还有口和鳃盖会呼吸得很快，有时每分钟有150次，像气喘一样。

还有一项有趣的试验。在白瓷背景上试养�鱼，它的皮色会褪去，成白色。如果时间再长些，放回正常的环境里去，它竟然不容易恢复原来的色泽。关于�鱼，仍有很多方面有待研究。

鲱　　鱼

所有的鱼都不一样，它的气质不同，如它的味道。最有个性的鱼中自然少不了著名的鲱鱼。它多是在早晨餐桌上被熟知的，有各种不同的外貌。鲱鱼大约没有精神生活，但是它却有灵锐的感觉，而且也很活泼。和鲤等随遇而安的鱼相比，它的确是神经质的、易激动的。我们很不容易把鲱鱼养起来，它会对着鱼缸的边上撞，或者跳出水外到地板上。所以我们相信要把活的成年鲱鱼运到远海，像新西兰岛四周去，简直不可能。

一个人没有见过活鲱鱼，就不能正确地欣赏它，最好乘渔船去看一回。当起网时真是壮观——网眼里好像载满了断了的彩虹，有银色、金色、钢蓝色和

鲜绿色，还有其他颜色。很多鲱鱼的鳃盖绊在网上，等收网时，已死了。活鲱
鱼令人一见难忘，引起我们注意的，就是它那轻巧的身体。像别种习性活泼的
鱼一样，身体的一大段专供移动，偶鳍差不多总是平衡器，而身体后段几乎全
是肌肉（大多数的鱼就靠它快速地摆动，游泳前进）。在鱼商的砧板上时，鲱
鱼的身体很硬；但是在水里，比罗斯金所说的"扭箭"还要快捷些。我们只能
找出别的纲里非常矫捷的动物——如鸟类——来和它相比。鲱鱼的"流线"非
常适于快速游动，如同游艇的流线一样，可以称得上绝伦。色彩美、形体美、
动作美——鲱鱼可谓完美至极！

　　当一群鲱鱼近水面游戏时，它们激起一片涟漪，好像渔民描述的"有微风
吹过"。当寂静时，在稍远处可以听见它们游过的声音。它们在暗处游行时，
显出亮光，渔民和博物学家相信是由鲱鱼发出的。我们不相信鲱鱼自己能发
什么光，这光一定是由于反射或由于触着水面上的小动物，这类小动物多数
会发出磷光。至于挂起来晒干的鲱鱼，身上也会发光，这自然是由于发光的
细菌所致。

　　鲱鱼属有 50 多种。北海和北大西洋的鲱鱼就分几个种族，像人的种族
一样，成为争论焦点。鲱鱼也像人那样容易混合，它会寻求机会通婚。在
无篱笆的海里，各处形成了不同的鲱鱼种族。像波罗的海短鲱鱼就和苏格
兰西部壮伟的种族很不相同，那里的鲱鱼有时竟超过 1 英尺长。可是它们
能通婚，就如人类一样。它们随意在各处游历，就如人类的种族，也混合
得非常乱。但是在有些例子里，也显然有分别，例如大海里夏日生育者和
近岸秋日生育者。凡不信演化的瑞普·凡·温克尔一类人都应该研究鲱鱼属。
如何分析鲱鱼种，像鲱鱼、小鲱鲥、青鳞鱼、鳀和西鲱，而鲱鱼种又如何分
为鲱亚种或鲱种族——所有的演化都在进行中。

　　鲱鱼无甲又无武器，有不少天敌喜欢吃它美味的肉——鳕、黑鳕鱼、
鳁鲸、海豹和鸬鹚都是。它的脑没有很发达的组织，那么它是如何维持其

种族的命脉呢？一部分是因为它的敏锐、机灵和迅捷，但是大部分还是靠繁殖力强大。它能生存下来，不是因为强壮或聪明，而是因为繁殖多。雌鲱鱼能产 2 万~4 万颗卵，比之鳕和海鳗鱼虽然不算多（它们是动辄产数百万的），但是已足够了，总有一部分可安全地存活下来。再有就是，它的卵不浮起来，不像多数我们所吃的鱼那样；它生出后，就会沉下去，粘在海底石头上面。生育时，鲱鱼群要寻较浅的水，有时要寻较淡的水，都很骚动。鲱鱼猎食时好结队，生育时也成群。它们发狂五六小时，雌的产出卵子来，雄的泄精在卵上。海面变成带灰色，同时就有鲱鱼气味上腾。

很大群的幼鲱鱼常住在食物丰富的内海湾和河口里。它很美味，食桌上所谓"银鱼"的一大部分就是它。不过银鱼常包括别的幼鱼在内，如小鲱鱼。有段著名的逸事，英国博物馆的一位鱼类学家曾在餐盘里分辨出 8 种银鱼来！鲱鱼吃得干净，大半靠大海里的小甲壳动物为生——所以肉味就很鲜美。

它是群居的动物，喜欢集体行动，十分活泼，有时会跳在空中。为了跟寻食物，它远近上下都去遨游。它有时也会迁移——或躲避天敌，或因水里多了油腻污秽——去寻找更适宜的生育场。鲱鱼是一种游牧动物，我们希望对它的了解更多一些。

飞　鱼

航行到好望角、印度、美洲时，就可以看见飞鱼在汽船前飞起，它向两边高高掠浪而过，有一两只会飞到船板上，或向舷窗撞来。有时这些好看的动物蜂拥而起，使我们回想到在温暖地方（如意大利）的草地上走过，惊起许多昆虫在我们面前飞腾。太阳照着它，好像大蜻蜓。爱宾斯在他的小说《我们的海》里说"船头飞鱼分列成很多群，结了队又展开翅膀，嗞嗞作声，像小飞机一样"，描述得非常准确。

经过许多辩论后，博物学家断定平常海里的飞鱼和豹鲂鮄鱼的前鳍扩大当降落伞用，而不是当翅膀用。前一种稍能振鳍，后者稍能鼓鳍；但是严格讲来，都不能拍击空气。鱼未离水前，靠尾猛击而得动力，再借风和浪来推送。等它再落到水面上时，它也许不待身体没入水内时再用尾打水，重新跳跃起来。它能相隔很短的时间这样升腾一次。我们还要注意的是，它胸鳍的肌肉虽比寻常的鱼发达些，却也不很强壮。这些偶鳍在寻常的鱼身上，原本不是用来游泳的，只是为了保持身体的平衡。

海　马

博物学还没有发展以前，有人在海里发现一种新奇动物要他的朋友们相信，实在很难。有种方法就是拿实物或标本出来给人看，但这并不是很容易的事；另一种方法是画出图来；再不然，就说"无论如何，我所看见的不见得这样难信，这不过和你常在陆上看熟的某种动物遥遥相对而已"。如此就养成一种意念，以为许多陆栖动物都有海栖动物来和它们配成双。像许多方言里都有海栖动物沿陆栖生物取名——海葵、海蝴蝶、海王瓜、海鬼、海鹰、海扇（即石帆）、海鸥、海马等等，多得很。

海马是一种能引人笑的动物。它的头像马，尾像猴，可握东西。吉尔把它比作大象棋上的马，骑在一种小乌贼叫卷壳乌贼的精致的蜷壳上。其学名 *Hippo-campus* 的后半部分是希腊语，意思是蜷曲的毛毛虫或蠕虫。

通常的鱼身体向两旁摆动，左右激起大堆的水。但海马的身体很僵硬，又不能摆动，只能靠盘曲的尾上下地动，像变色龙的尾那样。还有不一样的，是它的两目能各自活动，前面所说的那种蜥蜴也有这种特性。海马和古怪的变色龙一样，也是一种很奇异的动物。

多数热海和温海里都有海马，分为多种。它在水族馆里虽然难以取悦于人，却为人们所熟悉。看它的奇怪动作，很有趣，从不慌张。它好像能调整鳔里的空气来适应海水的比重所以不用费力就能浮在水中。它喜欢向上伸直，用尾绕着海藻茎而休息。

有时海马慢慢地沉下去，好像一方有枢纽挂住一样。随后它一撒尾就很快地游开去，用背上单鳍急速波动着，再靠纤细的、成对的胸鳍的急拍来帮助游动。它常常倒身扑入水内，跟着很快就恢复直立姿势——要靠这动作来猎食，太慢了。我们相信海马用它的小嘴当一种吸管，从海藻的叶上和海底，吸取小甲壳动物和别的小型幼鱼等——除却有几种住在海洋里浮着的海藻堆里的外，其余都在光亮的、多海藻的、比较浅些的近海中。

细心的观察家注意到海马每过些时候便发出一点尖细的关合声，好像下颚很快地开合时，由急速颤动而发出的。不要认为这是谈话，因为英国的海马发声轻而且单调。但是一只海马能应答别的海马，雌雄两性都能发声。到生育时，发声更勤，更响。想到海马"嘶"起来的声音这样低小，就忍不住想大笑，但是我们还要讲些比海马谈话更有趣的事。

雄海马尾巴前段的下面有一个大袋子，由两层折皮接在一起所组成。前端有一个孔，雌海马按时塞些卵在这孔里；好像当输送过去时，卵就受了精；稍过些时雌的再回来，放些卵在雄的同伴的袋里。更有趣的就是几只雌海马也许同时利用一只雄海马，所有这些事都很奇怪。

卵在密不进水的袋里发育，它们好像是固定的。袋里有海绵状的内层，到此时就有许多血管；这内层维系住那些卵，而且尽一部分饲养的责任。也像普通的鱼卵，里面有很多的卵黄；等胚一天一天发育起来，卵黄就渐渐被用完了。

过些时，幼海马已长成到像个样子了，便在它们的摇篮里躁动不安。雄的举起猴状的尾按在袋上，有些幼海马便从刚开始张开的前孔挤出来；或者它能把袋抵在玉黍螺上挤，逼那些幼海马出来。这是很奇怪的现象，因为看起来活

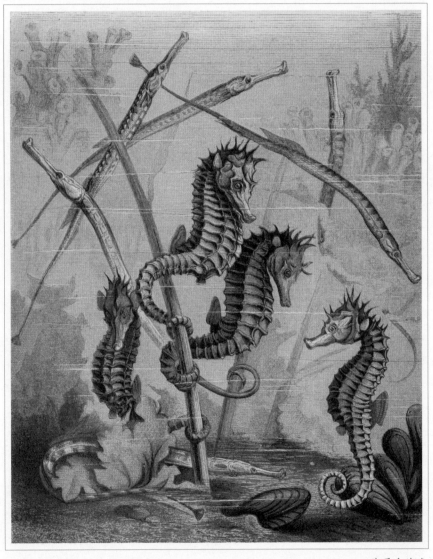

海马和海龙

像雄鱼在那里生小鱼。据一位观察者考察：雄海马每挤一趟，要跟着休息几分钟；每趟挤出 3~6 只幼海马，约 6 小时后才能全部放出。新孵出的幼海马游进海藻堆中不见了。

许多种海马和它所依据的海藻同色。而佛罗里达沿海海草（一种显花植物）中，住有一种小海马，身带橄榄绿斑点，很不明显。拟形的保护在澳洲叶海马那里达到了极端，它身上的刺和节伸长得像叶状、分枝状和波纹状。从演化上看来，这种动物也很有趣，袋就是在尾下的一条槽。在有些尖嘴鱼里也可以看见这种情况，因为尖嘴鱼和海马本非远亲。

读者急于想要知道保护幼子的责任为什么属于父亲，尤其是雄海马要比雌海马小些。我们知道父母护养子女是很有好处的，但是为什么一定要如此有所偏重地分工，却不是现在就能说明白的。

鲽　鱼

在英国人重要的食用鱼名单上，那种向侧面平摊的鲽鱼占有重要的位置。它虽不及黑线鳕或鲱鱼那样数量众多，而且不经腌制，但依然被大众喜好，因为它很美味滋养。它和小鲽鱼（Dab）、比目鱼是近亲，但长得更大更肥一些，也有更重要的商业价值。它通常重 2~3 磅，但也有超出此重量的。在好的环境中，不受惊吓，食物又多，它便会一直长下去，长成很大的鱼。很少几种鱼有一定的生长限度，像多数动物那样。运气好的黑线鳕可以长到鳕那样大，大约会有 3 英尺多长。

长大的鲽鱼平常卧在浅水里的沙底上。鱼身上面通常是橄榄褐色，带橙色斑点，能随最近环境的颜色而变化。鲽鱼也像它同类的硬骨扁平鱼一般，也能变幻它的皮色，使人不易发觉，这种变化是靠皮里的色素细胞伸缩而成。它休息时，则不靠这种保护，因为它的身上常盖一层薄沙，只有两只守望的眼突在外面。鲽鱼很注意地清理软体动物、甲壳动物和蠕虫等，它吃得很干净，这或许是肉味鲜美的一个原因。像大多数同族一样，除去菱形鳒、灯笼鳒和大菱鲆，鲽鱼休息和游泳时都用它的左边。人们都知道向下一面带银光，没有任何色素。银光是由皮肤细胞中所谓的虹彩细胞里积贮的一种废产物——叫鸟嘌呤的小颗粒——反射出来的。原来的左眼向右移动直移到右眼旁，要不然，它就会被磨损。再者，左眼移到右方，好处最多，但这种移动方法实在很奇怪。

鲽鱼在每年的年初几个月、水温最低时生育，卵产在上层水里，并在那里受精；但是等到发育时，就向下沉。卵的直径约 0.08 英寸，所以在一个液体夸脱（1 英夸脱约合 1.137 升）里，能容 20 万个之多。鲽鱼对生育的区域很挑剔，它专拣浅水带到深水中间一段来产卵。按照最近的发现，海水对生育的适宜性的制约不在于深浅，不在于盐度，也不在于是否接近陆地。如果我们单论这些制约的话，在于水的温度和逆流的构成状况；大逆流无疑和海岸线的形状，和海底的倾斜起伏有关系。在所有著名的大生育场，像佛拉芒湾、多格尔东沙、弗兰伯勒外海和马里湾等，都有大逆流。我们应当把苏格兰区域放在最后，因为它虽是苏格兰海里最重要的鲽鱼生育场，可是北海北部一带海里产出的鲽鱼，不如南部生育场所产出的那么多。

在卵膜里，胚一连发育 20 天而成幼鱼，在这个时期浮着的卵很多被海流冲散。如在马里湾下的卵好像逐流东去且南下，或能到苏格兰东境拉特里角以南的岸边水里去。

据估计，一条大型的雌鲽鱼可产 50 万颗卵，而平常的 6 岁的鲽鱼也有这个数目的 1/4 以上。这表明自然所用的工作方法，总要留下的多些，但大多数能幸运地存活下来的概率很小。多数的卵未受精而死去，许多卵生下来就被其他鱼类吞食，有些漂流到不适宜的地方去。初发育时，死得最多，正常幼体开始自卫时大概最为严重。从"圆鱼"变为"扁鱼"时，是一个大的危机。此外，鲽鱼所赖以生活的软体动物和甲壳动物的数目也会有增减。无疑，在鲽鱼遇着一个区域拥挤得厉害的时候，必有激烈的竞争，它所吃的无脊椎动物也会缺乏。而且，鲽鱼的味道太鲜美，难免会遇见许多饥饿的天敌。最后，鲽鱼受人类影响而增多减少或变大变小，比其他的鱼大概都厉害些。

在一战以前，有经验的人断定是渔民们——尤其是撒网渔夫——在北海捕的鲽鱼太多了，所以捕获的鱼，大的越来越少。但是战后渔业复兴时期，每天的所获增加得出奇。1913 年只有 2 英担（1 英担约合 50.802 千克）；1919 年增加到四五英担，并且中等以上大的鲽鱼数量也增加很多。虽然小的减少，可是总重量反而大增。战争期间，停止捉鱼到底为什么会造成这样的结果，我们没法回答，但是鱼的数量因停捕而大增这件事实却是清楚的。不过这种增加并不会持久，而实际最重要的问题是如何才能使这种有价值而又美味的鱼一直繁盛。现在有两种办法：一种是把许多的幼鲽鱼由鱼多的海边转移到较适宜的天然养育场繁育，如多格尔浅海等处；另一种办法是规定某种区域在全年或若干月里禁用某几种采捕方法。

鳐　鱼

和浅水层中的鱼（如鲱鱼）相对应，也有住在海底的鱼，其中没有比鳐鱼更别致的了。脊椎动物未长硬骨以前，通常会先经过软骨时期，而海里有未生硬骨以前先生软骨的鱼，这些就是远古的动物。但现在的鳐鱼和鲨还没有逾越这个阶段，除了牙齿和鳞甲外，它们没有骨头。在这一点上，鳐鱼是很古老的。在几亿年以前，奥陶纪的岩石里虽已有鱼类的代表，不过直到侏罗纪鸟类出现时，才有很确定的鲨和鳐鱼。

在演化的进程中常会有这样的事发生：活跃的一派和迟钝的一派分道扬镳。鲨和角鲨成为浅层活跃的侵略分子，而鳐鱼和魟则代表了海底比较迟钝的一派。

　　那时鱼身由上向下摊扁，前鳍伸得极开，现在鳐鱼靠振动胸鳍来游泳。但是鲨只用它们做平衡器，另靠身体后段向旁扫动来游泳。鳐鱼的身体既摊平，嘴就移到腹部侧面去，所以鳐鱼要吞吃软体动物，必须游到它的背上去才行。

　　鳐鱼的尾不管移行，因而常常变为一种武器就不足为奇。例如黄貂鱼即刺鳐的尾长可达 6 英尺，尾端还带着一把有锯齿的匕首，有数英寸之长。我们往下会明白这些软骨鳐鱼并不和硬骨平鱼们，像庸鲽、斑鲽、箬鳎等相近——这些平鱼用它们的左侧来休息和游泳。鳐鱼也不像菱形鳒和大菱鲆用右侧贴在水底。鳐鱼和庸鲽的身体卧下时，姿态完全不同；可是两者的两眼都长在上面，这却是动物学里一个有趣的疑问。

　　真正的鳐鱼出生在比较浅的水里，那里的动物很多。它会长得很大，不算尾巴，有时会超过 6 英尺长。它用它的尖鳞，即皮齿，来保护自己。这些鳞兼备三种硬组织，很奇怪地结合在一起。它的顶上是珐琅质，基部是骨质，而中心是象牙质或齿质。我们常见的光皮鳐鱼即仓门鳐鱼长大后，皮上差不多没有刺，但是幼小的时候却很多——幼年动物的形态总倾向于祖先，鳐鱼也是这

　　　　　　　　　　　　　　　　　　　　　　　　_ 圆犁头鳐

样。另一个有趣点也是关于演化的：有些种鳐鱼的尾旁带一个小的发电器官——这些好像是正在演化中的结构，还未曾发育到能击倒动物；这些是肌肉纤维和神经梢的变相，就像电鳗和电虹的强力电池刚发育时那样。

在鳐鱼的眼睛后面，有两个大洞，能容纳人的一个手指插进去，这些称为"呼吸孔"。当呼吸时，水流进去，再由腹部上的口后的五对鳃裂流出。其实这些呼吸孔代表翻向背上的开口的第一对鳃裂。经过一种奇怪的变化，它们到了人体内，就成为欧氏管，来连通耳道和口腔的后部，比较解剖学正因讨论这类转变而脍炙人口。我们观察鳐鱼的呼吸孔，看见一个小的梳形构造，就是正在退化中的鳃的残余物。这是无用的残余器官的好例子，如达尔文所说，像一个字里不发音的字母，或短衣上不扣的纽扣。它虽无用，但可作为一个历史记录。梳形物的基部藏有一个奇怪的垫，好像能帮助增加红血球，是有用的。孔也是有用的，但鳃本身只算一种进化的遗迹。

鳐鱼的底面有许多扭曲的胶质管，埋藏在皮里外，端开细孔；也有些在背面上，特别是在头上。这些是感觉管，但是我们还不能确定它们到底是主管哪种感觉的：或许使鱼知道水的运动，或许能感觉压力的变化，或许帮助鳐鱼游泳时维持平衡。它们和硬骨鱼的侧线相当，但是在生理学上仍是疑点。在此，我们要注意鳐鱼的脑比无论哪种硬骨鱼都要高等些，主管嗅觉的和控制移行的器官发育得特别好，此外大概还有一点智慧的微光。曾有鳐鱼企图从船后拖着的网里脱逃，这行为比较像聪慧的行为。

"人鱼袋"是个妙称，是指鳐鱼或角鲨的每个卵外所围着的角质壳。这是个四角袋，又因像两个瓦匠用来运重石的抬架手车，所以称为"鲛异"。鲨的这种袋上，每角拖长成一条卷须。遇到海藻的茎叶或植虫的茎，它会自行缠绕在上面，卵因而得以寄生。鳐鱼的卵袋外没有卷须，只有尖角。卵好像是埋在海底上沉淀物或垃圾堆里，袋的大小视鳐鱼的种族和年岁而定。我们曾见过一个8英寸长的，这当然还不算最大，但是普通的长度约5英寸。

鳐鱼的卵发育得很缓慢，有时需要 6 个多月，所以更需要一个保护它的卵套。等幼鳐鱼完全成形，又吃完天生带来的卵黄后，卵白里就发生变动。卵一端溶解开，生出一条裂缝，幼鳐鱼从这条缝里出来。但是我们对于这些事，所知还是很少。袋质和我们手指甲里的角素一样。我们也曾看见液态角素抽成许多条黏性的线，胶结在卵外（在一个输卵管腺里）。在海边遗物堆中所见的人鱼袋差不多总有一头张开，这自然表明幼鳐鱼孵化出了。要寻找到一个有幼鳐鱼在内的袋，那需要很大的运气。

the Outline of Natural History

第十五章

走到世界尽头
都有它们的身影

它们的翅薄如细纱永不折收起来，
眼大而突出，
身披金属光泽的甲，
即丁尼生所谓"灿烂的青玉般的钢甲"。

动 物 生 活 史

讲到种类多、数目多、分布广，昆虫纲在动物界中应属第一。昆虫的种数比其余动物的种数多得多。动物学家说，我们所知道的昆虫至少已有 25 万种，并且还有很多未经发现。

一只典型的昆虫，身体分三段——头、胸、腹，头上长有触须、复眼和三对口器，这些口器随昆虫所吃的东西的性质不同而不同。胸部长有三对腿和两对翅。长成后，后段即腹部常常不带节肢的痕迹，但在幼虫期里却常有。全身罩了一层没有生命的角素，成壳状或外皮状。昆虫幼时迅速经过若干时期，这外皮就脱换几次。等到翅长出来，外皮便不再脱换。只有蜉蝣例外。昆虫都靠气管呼吸，把空气带到周身各窍各隅。较高等的昆虫，像蜜蜂、蝴蝶、甲虫和双翅蝇等，一生的历史很复杂，包含幼虫和蛹等时期。

昆虫纲分许多目，有膜翅目、鳞翅目、鞘翅目、双翅目等。

昆虫的社会生活

蜂窝里生气勃勃，终年如此。不过蜜蜂冬天几乎眠息不动，夏季最忙。天暖花香的时候，蜜蜂全力做工，窝外的营营声，就是里头忙碌的证据，而各房的门口满是蜜蜂。

蜜蜂往来不息，一只挨一只飞向园田去搜寻粮食——不是为它自己，而是为了它所隶属的团体。这些户外工作的蜜蜂是最强健的蜜蜂，那些较幼较弱的是家务蜜蜂。工蜂从外采食回来，就有些家务蜜蜂迎接它们，并卸下它们的重担。它们所采得的粮食种类繁多。有些直接带回整袋的蜜，来添入库中；有些带回花粉，从淡黄色的，到深褐色的，都十分齐备，妥妥当当地装满在它们后腿上两个"筐"里；还有些从池中带水回来。

家务蜂处理一切掠得物，贮藏在储库里。如果有工蜂回来，满身的茸毛上披了花粉，家务蜂便替它刷下来，归在一堆。采集和贮藏当然是重要工作。除此之外，还有别的必要工作，可在蜂房门口看见，有废物要向外搬出，像死蜂的尸体等，因为房内必须收拾得极整洁。若有蛞蝓等侵入，太大搬不动，它们就用蜡把它掩盖。又考虑到通风，就有一列一列的蜂站立不动，鼓翅扇风，一直不停，驱出浊空气，而让新鲜空气流入。这样还可以扇干它们的蜜，使它变得浓厚些。一批疲乏了，有另外一批来替换。

蜂窝近处，常见群蜂在日光下飞来飞去，却并不带东西出入。这些是雄蜂，不做工，反倒向工蜂求食，但是它们并非绝对的懒货。房里还有第三种蜜蜂叫蜂后，是工蜂和雄蜂的生母。看看窝内，可见蜂后在那里挨房下卵，一间空房里下一个，这是它唯一的工作。它连续下卵，连续好多周不停，幼蜂也不断地诞生。

内务由别的工蜂分任。有些领引蜂后到各房去产卵，并喂它吃食；有些忙着饲养幼蜂；有些制蜡，或造新房；有些扫除、修补；有些酿蜜，有些贮蜜；有些日夜巡逻，维持秩序。

蜜蜂这样群居有序，恐怕不算是自然现象，因为造房而居的蜜蜂已经是一半驯养的动物了——由人类历经实验配种而造成，并在许多方面都听人指挥。不过初夏时，田野中有这样勃发的生气，的确是很惊人的现象。虽然养蜂的人

蜜 蜂

仍有保持摇铃和敲壶等迷信习惯，可是蜂的群集与人类及人类活动之间的联系，并不因此减少。老法子用门钥匙敲平底锅，来引诱蜂群停集在便利的地方，好由主人收得。若蜂群飞进邻家园里，蜂王也有权跟过去。不过敲金属器做叮当声来召集它们，极难生效。有些昆虫学家不承认受惊的蜜蜂能听声音。

蜂社入夏最旺盛，又活泼，又勤奋，又和谐，其余时间便各呈各状。入秋最苦恼，空气转冷，花渐稀少，疲乏的蜂离开窝，不再回去，窝里稀疏，外边的蜂会来抢蜜。雄蜂也到了末日，因为工蜂不能再容忍它们白吃不做工，就把它们一个个消灭干净，并不采取屠杀手段，一般多是长期抛弃，也一样可治死它们。

入冬就停工，余下的蜂围着蜂后过冬。并不是真的睡着，只是生活机能降低而已。它们在朦胧中传递预藏的蜜，好令大家果腹，还会轻轻地鼓动许多小翅来取暖。

春花一开，窝里忙起来了。熬过寒冬未死的蜂就开始做春季扫除工作，并修造新房。有些飞出去觅水和食物。蜂后醒了以后，又去挨房产卵。

有些工蜂能过冬，靠它们自己或它们的姊辈在夏天勤劳采得的粮食来生活。所以这种结社多少有些永久性。土蜂和黄蜂便不同了，它们的部落到秋天就分散，只有未来的母蜂过得了冬。它们躲在洞里，等到春暖时再出来，重组新部落。

蜜蜂极善嗅，能嗅出它们的蜂后在不在。我们还知道，它们靠改变"嗡嗡"或"营营"等声，来表示它们的感觉。多亏了弗里希教授仔细的实验，得以意外地发现"蜜蜂语言"，这个故事很奇怪。

蜜蜂寻得花蜜丰富的花，先尽力搬取，带回窝去，稍后便有几个同伙也来到这些花上，随后来来去去地越弄越多，直到花蜜取光为止。这时便没有再多的蜂来采，好像它们知道求过于供是不划算的。

我们看了这些事实，就要问两个问题：蜜蜂怎么能知道什么时候就不该再添工去采某一处的花？先发现蜜的蜂怎么能教其余的蜂知道并寻到那一处去？弗里希曾在蜂身上涂些记号，看它们怎样寻到有蜜和相似的食物的地方，他又观察那些采蜜成功多少不等的蜂，回到窝后有什么事发生，他随后很合理地解答了前两个问题。

一只蜜蜂吸饱了蜜回到窝，就在房上回旋而舞，惹起附近休息的工蜂，它们也照样出去立功。一只蜜蜂若只吸了一点蜜回来，就不舞，别的工蜂也不会出发。所以这一舞就是报告有很多的蜜！

后出来的蜂怎样找到宝藏的呢？以前的说法以为先发现者率领余蜂前去，据实验而知是不正确的。余蜂自行拥出，奋力探索附近一带，会远到半英里外，它们并非瞎找，它们靠气味做线索。先发现蜜的蜂不但带回花蜜，并带回一种香。它跳舞的时候，邻蜂接触了它，因此感到那一处花的那种特别的香味。这才飞来飞去，找那些花儿。

但是蜜虽多而花无香，它们会怎样呢？那些后出的蜂或许不管花香，它们知道它们的姊妹们并不是从香花上采得蜜，就不向香花里去找。但是另有一说较妥善：蜜蜂身体后段有个可以突出的腺囊，产生一种特别的气息。就是人都嗅得出，蜜蜂更是一遇就认得。当发现蜜花的蜂在那里狂吸时，就伸出它们有气息的器官，散些泄露秘密的气息在花上，不论花香不香，这种气息就替后来的蜂做线索。以上两种线索合起来极有效，和发现者亲自带路一般有效，甚至还要好些。后来的蜂跟随发现者所携有的花香而寻找，还会碰着别丛同种的植物，就可采用这些新的丰富的资源。

花丛受风雨损坏，是常有的。那时来访的蜜蜂就稀疏了。等天气变好，花再次开得繁盛，就有探蜂回报，跳舞以示余蜂。若有曾经到过那边去的工蜂现在休息着，一得此报，不久又会飞向那方。

正在运花蜜回家的工蜂，和正在采集花粉的工蜂，原都一样。不过一只工蜂最后一对腿上的（筐）里盛满香的花粉回来时，发出的通告，更有力些，舞起来也不同。带花蜜回家的工蜂绕小圈跳舞，每半分钟转 12~20 次，并不循一定的方向。带花粉回家的工蜂舞得更轻捷，先循半圆向右，又循半圆向左。摆的时候，按头前一条直线做轴。摇摆了 4~12 次，歇一歇。这样极能惹起旁观的工蜂。它们一拥而来，挤着看新闻。

我们再三援引弗里希教授的观察和经验，因为它们改正了以前非常盛行的意见——相信发现新花蜜的蜂率领余蜂前往，同时表现出一种行为上曲折的深邃性。这样分析下来，都令人感到惊异。

土　　蜂

土蜂有很多可注意的地方。它身上有很多毛，并有很多悦目的色彩。它善于飞翔，它的勤劳使人着迷，它的翅膀振动得极快，听起来很爽适，这和翅下四个气孔放出废气时，鼓动洞口紧膜而发出的"营营"声不同。土蜂不随便刺人，这一点我们希望家蜂也学它们。更有趣的是，它们一年中的经历形形色色，无奇不有。1912 年，麦美伦公司出版了斯莱登《土蜂》一书，写得较为完备，为现代博物学杰作之一。现在试着用几句话叙述斯莱登和别人的研究成果。

夏末将近，一只幼年的蜂后被一只雄蜂身上像花一样的香气吸引，于是受了精。它立刻找块干地，或一堆苔藓或密草做产褥，欢快地选择向北的地方，为的是明春太阳不致出得太早从而惊醒它。麻痹无知觉地经过约 9 个月，然后它才醒过来，飞向柳絮和其他早春的花。有时没有全醒，因为天气再度变冷，它又休息了。一经醒透了，精神恢复了，它就去找个适宜的巢穴，像田鼠的废窟等，垫些草、苔和别的软东西，做成空球状，舒舒服服地躲在里头。曾经听说过有住到人家空房间的被窝里去的。蜂后头几次来回时，仔细认熟那块地的位置，以后回来，可循捷径飞行了。

在这居所的中央，它造个紧紧的腔穴，只有一粒石弹那么大，里面藏一块濡了蜜的花粉。又在腔穴顶上封一层蜡，成为一个圆壁。它就在这豌豆大的穴里产下第一批卵，有 6~12 个，产好了，盖上一层蜡。它彻夜伏在卵上，昼间大部分也如此。它要省去或减少出外采食的次数，就在内室门口相近处设下一个蜡制的小蜂蜜罐，约黑醋栗那么大。其中时常有新蜜添进去。这一切谨慎设备兼顾了将来和现在。这样好养的后嗣，达尔文最重视，以为物种得以存留下去大部分是靠子嗣成活长大，尤其是每次所产的子嗣不多时。

四天后，卵变成白色蛆状的幼虫，就吃下面垫的花粉糊。它们的母蜂按时注射液态食物给它们吃。全体一起喂，后来分开一个个喂，每喂一趟，它凿穿蜡层一次，并重封一次。卵生下第十一天，幼虫已经长大。它们造成坚韧像纸的茧，挤在一起，空出当中一条缝，然后躺在里头，好伸展肢体来保证它们温暖。卵生后约三周，每一个茧里钻出一只长成的银灰色土蜂。斯莱登说："刚出来的土蜂腿软无力。一出来先行到蜜罐，慢慢地展开它的长吻，稍蘸一点养命的蜜液。然后，有了力气，回到产褥，再伏在母蜂的温暖的身体下。"过了两三天，新蜂也像老蜂一样有色彩了，只是没有老蜂大。这是一只工蜂，也是雌的，可不大会变成母蜂。

蜂后此后还继续产卵藏在小室里，附着在初产的茧旁。等它的儿辈增多，并能采回丰富的食物时，它自己便躲在家里，专管育雏等事。工蜂把蜜装在空茧里，也能另造蜜罐。它们也储藏花粉。有几种土蜂将粉藏在空茧里，有几种藏在特制蜡囊里。这里我们看出家蜂的储蓄本能的遥远的迹象。等到蜂房增大，它们向外推蜂房原料，好多容纳一些东西，并加一层蜡幕。工蜂增多起来，它们虽只能活大约一个月，却终生勤劳。较幼的工蜂充当看护，较老的出外采食，连夜里都多少做些事，不是造房，就是修理、扫除、饲养幼蜂或不断地鼓翅通风。

几周之后，蜂后开始产卵，那卵发育成雄蜂和蜂后，未受过精的卵变成雄蜂，晚生而受过精的卵变成蜂后。不过成为工蜂的幼虫虽也从受过精的卵孵出，它所吃的东西大约和成为蜂后的幼虫所吃的有些不同。斯莱登曾看见石蜂窝里工蜂在一段时间里，不停竭力企图毁去含卵的各房，不让那些卵变成雄蜂或后。不过蜂后终会有它的挽救方法。幼雄蜂到会飞时就一去不回。它们在外面徘徊约三四周，寻找异性，并使得野外许多地方都带了香气。蜂后衰老，头秃、力竭之时，不再产许多卵。那时往往有"产卵的工蜂"出来，是产雄蜂的处女母亲。这些雄蜂也像别的雄蜂，显然只有母没有父。

石蜂、大土蜂或小土蜂的窝，拥挤起来，会有两三百只工蜂、大约 50 只幼后和 100 只雄蜂。不过盛衰之间大不相同，过了些时候一切都完了。库里的粮食全吃完了，没有增加，短命且过劳的工蜂会先死去。蜂后虽还能支持一些时间，不再产那么多的子女，因此又稍壮些了，却终究也因脑力消耗过度，一眠不起。只有幼后躲在避寒处，依然活得下去，好延续种族。若遇到各种条件都适宜，可活一年之久。

没有多少动物会对土蜂的蜂后发出恐吓声。可是红背伯劳这种鸟的粮库里会有工蜂，穿在棘上，准备下肚。还有大山雀，像《仲夏夜之梦》剧中的波坦一样，喜欢红臀蜂的蜜囊。不过土蜂一生中的弱点，就是在经营巢穴时虽求严密，但当蜂后离家时，山鼠或鼩鼱也许会袭入而吞吃初生的幼蜂。若有蚂蚁侵入，万事全休。蜡螟的幼虫能在几天之内，扑灭一个大蜂窝，连同里头的东西。此外的暴徒还有许多。最有趣的是，外观美丽的土蜂蚜蝇活像野蜂中的工蜂，发声也像它，并同游那些花丛。雌的在土蜂的窝里下卵。斯莱登观察说："它们哪怕被敌刺伤到死，仍能下完它们的卵。"幼虫住在房下的渣滓堆里，不像寄生物，却像清道夫，这些状况是生物界中的奇观。

但是土蜂最厉害的死对头，却出在它们的本家之中，就是奇怪的篡蜂，学名叫 Psythirus（意思是细语蜂）。从名字可知它的柔声和偷摸行为。有些土蜂和有些篡蜂极相像，非专家不能分辨出来。有一种细语蜂住在石蜂的窝里，另一种和大土蜂在一起，它们只分雌雄，不分工蜂。雌的没有采粉器，它的皮又厚又硬，它的刺比土蜂的要粗，自己觅食很缓拙，会偷偷进入土蜂窝里，刺死它们的蜂后，强迫工蜂替它们采蜜和育雏。斯莱登说，雌的好像和工蜂们交好，但正当的蜂后却变得可怜之至。正当的后和篡位的首领争起来，双方开始还不开仗，等到篡蜂要产子才打起来，土蜂的后受不了，常常未等到开仗分出结果就死了。据斯莱堡说，这种战争的结果是无可逃避的，总是篡蜂战胜。别人观察发现有时双方和解，土蜂忍辱投降，替篡蜂服役。我们有证据证明，篡蜂乃从土蜂种分支演化而成，并且为时并不久远。这样的新变异没有什么可称赞的。可见演化不一定是进步，我们也该进一步说雄篡蜂不参与这场恶斗，却逍遥自在地飞向花草堆里去寻偶。

土蜂一生最可重视的事实就在冬夏生活的差别上。夏天它们真忙，一窝里会多到二三百只。秋天全部死去，或被杀死，只剩些幼后过冬，明春重整旗鼓，再造新家族。

蚁　穴

所谓昆虫社会，是每个社会分子分别做工，替全体谋些幸福。试着再以蚁穴举例。蚁巢生活很像蜂房生活，也有三种蚁：蚁后、雄蚁和工蚁。它们各有各的职能，都是蚁社会所不可或缺的成员，它们厉行分工制，每只蚁都得做些工作，遇到必要时，还得牺牲自己的性命来救济全体。

蚁后只管产卵，工蚁负责掠食、治家和保护幼蚁。试着翻起一块平石，常见群蚁四下逃散，各自挟带小粒白色物体。这些小粒就是幼蚁，还在眠息期中，藏在自纺的白色茧里，专司保护的蚁搬它们到安全的地方。就是在原巢内，这些工蚁也常把它们从这间房搬到那间房，好教它们冷热适中。等幼蚁将要出来成长为成虫时，工蚁就咬破茧，放它们出来。

掠食的蚁在巢穴附近走来走去，走成许多条路，好像网状。它们回穴时，常带有东西。若有一蚁寻获的战利品，像一条虫之类，太大不能独自扛起来，就唤同伴来帮忙。大家用尽方法来对付这件大东西，最终搬进巢去。

蚁群中有各种习俗，其中一条是凡有饿蚁向饱蚁求食，饱蚁必须喂养它。据说饱蚁若不肯吐出一点食物来给饿蚁，别的工蚁竟会起来打死它！

蚁有许多种职业，像营造、掘隧道等。有些蚁栽培植物，并收获它们的种子。有的在特意准备好的苗林上种一种可口的菌，它们极爱吃这种菌。还有一种奇怪的习惯，就是爱豢养活动物做玩物。蚁穴里常常发现别的昆虫，有些是不速之客，为蚁所迁就容纳的，有些分明是受欢迎的。小蟋蟀躲在里头分吃蚁粮。若是向蚁乞食得不到的话，便会偷过来吃。还有小甲虫也常受蚁的恩赐，甲虫们善意地怜爱蚁，蚁也听从它们，同它们分享自己嗉囊里所带的一种甜物质。甲虫们带一种异香，是蚁所嗜好的。有些蚁身上背有小螨虫，给它们东西吃。据我们所知，这些蚁得不到什么报酬，只好算是蚁喜欢它们而喂它们吃罢了！

巢里还有别的小昆虫，不过只是豢养驯熟的家畜，而非玩物。像蔷薇丛中最多的蚜虫分泌一种甜液，是蚁所极其嗜好的，所以蚁爱护并饲养它们，拿触须轻触它们并沾去它们体内渗出的甘液。甚至有些蚁替蚜虫收卵，藏卵，并覆蔽它们的卵过冬，好长时间以后才有甘液吃。有些蚁用土造的小"牛栏"来收容它们，从而便于吸取它们的蜜液，如我们获得牛乳一般。

亚马孙行军蚁没有奴隶便活不了。它好像一种工作都不会做，它不会掘地，不会育儿，甚至不会自行掠食，它只会打仗，它的颚只用来咬杀敌人，没有其他用途。居家时，终日打扫自己的褐色身体，打磨得光亮亮的，再不然就向奴隶索食，奴隶好像情愿帮助它，无时不准备把食物放在它的嘴里。这是何等惬意的生活！可是一上战场，它突然大变，表现得强毅，又猛烈，又骁勇，又精谨。它天生极善于群战，联合进攻时，势如破竹。

动物的建筑成绩

许多动物很善于建筑。有些建成没有人住的房子，又建成围墙来防卫；有些造摇篮，给幼儿睡；有些建仓库，来贮食粮，同一屋宇可以做许多用途；花亭鸟造花亭，供它自己娱乐；有些石蚕的幼虫造就美丽的陷阱，准备捉小的水栖动物；蜘蛛的网也归在建筑的名目之下。

温暖的地方常有白蚁的穴，当作动物建筑的例子最好不过。这种穴能收容一个大家族或大团体，数量达几千只之多。这些昆虫与蜻蜓较近，而与真蚁较远。其实白蚁和真蚁简直一点都不相同，只有结社而居这一点相同。白蚁社会里拥有一对王和后，许多工蚁，很多兵蚁和雌雄两性后备员，以备在位的王和后遭到意外时，由它们来替补。工蚁通常约长半英寸。

白蚁穴多用土和木造成。有时所用的土先经过白蚁的食道。有些土只经过咀嚼，和液体相混合，干了以后，常坚硬如石。有些木材也被咀嚼过，再粘起来。南非洲许多地方，白蚁穴大到像鼹迹纵横的田里的鼹丘一般，往往高1码，可支撑一个人的重量而不崩塌，在荒野的地方还会高出许多。

白蚁中建筑技能最高的要算澳大利亚的罗经蚁，又叫指南蚁。它常建造10英尺高甚至20英尺高的丘，断面是三角形或楔形的。最怪的是这些丘全都指向一个方向，较长的面总向南北，三角形尖顶状的两侧却向东西方向。

蚁所造的巢穴比不上黄蜂所造的悬巢或白蚁所造的大塔。不过降格而论，蚁巢也有些有趣的成绩。蚁巢常由许多颚合力掘成，像个矿井，矿井的口有时为尖顶或穹顶所盖，使地下的住处较温暖些。有一种奇特的印第安巢有个瓶状尖顶，外面环绕6~8个圆形壁垒，最外的直径达几英尺。

地窖像个城市，不只像个家。福勒尔教授在阿尔及尔研究过一个。它有6处孔口，像火山喷口，相隔约3~10码。这些口全有隧道相通，约通到5英尺深处。他估计整座穴的隧道长度可到 50~100 万码以上。每一个火山口下面通着一个地下库。不过全体连接为一个大巢，住了一个团体。蚁用颚含了沙粒出来，丢弃它们，或让嘴旁特别的毛夹带它们出来。

许多有地下巢的蚁常躲在干树皮下或干朽的木桩里，它也许用木屑做成走廊和房间，有时它在树上设厩，豢养蚜虫，当它的"奶牛"。到秋天，它常把幼蚜虫搬到地下去过冬，并且替蚜虫照看卵。

有些树蚁凿通很讲究的隧道。先在树皮上开个小门，一条直路穿过液材，并不毁坏那液材，再分出歧路，上下交错。有时凿穿的隧道太多，风一来竟把树给吹断了，木桥的柱或木屋的基也会因此折断。这些钻树的真蚁和白蚁不可混为一谈。

有些蚁用木屑做成纸质的巢，用唾液来加固，有时还添些纤维等。巢里常长出一层绒状的黑霉，是蚁所爱吃的。纸巢大多长 6 英寸，有时到 2 英尺。福勒尔说，巴西森林里有极大的蚁巢，垂下像石钟乳。若是披上须缕等，更像林中巨人的长髯。

热带著名的缝叶蚁结成小队拉回树叶，但是长成的蚁并没有当做胶的东西，它到底是怎样缝合或贴合树叶的呢？原来，几只蚁把叶放到近处，别的蚁就利用幼蚁嘴里的黏液，一只工蚁用颚咬住一只幼虫，往树叶上刷，好像我们涂胶水一样，幼虫嘴里吐出黏丝，把叶贴合。这种幼虫是被动地帮助长成的蚁劳作的。这是一个独一无二的例子。蚁的建筑，如上所述，形形色色！

蝴　蝶

蝴蝶是最娇嫩的动物之一，它身兼三美——体态窈窕，色彩绚烂，舞动翩跹。长成的蝶一切以恋爱为首要任务，而不大愿意吃东西。它往往是夏季来临的标志。这是花和叶对比的一个形式。有些蝶简直从来不吃，因为当它做毛毛虫时，吃得有些过度，到了成熟时，可以不问食而专一求偶。莎士比亚说："你的蝴蝶从前是个幼虫。"这个特殊对比不过是整个生物界里，处处表现出的一种轩轾行为中特别明显的一个例子而已。所谓轩轾行为，就是饥和爱，或营养和生殖，双方面的此消彼长。从一方面说，这应该算为己和为它两方面的轩轾行为。

通常把鳞翅目分作蛾和蝶两群，这好像只是为了方便，并不怎么科学。不过大多数蝶的触须端有个结，而蛾很少有；多数蛾有一种特别的蛾毛，用来把后翅的前方到前翅的后缘底下钩住，这是蝶所没有的，但蝶的翅扇动起来，也是同侧两片一起动。常人以为多数蝶白天出来，多数蛾夜间出来，其实这并不怎么可信。

大多数昆虫的上颚极有用——毛毛虫也极依赖它们，但大多数蝶的上颚不容易被分辨出来，间或只剩一些痕迹。但是第二对口器，即下颚的一部分，却异常发达，成为螺旋状的长吻。这个器官构造极其精良，处处都十分合用，但是这对许多蝶好像简直已没有什么用处。大约在古代，未靠毛毛虫时期蓄积养料以供日后消耗成长的蝶也得自行采蜜，以维持生活。所以现今有些蝶几乎不采食，却仍长着很精致的长嘴。即使有些蝶在花间飞翔嬉戏，也并不吞吃什么蜜。肚子早吃饱了，现在只管求偶。我们并不否认长嘴有时的确是个极重要的部分，但是我们要指明对许多蝶来说，吃食是十分不重要的。它求到了偶，做到了父母，全仗儿时吃饱在先。总而言之，它倚仗过去而生活。

这样说蝴蝶太不尽情分了，因为它兼具色彩、形体和运动三方面的无上美丽，一个人不能不相信它让我们欢欢喜喜地窥透生命内部真相，深刻性和胶状体代谢作用的轩轾或消长行为一样。我们替蝶命名时，多么高兴，难道不是因为窥见蝶有潜伏的人格性吗？试看紫帝、红提督、传粉女、孔雀眼、绿贝母、林中女、燕尾、天青等名，多么堂皇，多么香艳！

英国所见的蝶约有 66 种，其中 10 种是外来的，像坎伯韦尔美人蝶就无永久立足之地，大约由于不适应气候，再不然就是由于缺乏适合的食料植物。

许多动物，像龙虾等的色彩是由于色质，其他像珠母贝之中并无色质，全由物理的结构所形成，试着敲碎一块，立刻就能明白。至于蝶和蜂雀的绚丽色彩，一半靠色质，一半靠表面雕琢得法。因为表面有了细线和薄层，就增加或者简直可以说转变了色质固有的美观。蝶翅的鳞片上覆有极细的线条，因此产生虹色或晕色。许多蝶是蓝色的，不过它并不带蓝色质，色质的色和物理构造上光波的色合起来，绚烂到极点。我们常幻想蝶是飞行的花朵。

雄蚊听到雌蚊在远处发出的尖声，就能找到它。有些雄蛾嗅到雌蛾所发出的一种异香，竟能跟踪到 1 英里外去找它。至于蝶，也有带香的，却常由雄蝶发出。据观察，这香是所求的配偶所嗜好的。香从皮腺发出，常经细孔而渗出，或聚在小洼里。有人说看见过有些蝶有极小的可翻转的刷，刷上有极纤细的毛，用来扩散香气，这刷也许在尾端，而香腺在翅上，所以蝶必须先扫它的翅。有些蝶在刷囊里藏着"尘丝"，尘丝很容易断，一断就成细的香粉，四散开去。1923 年，牛津出版了埃尔特林厄姆博士写的《蝶类学》，读起来真令人快乐。里面讲道："这生物实在是个有生气的粉扑。"他劝爱好的人捉一只雄的"绿脉白"（暗脉菜粉蝶）去体验它身上特别的香。这种蝶春天很多，它的香像柠檬马鞭草，即防臭木。不过雄蝶和雌蝶也常有恶臭，大概多数是为御敌而设的。

蝶的感觉极其灵敏，对于许多种环境刺激，都会发生反应。不过它使用感觉接收器，好像是为引起若干种动作，而不是为探听外界消息。唯有高等动物的感官才够得上地位重要，可沟通心的路径。

上文已经叙述过蝶的嗅觉和求婚相关。它的嗅觉机关大概在顶端结状的触须上，触须和飞翔也有关，味觉器官靠近嘴处，"红提督"嗜吃甜物，它的味觉器官生在足部，触觉器官却分布在身上许多重要之处。有些蛾能发出声音，蝶却极少能发声，即使有声——像器具的轻触声——也难以证明别的蝶能够听得出。

所谓蝶的嗅觉等，断不可和人类的嗅觉相提并论。试看视觉器官，就极易明白。蝶眼完全不像人眼，无睑，含有几千个小眼，称眼原子。玳瑁蝶的眼含有5 000个小眼，每个都有角膜、水晶体和网膜，自成一个完全的眼。蝶眼极度近视，只能看到1码左右，眼里所形成的像是正立的，不像我们的眼里所成的那样是倒立的。除了造成像外，蝶眼多少还能辨色，可是蝶不像我们这样能看见外界！

许多种蝴蝶的卵极其美丽。蝴蝶在地球上已经生活了约300万年，已然演进成为完美的艺术品了。蝶卵就是蝶的一生中的单细胞形态。不过蝴蝶的谜还多得很。雌蝶产卵多是一个个地产，总会认定一种植物，是它的毛毛虫所能吃的。这是过去的什么余力所致啊？像沉静的蛹重新发育起来，按照新建筑方案，使得入睡时为毛毛虫，而现在醒来成蝶。它们到底靠的是什么方法呢？这绝对是个巨大的谜。

萤 火 虫

有的动物身体上的附属工作可以当作戏剧来看。现在试举夏夜所见的萤火虫放光为例。它是种小甲虫，和萤、美洲萤为近表亲。雌的虽然没有翅，可是发光最多。它约长0.6英寸。而有翅的雄萤火虫不到半英寸。夏夜时雌萤火虫放光，有时它爬到草茎上，向各方发光，大约是要招雄萤火虫来。在河岸旁多苔藓处，有路环绕在一片潮湿的树林外，我们夏夜走过，会看见几十颗"恒星"，那便是雌萤火虫在草堆里。

那些"行星"就是雄萤火虫，却不怎么惹人注目。白天，雌雄都藏伏着，也像许多长足的昆虫，它们为爱情而生活，不像专门为吃而生存。不过幼萤火虫却不然，它的食欲极强，善于攻击小蜗牛。它对付蜗牛，另有专门的方法，好像是趁叮咬时，注射些麻醉性毒剂，把蜗牛的肉变得极软烂，等到吃起来，差不多等于吃液体。萤火虫的幼虫以小蜗牛为主粮，而小蜗牛又专门住在阴湿的地方，所以我们知道到哪里去找长成的萤火虫。

雌萤火虫的发光器在身后两层细胞那里，这些细胞也像昆虫所常有的"脂肪体"，即准备组织，细胞上有气管的细分支经过，这些分支把空气带到昆虫身上各处的深藏组织。在大多数动物那里，血流到空气里去，如在肺里，但在昆虫那里，是空气流到血里去。发光当然和氧化相关，没有疑义。曾有人把萤火虫放在瓶里，加些氧气，它果然发出更强的光。不过要说纯由氧化，又很难以让人信服。迪布瓦教授和哈维教授合作，曾发表一个理论，说是血里有一种酵素叫光酵素，等血流到萤火虫身体后段发光部分的细胞堆里，和细胞里一种叫作光质的发光物质相遇，而发生作用。这理论有强有力的证据，光质受光酵素的作用，起急速的氧化，这是很可能的。

但是另外一说和前一说相反，认为萤火虫体内有发光细菌，像死鱼身上所发现的一样。这对于有些发光动物，恐怕是对的。不过据专家说，萤火虫和萤却不是这样的。动物的光并非由磷而生，这也用不着提了，所以"磷光"这个名词不能用在这里。有一件需要注意的事，就是萤和萤火虫的发光，应算最完善的发光法，因为只有光没有热，这样的冷光不会因虚炽而损耗化学能。我们怀疑这个"炽"字用在萤火虫身上是否妥当。

萤火虫到了冬天变成幼虫状，躲在深深的缝隙里。到了春天便又生机勃勃，外出猎取蜗牛。也像它的近属一般，它的身体形状极像木虱。不过木虱是甲壳动物，原栖于水中，后来迁上陆地。幼虫的光很弱，并且向地而发，所以不容易看见幼虫大的活动，变成蛹也只微微发光。这蛹不像大多数蛹那样安静，它还能在地上移动，这时变化正在进行，但在雌萤火虫一生中，这种变迁是不大能看的。它长足后，仍保留幼虫状——这是动物界的一个特殊事件。

在初夏，有翅的雄虫和无翅的雌虫相配，然后便有受过精的金黄色的卵产在苔藓或湿草堆里。不久，卵发育成幼虫，幼虫四处找蜗牛吃，贮存养料在体内，从而活过冬天。我们想起来，长成的萤火虫产出下一代后，就自行死去。它的卵、幼虫和蛹都微微发光，而英国所产的夜灯虫，只有雌虫能充分地发光。这些事实好像告诉我们说，这种光只是它呆板的例行生活中的一种化学物理的游戏而已，至少在幼年期并无用处。至于长成的雌虫之所以必须具备这种光，大约是因为要发出信号来引动雄虫。萤火虫的许多近属里，雄虫发光较强，且生有较美的眼。意大利的舞萤中，差不多只有雄虫可以看得见，雌虫为数较多，它们坐在草里，射出一道一道的光。每只雌萤都能招来一队雄萤，它会从其中选择优秀者，与之交配。

有人曾见过长大的萤火虫吃植物的碎块和烂块，有时还吃糖。不过多数学者认为长大的萤火虫几乎不吃东西，这个看法大概是对的。至于幼虫却大不相同，它们吃小蜗牛。布尼恩教授和法布尔都同意这种观点，认为幼虫将一种毒液从颚射进蜗牛体内，就会毒昏它们。据哈顿女士说，有种黑液从萤火虫的上齿里一条沟道射出。但是她不承认这液体能麻醉蜗牛。总之，关于萤火虫的谜底还有许多等待发现。可是从以前相传萤火虫是露水化成的，到今天，博物学的确已有相当进步。

蚊　子

英国大约有 20 种蚊子（尖音库蚊），包括花翅蚊在内。花翅蚊在意大利等国传播疟疾，苏格兰有几处从前也有这种蚊子作祟。可以从医院记事录里查出，那里所谓"Ague"就是疟疾的化名。如果有很多患疟疾的人到英国，像一战后就有过，这花翅蚊就能重新在英国肆虐。

我们喜欢谈论英国最常见的蚊子（尖音库蚊），又称灰蚊，或家蚊。它的身材细弱，腿长，翅上无斑。身长约 0.2 英寸。它的标志是头后第二环上方带红色，后段各部分带黄色。这两种色彩就是这种蚊和它的许多近属的相异处。欧洲蚊爱围着人飞的，只有这一种。

蚊子的嗡嗡声起于两源。比较深沉的声音是由于翅膀快速振动而发，可以快到每分钟好几百次。此外更有比较尖锐的声音——好像只有雌蚊才有——由身体前段呼吸管而发，管口紧张的膜在那里振动。很早就有人证明若用音叉照样发出音来，以引诱一只在附近的雄蚊，雄蚊竟会跟着抖它的蓬松触须。雄蚊能自动调整它的身体，使两只触须受到同样的震动，就能找到那只急得喊叫的雌蚊。如果飞过了头，也能重行调整，仍然回归到正路上。但是至少在若干例子里，雌蚊自动地飞向一群一群争鸣的雄蚊。

蚊子平常的食物是花果的甘液，雄蚊就保留着这种"饮食传统"，只有雌蚊叮咬人畜。雌的家蚊极急切地要饱吸人和兽甚至鸟的血，这也许是后天学来的习惯，可是早已根深蒂固了。普通蚊子产卵前，好像非吸些血来刺激不可。但是反过来讲，已经有人证明吸血并非绝对必需。蚊的利针插进皮肉，吸了血之后，就惹起痒感，其中原因颇为微妙。20 年前，绍丁教授考察过这个问题。他发现蚊喉旁有 3 个小囊相连，里面住了一种作伴的菌，这菌好像帮助甜食物发酵，而产生大量的二氧化碳。当雌蚊叮人时，有些二氧化碳跟着到创口里去，使肌肉难受，而且会阻止血液凝结。还有菌所制成的酵素，也射进一点，就增高了血的压力，使人更感到痒，估计有些菌细胞也随之而入。试着刮破一点皮肤，按只蚊子的食道在上面擦擦，便有像蚊虫叮咬过的症状，所以蚊叮比针刺讨厌。

各种蚊的生活史大不相同，现只论最普通的种类。18 世纪初，列文虎克记述得很好，普通雌蚊约到 9 月底就找荫庇的地方，如地窖等处，预备过冬，冷天里它僵眠不动。雄蚊在秋季最后一次交偶后，全部死去。雌蚊到深秋仍健旺，体内脂肪增加。这脂肪的来历不易明了，也许是水栖幼虫期积存下来的余泽。脂肪慢慢耗去，但雌蚊春暖时醒来，仍然强壮。5 月雌蚊产下约 200 个卵，有点像小口径枪弹。它胶结它们成筏状，既不会沉，又不会翻，而是浮在水洼或桶中积水的面上。过了两三天，幼虫出来，攻破弹子状或雪茄烟状的卵壳的宽大底部上的一面小门而钻出。

幼虫通称孑孓，无腿，好从水面膜层倒垂向下。这是因为它们身体的后段，就是腹部的第八环节上有条气管，靠它就能倒挂。它伸出水膜外面，分展五片瓣，就像五角星那样。这些瓣一收敛，孑孓就直溜而下到水底，不久又猛跳而起。尾端有 10 簇刚毛，帮着它奋击。又有四个端点小板，其中两个特大。小板内都藏着空气管，好像是为了取氧气而用的，移行的用处少。初夏池沼里孑孓很多，试拿低度显微镜来窥视，就能看到很多奇趣。有一桩最重要的事实，就是孑孓必须挂在水面膜之下才能生存。若在水洼上泼点石蜡或石油，这些孑孓无从悬挂，就会沉溺而死。这当然是预防疟疾的好方法。

普通蚊子的幼虫在水面捕小的生物和有机物颗粒来吃。它摆动有刚毛的口器，把这些东西拂进口内。不像有些别的种类的蚊，它能在非常混浊的水里照样生活。它善于觅食，吃得饱，长得快。长大并脱皮，脱了 4 次后，一共过了两三周，它变成大头的蛹。蛹和幼虫不同，有 2 条呼吸管，生在前部，并且不吃东西。它比平常的蛹要活泼些，试触一下，立刻窜入水底。它利用尾端两片拍水器，浮力托它上升。在蛹壳内它就变成了有翅膀的蚊子。等到时机成熟时，外皮沿背部向上裂开，里面藏着的长成的昆虫就向外飞，不让翅膀濡湿。

雌雄在空中交尾，雄蚊一群一群轰鸣飞舞，雌蚊好像被大群吸引，也许被声音诱惑。普通的蚊子一夏可产两三代，每代最多可以产四次。有好问的人总要问这有何用，那有何用，关于蚊子，这个问题很容易回答，即蚊子是许多鸟类重要的食物。蚊和鸟重新合为一体，这是一种胜利。对蚊子一方而言，谁也不会不承认这是公道的。

大　　蚊

夏末常见许多大蚊，又叫鹤蝇，从棒球场边飞起，遮人眼前，使人玩得不痛快。这种昆虫伸展它的长腿飞来飞去，甚至爬到人脸上，教人琢磨不出它到底在哪里，这不免使人有点惊慌。除了秋天的晚上在割剩的麦梗上跨来跨去的盲蜘外，差不多没有别的动物的腿比身体长出这么多了。

试想一只有翅的昆虫从地下扭出，这是件多么奇怪的事。但是再细看大蚊，确实是从软泥下面紧接处竖立的一个张开宽门的蛹壳里钻出来的。这已接近一段长历史的终点了，我们稍后再谈这段长历史。

话虽如此，我们仍然贪看这一幅图画。其中大蚊从棒球场上蛹壳里爬出，还有一群一群黑头鸥盘旋不舍，要找寻这美味。黑头鸥一见昆虫露面，就赶快飞过去。吃掉的大蚊越多，明年草场就越旺盛。因为贪食的幼虫最伤草根，它不但毁坏球场、牧场，并且毁坏谷类和其他几种农作物的根。它害处这么大，以至于英国有些地方农人单叫它"蛴螬"，好像除了它之外再没有别的多少种幼虫了。

黑头鸥是抢占地盘的好手，如果有一只鸥发现一块肥美地段，如很多大蚊钻出的棒球场，它是不会让别的鸥降临的。若有别的鸥飞下，它立刻发出警告声，驱逐它离开。而后来者也总离开这里另寻去处。

人人都认得长成的会飞的大蚊。它身长 1 英寸，翅膀极其大，肢体瘦长得好像没有必要。常见的分两种，初夏所见的叫盆蚊，身带灰色，翅膀完全展开为 2 英寸。7 月到 9 月间所见的叫泽蚊，身红褐色，翅较短。谁也不会把大蚊和蚊混同，因蚊没有这么长的腿，虽然蚊的腿对它本身来说也不算短。大蚊和蚊都是两翅的。仔细观察它们，可以看见翅后有一对颤震的小短棒，棒端像针头。这些所谓"平衡器"只有双翅目和雄的介壳虫才有。它们相当于后

大 蚊

翅，执掌哪些感觉官能，现在还没有搞清楚。"平衡器"既是后翅的真正对照部分，我们自然期待在数千种不相同的两翅昆虫里发现些过渡形式，介于翅和平衡器中间，可是还没有找到这样的例子。

这些瘦长大蚊从地下挣出，若能躲过鸥和其他饥鸟的眼睛，就爬上草去飞走。雌大蚊遇着略小些的雄大蚊就配合，交媾完了，雄大蚊便会死去。雌大蚊产了卵后，也会死掉。雌大蚊快产卵时，先找一块湿地，再不然就在乱草堆和垃圾堆里产卵。

产卵的时候，它会竖起身体一直向上，用最后也就是最长的腿站在地上，其余两对腿悬起来。尾端有个产卵器，帮它产卵，一颗颗地产在孔或罅里。卵是小椭圆体，黑色，一只雌蚊子可以产卵 300 粒。

大蚊的长腿究竟有什么用，似乎不容易说明白。它们轻轻一触就会断，断了之后，大蚊也不在意，好像和有腿时一样自在。我们只能见到一点，就是长腿好像利于在丛芥乱草和篱落里挣扎，并利于产卵。

大约经过两周，卵中孵出幼虫，是一种地下的蛆。没有腿，和成虫完全是两个样子，但是能伸缩身体的肌肉，在泥下钻行。它的黑头收缩着，不明显，一直等到强有力的咀嚼用的颚向外伸长。有了这些利器，它会大肆伤毁植物的根。身后秃而且钝，生有 6 个小疣。圆柱形的身体的末节生两个呼吸孔，土壤空隙里的空气从此处进呼吸管。这些管通到内部一孔一窍一角一隅。大多数动物呼吸时，血流去接触空气（像在鳃上或肺里）；昆虫呼吸时，空气流到血里去。

大蚊的幼虫在土里扭动，和蚊的幼虫在池里屈折游泳的样子不一样。但双方生活史上的主要特点很相同。大蚊的幼虫也吃食，也长大，也蜕皮，仍然是那必需的老一套，最后变成长腿的幼虫，俗称"皮壳"，大约长 1 英寸。外皮粗韧（因此得俗名），一点都不好看，特别难弄死，这一点农民是都知道的。夏季的"皮壳"会变成秋天的大蚊。但秋天的"皮壳"蛰伏地中，等到来年春天，才会再发育。若遇有霜，它会钻得深些。

大变化的时期快到时，"皮壳"就在接近地面处竖了起来，变成一个蛹，身上每节生出些刺，头上生出两角。蛹壳里发生异迹，新发育过程重新开始。旧家毁坏，再造新房，方案就和以往不同了，变成有翅膀的大蚊。蛹向上扭出蛹壳，由棘毛帮助，等到一半出土，外皮裂开，有翅膀的大蚊就从里面爬出来了。

要是自然界里没有动物来收拾大蚊，大蚊就成为农民的大灾害了。农夫无论怎样清除杂草，修剪篱落，耙掘田地，压紧土壤，引排积水，甚至用煤气石灰（精制煤气时所用的石灰）和灭蚊药来攻伐，不让它们繁殖，依然不能完全消灭它们。还好，天生有几种动物来收拾它们，使它们不至于成灾。白嘴鸦、欧椋鸟、田凫和鸥都啄食它们的幼虫，而鼹鼠更会咬碎它们的幼虫，另有白嘴鸦、黑头鸥和燕子捕食长成的大蚊，黄蜂也尽一部分的责任，所以我们不要光埋怨它。

蚜　虫

如果有喙目里吸食植物汁液的昆虫占据了优胜地位，不出几年，一切生物大概都要灭绝。这些虫中的蚜虫一科，危害很大。蔷薇上、梨树上、豆上、蛇麻上都出蚜虫，常常遍布茎和叶上。它们是一群无翅的昆虫，夏季的时候全是雌的，不需要雄性的配合就能快速地无性繁殖。

关于甘露，有许多有趣的事实。不过我们现在最关心的是：植物少了甘液有多大的损失，昆虫吃了甘液有多大的好处。蚜虫口内有个长吻，长吻内有四根尖针。这个利器用来刺入茎或叶内，有时深入，直到含糖和其他食料的那些组织里去。有些例子里，蚜虫的唾腺分泌一种液体，附在长吻四周，然后变成一条管道，让那刺探和吸收的器具在里头随便活动。我们看昆虫滋生的快慢，就知道它吃得够不够。赫胥黎算过，如果有一只雌蚜虫产下幼蚜虫，全都活着，并照样再生殖，只要到夏末，蚜虫数量就会比中国人口还要多，但是这不可能实现。因为食料有限，生得多也不见得都能活。气候不好，又要逼死许多。还有如瓢虫、美丽的草蜻蜓和山雀等，都爱吃蚜虫。还有一桩趣事就是一种蚁和蚜虫结为伙伴，那些蚁利用蚜虫当它们的"奶牛"。它们保护蚜虫，并采取蚜虫的甜液，像我们挤取牛乳。蚁又搬运蚜虫的冬卵到庇荫处所，好好地照料它们，初夏时还带幼蚜虫到叶上去吃东西。

初秋晴天，空中常有挤挨成团的各种各样的许多小蚜虫，我们看见它们腾空落下，好像喷泉的小水点。它们靠着轻细透明的翅来飞，但还不能一气儿飞很远。有时它们不振翅，看起来好像浮在空中。它们数量特别多，近郊处蚜虫竟会遮暗天空。落在衣服上，就像冬天降下雪片。最近我们采到些带黑色的标本，照动物学讲，它们也叫"绿蝇"，此外还有各种别名，像植物虱、植物害虫或蚜虫。它们的生命小史是怎样的呢？

蚜虫的典型生命史如下：秋天产下的卵在缝隙里过冬，到了春天，孵化出没有翅膀的雌蚜虫。它们不需要和雄虫交配，就能繁殖。这是法国老博物学家博内所发现的。它们所产的卵不经受精便自己发育。这些单性卵在母体内先发育成小的没有翅膀的雌蚜虫，所以在专门术语上叫作"胎生"。整个夏季里，一代接一代出生，都是没有翅膀的单性的胎生的雌蚜虫。它们专门危害蔷薇、梨、豆、蛇麻等植物。

幼雌蚜虫只需一周左右，就变成产母，代代相传，十分迅速。在代表性的例子里，在夏季有雌无雄。据实验家实验所得，在温室里，单性生殖可继续四年时间。但是雄蚜虫虽然不常生于夏季，有时几代无翅蚜虫中间忽然产出一代有翅蚜虫。它们能迁移到别的植物上去。我们偶然看见有翅蚁飞行。若是两性的蚁都外出求偶，通常雌蚁总遇得着雄蚁，不过蚜虫并非如此。成团的小飞虫好像只有雌虫，虽然雄蚜虫到秋天出现，并常带翅，也许加入迁移行列中，我们需要认清。秋天受过精的雌蚜虫，就是产卵到明春孵出幼虫的那些雌蚜虫，是不带翅的，而它们的配偶也总是这样。

要把这件事说得十分清晰明确，很不容易，因为变异经常会发生。不过上述梗概是可靠的——卵受了精，到春天孵化，整个夏季里，胎生的单性生殖的无翅雌蚜虫一代传一代，传了许多代，能迁移的有翅雌蚜虫也是胎生的，单性生殖的；有翅和无翅雄蚜虫授精给无翅雌蚜虫；它们再产卵，如此周而复始。迁移之后，常有雄蚜虫和能交媾的雌蚜虫生出来。

蚜虫非常贪食，若不受抑制，简直会很快就吃完一切植物。像葡萄根瘤蚜就常侵害欧洲的葡萄园。它们吃许多种我们所爱的植物，常常会吃得狼藉不堪。产下的幼虫和流出的甘液，都会沾在上面，十分可恶。除了透明的翅膀外，没有其他讨人喜欢的地方。它们显然是我们的死敌，不过我们也不能不承认它们还有自己值得称道的地方，想想它们吸了植物液后，怎样快速生出新蚜虫，世代相传，如此神速。不靠雄性，雌性自己就能生殖繁衍，无性胎生和有性卵生相辅相成。无论面临多么严峻的淘汰，都能持续下去。一只顷刻化出千万只，一小堆不久扩大为一大群。

以上所述，不过是园林中飞舞的蚜虫，是对人类和生物学的关系的一瞥而已。除了我们人类紧紧地注视它们外，还有别的眼睛在那里监视它们，有大自然筛分并淘汰它们。说到这里，又不得不称赞自然界生态均衡的神妙了。假若没有这生态均衡的法则，蚜虫早就扑灭一切其他生物了！

蚁狮小史

蚁狮是一种普通的昆虫，却优秀得几乎不可置信。它不是英国独产，有几种在欧洲各地很多，巴黎附近常有。18世纪初，列文虎克就在巴黎研究它的奇特习性。长成的蚁狮有些像娇嫩的蜻蜓。它在夜里才出来，所以没有多少人认识它，只有幼虫成为许多人的研究资料。近年研究做得最精细是弗赖堡的陀夫来因教授。

我们这里所说的蚁狮是指它们的幼虫。它们多栖在干燥多阳光的松土荒地，接近森林或矮丛，以便猎食蚂蚁。长成了约有半英寸长，后身拱起，有点像盾；头容易动，颚强劲有力，有点像剪枝用的钩。大部分色彩是淡黄，时常有沙粒附着，把身子遮住。身上各处的许多刚毛是暗褐色或黑色的。背上有一道宽纹，带红色，此外全身都有色素点。

蚁狮刚出卵就具有成虫的雏形。但对蚁而论，它生下来就习惯于应付它们。幼蚁狮只有 0.08 英寸长，但是已经可以掘地。它掘出漏斗状的坑，自己安坐坑底，只露出颚来，专等比自己还大的蚁来堕入陷阱！在适当的地方，如沙坑等，漏斗坑多到上百，大小不等，大到直径 4 英寸。若是漏斗坑用着合适，蚁狮会连占几个月。所需要的条件是土壤不湿，不太硬，有阳光而没有风，邻近多蚁和别的小昆虫。

我们尽管喜欢用选择等字样，但经过长期的实验，我们知道蚁狮是不能自行选择适宜地点的。它们循着螺旋路线而行，后端总是向前，喜欢温暖和阳光，不喜欢潮湿，迟早能找到一个满意的地点。也像有些别的动物，它们总在自动地调整自己的身体（活像身内藏有回转仪），所以对环境的刺激一样地接受。在暗处，或均匀散开的光里，它们不动，等到有明暗不匀时，它们受了刺激，就不得不迁移。不过光和热的散布有时各方都不均，至少在实验制约下如此，那么它们也只能迁移。陀夫来因教授说他在实验室里实验了许多年，从来未曾失落过一只蚁狮，因为要是有一只走开，他总能知道它往哪里去。蚁狮总向后退，真够奇怪，无论怎样试它，从无例外。这大约是因为它是个钻洞大家，钻起来总是尾先进去。

幼虫找着适宜地点，就循着圆圈向后退，用它后身末端的一个圆锥来刨土。它从圆圈的内侧掘出碎土屑，移到头顶上，土屑像爆炸一样飞出外面。它前身有一节生得真好看，掷起土屑来真便利。另外身上刚毛排列得正好，差不多全指向前，也帮助它掷土，腿稍微帮助掘洞，但大部分工作由身体后段来做。

蚁狮继续循圆圈掘土，并掷出碎屑，直到漏斗够深为止。它就埋下自己的下段，只露出颚来，它的脸总是背着光，如果有蚂蚁跌入陷阱，它立刻闭合上下颚来咬住，或许还射些毒液。上颚的下侧沿生一条槽，另有一部分口器在槽里前后移动，帮着吸入被围困的蚁的汁。这个槽导入口腔，因为口腔差不多是被压紧的。食道的前端极多肌肉，充当吸筒之用。等蚁狮吮干蚁体内的液，就抛出它的尸壳。蚁狮幼虫吃东西时的习惯有很多奇异之处，如胃不能再向外通，凡是未消化的糟粕必须从口排出。

除了掘陷阱和抛掷干蚁壳外，还有第三件事也需用抛掷工作。当一只蚁已经滑下斜坡一半，并企图立稳脚步时，蚁狮就用沙攻击它，差不多总能将这挣扎的蚁打到漏斗的底，然后捕获它。乍看起来，这种攻击好像是千斟万酌的。但是陀夫来因教授另有解释，他的解释肯定正确。试仔细观察，就可以看见蚁狮掷土时，是向漏斗四周掷，并非瞄准蚁。其实只是滑下去的沙粒触动了它身上善感的刚毛，而牵动了那负责抛掷工作的器官，它就照例重做一次而已。事实大概是这样的：蚁狮本是低智力的昆虫，不过拥有许多天赋的现成的诡技。它的脑很不中用，但它从先天带来几种很完备的能力。这些能力一开始就表现突出。这些作用就仿佛我们吞咽、咳嗽、喷嚏或手触热物而缩回等，叫作"反射作用"。蚁狮从头顶上抛出沙时，对于它来说容易得就像眨眼睛，用不着学的。这个动物是一部小型的自动机器，专精于做不多的几种工作，做得又特别好。不过虽然蚁狮不用智力去捕蚁，我们却不能因此就断定在以前数万年里，蚁狮逐渐完善这些天生技巧时，不会用到智力。

蜻　蜓

1883 年，法国昆虫学家阿曼斯就提出蜻蜓可以供人参照仿造电力飞机。后来法国首先制成的单叶飞机中有一种就叫"豆娘",是借用一种蜻蜓的名称。我们看见大蜻蜓掠水而飞,就不禁想到飞机。1917年,剑桥出版提尔亚德所著《蜻蜓生物学》一书,他说:"我们研究角形的和圆形的后翼对于飞行上的各种效应,再研究蜻蜓翅上各部分所提示的撑柱和横条的安置法,非常有希望改良我们的飞机形式。也许还能解决翱翔的最简易办法,比一切现在有的方法都省事些。"从1917年后,果然接二连三有人改良了许多地方。但是我们知道蜻蜓鼓翅拍击空气快到几乎难以置信,而飞机的翼并不拍击空气。

我们看见蜻蜓掠池面而过,或顺水面往来而飞,或环绕它们诞生的湖沼旁的湿地而飞,就想起丁尼生的诗句:"一道活的闪光!"它们的翅薄如细纱永不折收起来,眼大而突出,身披金属光泽的甲,即丁尼生所谓"灿烂的青玉般的钢甲"。身体后段又细又长,飞起来快得令人眼花缭乱,而且还飞得特别稳。在人旁边绕飞时,忽隐忽现,让人无从捉摸。因为这种种特点,它们特别引人注目,也特别赏心悦目。不过它们的俗名之一"鬼针"却不怎么受人欢迎;它们又有一个俗名叫"刺马虫",其实它们并不刺别的动物。若从人类一方面看来,蜻蜓差不多只有益没有害,因为它们剿捕蝇蚊和别的昆虫。有时捉得一只,它嘴里塞满了蚊,简直闭不上嘴。"至少有一百只,全挤压成一黑团。"有人提议养些蜻蜓,来捕食园庭里池沼里的蚊。蜻蜓幼虫和成虫都爱吃蚊,这样可以防止蚊患。布里斯班植物园里已养熟一种鲜红色的蜻蜓,给园中优美的环境增色不少。

蜻蜓的飞翔一定极近尽善尽美的境地。有时节节突进,像闪电般分段而来;有时按均匀的速度掠近水面;有时再三曲折,而绕升到高空;有时只随便飘扬"在多露的农田和牧场之上"。许多飞行肌肉和翼基之间相连得非常奇特,飞行速度可高达每小时60英里。两对翼振动起来,各自为政,却能互相协调。蜻蜓能退飞一小段距离,像黄蜂。蜻蜓不常远离自己的常住地点,但有些善于迁徙的蜻蜓竟会飞到几百英里外。澳大利亚有一种蜻蜓叫 *Hemicoduliatau*,曾飞越 200 英里宽的海峡,而到塔斯马尼亚岛上,近来已占据该岛作为繁殖之地了。因为它们的飞行技术非常完美,所以养成边飞边捕食的习惯。还有它们的头非常爱动,眼力极强,也都能相助,这两点让我们想起了鸟。至于嗅觉,好像几乎没有,听觉大约改由平衡觉代替。味觉和触觉也像许多别的昆虫那样。独有视觉,大约算无脊椎动物中最敏锐的了。每只复眼里所含小眼、水晶体等其他眼原子,多到 10 000~28 000 个。蜻蜓能看见 10~20 码以外的东西,别的昆虫只到 2 码远。"试捉一只蜻蜓在手里,看它的眼发出何等美丽的光。常带半金属状的绿或蓝色,有时红、褐或灰,这是由眼内反射出来的光而成,叫作'内光'。"

蜻蜓的脑非常发达,并且还聪明得够用。一只大蜻蜓偶尔掉了头,还能扇翼,甚至用腿爬上帷幔,这样两三天之久。这是因为腹下神经索的神经中心(或神经结)有特别的独立能力而并不与智力问题相干。如果把大蜻蜓最后几节身体剪下来,放在头前,它会吃得好像津津有味,同样和智力不相干。如果想说蜻蜓知道自己在吃什么,这便是大大地看错它们了!

讲到身上的色彩,蜻蜓堪称昆虫中的魁首。不过如果拿翅上的色彩来论,它们要输给蝴蝶。蜻蜓的皮和外皮里积存着许多色质小颗粒,各色俱备。有时色质渗到外表上,像熟果上的霜那样,这是蜻蜓即将长成时的现象。干涉色,像肥皂泡上所见,在蜻蜓身上极普通,再和色质色杂在一起,常形成异常绚丽的结果,绿、蓝、堇、紫、红、橙、黄和其他色彩都丰满,好像暗示说蜻蜓用不着拍自己的广告。有些幼虫显然能慢慢变色,和环境协调。

关于蜻蜓的绰号,英国人叫"飞龙",别的地方的人有的叫"少女",有的叫"水仙"等,因为各地人们的见地而有区别,这些都是因为蜻蜓绚丽婀娜而起的。不过除蜻蜓亚科外,雌的不交配不产卵时,极难得飞掠水面。所谓的"少女"反而多是雄的,雌的躲在草丛里。它们求偶时,雄的在中意的雌的面前空中飞舞,炫出它们的几种特长。有一种蜻蜓,雄的摆动一对白丝带,来吸引雌的注意。两性未契合前，会先举行一种"双人舞"。

它们也能产卵在鸢尾、苇上，或在杞柳的茎上剜出的小孔里，或在湿地石上的苔根里，或在水中沉没的枝上，缠成一条条坚致胶性的绳。但大多数的雌蜻蜓飞掠静水或流水上，频频点水，同时就从身体的后梢放出一团一团的卵，卵里外有胶质。胶质溶解在水里，卵就分散到河底或池底上。从卵壳里钻出一只先期幼虫，头几秒或几分钟长得极快。后来脱了外皮，变成一只曲折扭动自由游泳的幼虫，已经具备基本条件，可以出来谋食了。幼虫住在水中约一年，但有时长达五年。幼虫异常贪食，从原生动物以上的小动物，无所不吃，甚至连蝌蚪都要侵犯。提尔亚德曾经饿一只幼虫一周之久，然后给它蚊的幼虫吃，10分钟内，它竟然吃了60只。过后再拿东西引诱它，却诱不动了。蜻蜓幼虫吃同类的肉，有时偷偷捕食很近的同族，必须得到才能甘心。

幼虫有个最值得注意的特征，就是有个能伸出的捕食用的"面具"，它因为遮掩别的口器，甚至全脸而得名。这假面含有第三对口器，固着在一段有节的空梗的一端上。若有动物到近处，幼虫突然射出这假面，上面两只利钩自行钩牢那动物。等被捕的动物挣扎得不大厉害了，幼虫收回假面，仍旧停放它在口旁，就用第一对口器来咀嚼。

水栖幼虫的呼吸作用也很有趣。水由食管末端流出流进，这食管末端常带一个很好看的"鳃篮"。水喷出时，幼虫被推向前，故呼吸和移行两种动作相辅发生。许多幼虫生有线状的或板状的气管鳃，像蜉蝣那样。水里的空气经由分枝的气管或空气管，达到全身每一隅每一隙，这些气管为一切昆虫所共有的特征。不过这些管的气孔在长成的蜻蜓身上张开得很宽，而在幼虫身上却闭合或只微张，假使幼虫的气管孔大张，幼虫便要溺死。

在这长时间的幼虫生活期中发生许多变化：眼里的小眼加多；单眼发生；触须的节数加多；翅也初现；胸部随长随变。每过些时候，全身脱去一层外皮，共脱11~15次。它不只脱落身体外皮，还放弃空气管的衬里和食道最前最后两段的衬里。

幼虫体内起了很长久的变化，向着成年蜻蜓的构造而去，然后有大变态发生。幼虫丧失精神和食欲，改换色彩，现出紧张肿胀。它显然觉得不舒服，爬出水外，牢牢地附着在一根茎苇或别的支持物上，驼起背来，让外皮顺着脊部中线裂开，探出头和胸在外，得以自由。再拔出腿和翅来，倒挂向下，而肢体就变硬。自己摇摆，仍旧向上跳跃，再附着在支持物上，将尾抽出壳外。又鼓血进到干瘪的囊状翅里，使翅展开。翅里有了血就呈现美丽的晕光，等几小时或几天后，翅干了才褪去。这变态发生时总在清晨或邻近清晨。

蜻蜓的世系一定长得很完美。在上石炭纪里已有许多很完美的代表，包括极壮丽的 *Megancura monyi*，展翅约有 27 英寸宽，远超现存任何大昆虫。这个远古时代当然离蜻蜓历史的起源还很远。可是蜻蜓所隶属的一目从那时占据一个奇特孤立的地位，并无亲近的族类。蜻蜓飞翔力极弱，眼力极敏锐，能看得极远。吃肉成习。停下来时，不惹人和动物注目。蜻蜓还有别的特性，有很强的生命力，并且能长久生活下去。

蜻蜓分 400 多属，约得 2 500 种，散布在全球，足以证明它的成功！不过它也有天敌，翠鸟最善于捕捉蜻蜓，蜘蛛也捕捉它，蜥蜴和蛇突然咬住它，澳大利亚大毛毡苔吃得更多。水栖幼虫还被它的近亲吞吃。一种叫榜娘的水栖甲虫的幼虫和鳟也吃它。

英国产的小膜翅目昆虫有一种叫穗蜻蜓，能在水里鼓翅而游，并在睡莲叶上蜻蜓所置的卵里，产它自己的卵。它的幼虫从蜻蜓卵孵出，几天内把蜻蜓卵吃掉。提尔亚德的《蜻蜓生物学》对我们有帮助，他的书里说长成的蜻蜓最怕鳟。我们从这里窥出生命网络的线索。自从英国人运英国产的鳟到塔斯马尼亚去繁殖后，竟导致岛上蜻蜓科少得不能再少。提尔亚德在麦夸里河里钓得一尾鳟鱼，重两磅，胃里还存着食而未化的蜻蜓头 35 个。但是蜻蜓一少，甲壳虫等有害动物又要增多。

蜉　　蝣

夏天河里的石头上或草丛间，常常会见到许多扭曲的扁的小动物。三对腿，尾梢上有两三根细长毛。长条身体的后段有两排小板片，就是呼吸器即气管鳃，这些小动物中有些便是幼蜉蝣。不过我们看见它，并不容易想起在5月底6月初静水里成团而起的纤弱长成的昆虫和它有什么相干。它又叫"一日虫"，即蜉蝣科，因为生了翅后活得极短，甚至不满一天。据有人观察，它在空中只飞行一个小时，就死了！不过这是指有翅的成虫而言。不要误认蜉蝣的一生只有这么短，许多蜉蝣在水里活两三年之久才长成，所以也不算特别短命。

从这里我们得到一个有用的生物学观念——各种动物的一生，各时期所占的时间长短各不相同。有些幼年期很短，壮年期很长，而死期很促；有些壮年期很短，而衰老期很长。人类的境况也是如此。蜉蝣在水下度过极长的幼年期，长成生了翅后，在空气中度过极短的壮年期，便骤然死去。

蜉蝣幼虫身体的许多方面都比较适应它的生活条件。在所谓"腹部"的前七节里，有几节或全部的背上，有娇嫩的气管鳃，用来吸取水里的氧。尾端长丝也可帮助这种呼吸。总之，氧渗进内部气管，跟着气管分达周身各处。气管鳃有时被一层盖盖着，或由旁边的刚毛互相纠结，来做保护，不让细泥污塞。有些动得快的幼虫的身体带流线型，就像鱼等许多水栖动物那样。幼虫有了这样的身材，游起来少受阻力，逆流而停时，也可减少水的冲击。许多种还有攫拿用的钩，长在腿上，准备把持在石上。而且身体的扁平程度和水流速度相当。只有极扁平的蜉蝣幼虫才能活在湍急的河流里。有一种蜉蝣叫 *Rithrogenia*，住在急湍里，专做几乎不可能的事，像动物常常做的。它的气管腮是扁平并向旁伸展的，贴在石头上，呈卵形的大吸盘状，很像帽贝。某位大博物学家常说：我们随便戳穿有机的自然界的某个地方，便看见好像生命带有目的似的。换句话说：一切生物全是各种适应性的结合。不过适应程度自有高低，像山间奔湍里的蜉蝣幼虫的吸着办法，就是最好的例子。试看美洲有种普通的蜉蝣，叫六颌蜉蝣，钻在河湖的水底。它的习性和前种怎样不同？它的前腿平展成铲状，颚伸向外，呈极大的獠牙状。它交互用这两件工具，一掘一铲，就开出隧道，好比一种水下的鼹鼠！

许多种昆虫的水栖幼虫专靠吃水里浮游的极细小生物存活，它们的捕食方法各有奥妙。有些种昆虫的水栖幼虫有急振的扇子，搅动口旁的水，使水成为旋涡，从中吸取细微食物。有些蚧蟏用丝制成精妙的小网，捞取小生物而食。"产婆蜉蝣"的幼虫游泳几乎有鱼那么快。它用中足和后足紧贴在石上，"伸出前足，展开成对的缘边的长毛，像个筐子，来接受水中送来的食物"。许多别的种类蜉蝣幼虫却很平常地吃石面上附着的微生植物。还有的攀缘水中植物的茎而上升，一边爬一边吃。它们大多数吃素，或吃腐烂的植物和动物体上的碎屑。

幼虫住在水里几周、几月或几年，接二连三地脱皮（前面已讲过，算是为生长而纳的税）。然后经过一场大变化，浮到水面，从破裂的壳里很快地扭了出来，用已经长好的翅就此飞去。卢波克爵士论述过这变态的迅疾："壳从开始到分裂，不到 10 秒钟，长成的蜉蝣已飞去。"要是能凑巧寻得一只刚刚离开水上漂浮着的幼虫壳而开始试飞的蜉蝣，将它放在衣袖上，仔细观察它，便可见它身外还有一层皮，它挣扎着要拆去这层皮，好像急不可待。等它抛弃这层灰色薄外皮，才算真正长成。昆虫学家把这最后一次蜕皮前的静止叫作"垂成静止期"。小蜉蝣的垂成静止期短得只有几分钟，较大的会延长一两天之久。不论快慢，结局总是一样——揭开序幕，引出一个外表光泽、色彩美丽、姿态婀娜的有翅昆虫。它努力挣脱后，就伏在我们的袖子上发抖。它是种眼大脆弱的动物；它的前腿向前伸，前翅成扇状，向上举起；后翅不显露，尾梢带两三

蜉蝣

根长丝；有小触须，偶剩口器的残迹。它此刻已经不需吃东西了，而是要急着飞去舞动求偶了。

一大群蜉蝣常同时或差不多同时出水，就停在草丛上，准备经过最后一次的蜕皮。"它们多起来能压弯河旁的柳枝。"有些老博物学家将末次所脱的皮称为"鬼壳"。蜉蝣到晚上就脱去"鬼壳"飞升到空中，为数极多，竟像一团活动的黑雾。动物界中的奇观很少有比这再奇的了！尼达姆和劳埃德两位教授合著的《内陆水栖生物》里讲："长成的雄蜉蝣成群结队而飞，每种自有它惯有的动作行为，雌蜉蝣飞起来迎接它们。"吃东西的日子已过了，现在轮到求爱的日子了。伊顿牧师写过一本专论蜉蝣的书。他描写几种较显著的蜉蝣的行为，特别是关于雄的。它振动翅膀，上下跳动。"几乎直上直下。先拍打着翅，而急速上升。随后让自己轻轻落下，如此继续多少次，成一种舞蹈状的运动。"当一大群蜉蝣这样在平静的河流上飞起降落，无数的翅扇动着，同一阵云一样，真是美观。它们互相追逐搂抱，忽而又分散，就在飞行中交媾。等有些蜉蝣触到水面，水面就起涟漪小涡，同时卵也产好了，看起来好像随便下的。等一夜过去它们也许跟着死了，因为它们传了种，自己就得死去。有一种在空中活一小时就死，许多种到傍晚就死。有些种如果日间能好好休息，也能活几天。不过无论如何，它们飞舞求偶后，结果总是一死。只要卵下到河里，沉到底下，蜉蝣的种族的将来就安全了。

我们切莫认为蜉蝣自己有它的独特的生命史布局。因为我们已经知道，小时候专吃东西的蜉蝣，和后来长成的蜉蝣，是截然不同的。毛毛虫和蝴蝶间也是这样。不过蜉蝣在水里吃东西且生长的幼年期竟然长达几年之久，而在空中交配产子的壮年期竟会缩短到几小时。这真是奇怪，至于传了种，立即死去，更是触目惊心。诗人歌德说："自然从恋爱的杯里留两口酒，当作一生辛劳的公平报酬。"这真的是太确切了。

最后，让我们考察一下蜉蝣对自然界有什么贡献。它幼时会替它所最倚赖为生的微生植物与爱吃幼蜉蝣的许多肉食水栖动物如鳟等，做双方的"中间人"。它可作为淡水鱼的大宗食料，这一点尤为重要，因为有许多种幼蜉蝣的身体颇大，一年到头又都活着。

尼达姆和劳埃德两位教授给我们很多关于蜉蝣的知识。他们特举一种叫 *Calliboetis* 的为例："这是一种很活泼的幼虫，依靠尾部和鳃的急拍游来游去。它在岸边植物上乱爬，极善于躲避别的动物。它身上又带有保护色彩。它以许多种植物为食，不论死活。所以只要在多杂草的池里，就不会饿死。不过池里的肉食动物能捉它的，都近来吃它。许多动物赶得上它，许多埋伏着捕捉它，都成为它的大敌。所以旧池塘里尽管差不多总有它，却总不会十分多。"假若这一种很受人注意的蜉蝣没有这么多的天敌，就太容易繁殖，以致累及其他的生物了。蜉蝣的生命循环只占 6 周，每只雌蜉蝣足可产 1 000 只卵。过了 6 周，1 000 颗卵便已孵成 1 000 只有翅成虫，约 500 只雄的，500 只雌的。每一只雌蜉蝣又可产 1 000 颗卵，就有 50 万只，全部属于原先一对蜉蝣的后裔。理论上传至第五代，应该有 1 250 亿个玄孙。但在事实上，一定没有这么多。因为天敌四下杀害它们。不过我们想到一个办法，试用人工开掘一座池，放很多食物在池里，然后灭除蜉蝣的天敌，来保护蜉蝣。如此应该能养出极多幼蜉蝣，然后倒到河里去饲养有用的鱼。我们散布蜉蝣在水里，过了许多天，一定可以看见一些鳟，也可以算是它们所变成！

螳　螂

螳螂大概是最怪诞的昆虫。不但外表显露出虔诚的态度，这很可怪，它还要在身旁和肢旁膨胀出来成为叶状部分。它又拥有犀利多齿的钳来攫食。它动起来偷偷摸摸的，吃起来非常残暴狼藉。雌螳螂见到什么东西就吃什么东西，不问能不能吃。法布尔描写它很妙，不过我们不必重新举他所记的螳螂的凶残事迹，只要说一句螳螂自相残食就够了。欧洲产著名的祈祷螳螂，尤其残忍，雌螳螂竟吞吃自己的配偶。

可是螳螂的外表非常和善，半竖半斜地站着，静悄悄地垂头敛臂。因为前腿太大，所以站起来半作竖直状，并不知不觉地呈出恭敬祈祷的姿态，俨然一个伪君子。有人叫螳螂为"预言家"。相传经常有迷路的小孩遇见的螳螂慨然指示了他路径，然后他才得以回家。其实螳螂长期在那里寻觅食物，等到对准了可食的昆虫，就伸开长臂，将一个有齿的部分合在另一个有齿的部分上，这件工具像剪高枝用的一种器具，就是一片利刃，一端贯在枢上，接在长竿的一端，用绳一牵，就可剪断树枝。螳螂举起它有齿的腿到口旁，用上颚咬下一块食物再放开腿去，看看那食物，才咬第二口。很像小学生吃苹果，吃一口看一看，看它逐渐缩小。

但是螳螂常常吃到一半便不吃了，又去捕别的东西。也像较高等的肉食动物如白鼬等，吃东西极浪费，不吃也要咬死。大约它看见食物就会起杀心，不能自遏。我们也许早就该说螳螂隶于直翅目，和蟑螂、蟋蟀等同目，却变成专门的肉食者。至于叶形虫和杖枝虫，虽和螳螂相近，却绝对吃素。

多数螳螂运动得很慢，并不善于飞翔，所以为生存起见，就不得不和环境取同一形态色彩。试看那些住在叶堆、地衣或花朵里的螳螂，就显然可知。那些住在沙漠地方的，披上褐色袍，一样能遮掩它，不大显露。普通螳螂分绿、褐两种。意大利博物学家查斯诺拉经过观察，证实了保护色的效用。他用丝线系 20 只绿螳螂在绿草里，又系 20 只褐螳螂在枯草里。17 天后，40 只螳螂全都活着，未曾被天敌窥破。他又系 25 只绿螳螂在褐色枯草里，11 天后完全死光。再系 45 只褐螳螂在绿草上，17 天后只剩 10 只。这些螳螂大多数被鸟啄死，有几只绿的竟被蚁吃了。这个实验极为可靠，所以在沙地，当然要褐色种才能胜利；而在绿叶丛中，也非绿色种不行。

祈祷螳螂不产于英国，大多生活在多阳光的地方。欧洲大陆上自勒阿弗尔以南都有，好像是地中海区的原种，从三叠纪起就存在。渐向北侵，沿罗纳河等流域而进瑞士。马蒂尼临近瓦莱州的地方，与法国普罗旺斯等地都各有好多。它喜欢干燥阳光充足的地方，除法、瑞两国外，德、奥、意、俄以及北非一直东到中国全有。

南美洲有一种大螳螂，据有人所见，竟能捕捉小鸟。那人是个实验昆虫学家，正当虫鸟相争时，他便坐收渔人之利。欧洲螳螂只吃昆虫，幼时吃蚜虫等小动物，过后就觊觎较大的，但像青蝇和蝴蝶等，据说它永不碰触。从生下来会吃起，它就吃同族。

祈祷螳螂一生分三期。第一期是胚胎期，在卵里。卵藏在树枝或石上附着的卵筐里。在瑞士，这一期从秋季9月到11月起，到第二年春天5月止；若将卵筐移进暖室，到2月已有幼虫孵出。第二期是幼虫期，从孵化时起，到8月止。幼虫体外暂时披有一层鞘，鞘外生刺。靠刺就能从卵筐的缝间里扭身而出。我们设想它蒙在囊里，连头在内，而带着囊跑动。它一缩一伸，挤向卵筐的间架上，所有的刺全指向后，这样它就跑出来了。有些热带螳螂的幼虫身后末端有两条小附尾，上面生着两条丝。幼虫一出卵，就靠这些丝倒悬空中。它一挂可以挂好几个小时，或好几天，直到蜕了第一次皮。第三期是长成期，或叫成虫期。欧洲种的第三期从8月中起，到深秋止。8月份就是幼虫末次蜕壳时，雄螳螂长成后，可活一个月，雌的三四个月。

所谓卵筐又叫卵囊，是件很奇特的构造物，是用来保护卵和胚过冬用的。英国博物馆里藏了一个标本，约长1.5英寸，色灰黄。向外的一面凸出，里面陷落成槽，以便附着在枝上。雌螳螂分泌沫状物来构成它，沫状物性近蚕的丝质，干了就变得坚韧，极富抵抗力。法布尔描写雌螳螂造卵囊时经历的繁复过程，布尼恩后来又加以补充。重要的事实是造成内部隔间，每间容一个卵，并加筑外绕的原带或厚墙，来包围这些卵。这一厚层就像凝厚的打过的蛋白沫。

布尼恩教授观察到：一只螳螂幼虫一开始躁动不安，大约20分钟后，就

脱离旧躯壳而出。它出来时，还带一层鞘，鞘外附着突起的粗粒，指向后，这
在扭动时很有用。不过一瞬间这鞘破裂了，小动物探出头来，并伸出半身在卵
囊外了。鞘的近头处有个带黄色的、有阻力的、圆锥形的冠。螳螂引身而出
时，这冠大有减少摩擦的作用。身后有两条丝，紧缚这鞘在原隔间的壁上。这
丝长大约半英寸，等螳螂升高到卵囊面，这两条丝就帮着释放新生的幼虫离开
它的鞘。祈祷螳螂的幼虫好像不悬在空中，却立刻就在卵囊面上爬来爬去。虽
然没有蜘蛛那种荡绳的技巧，但它的种种适应性也够多的了。自然的想象力真
是太丰富了！

老式的昆虫

常见的蟑螂可以代表住在孔窍里的害羞动物。所谓害羞动物，或躲在人
造建筑物之下，或在自然的覆蔽之下。它过的是隐居生活，受了刺激就马上
躲藏起来。有些蟑螂总被人称为"黑甲虫"，其实它虽带油光像被漆过似的，
却不很黑，而且它的确不是甲虫。它属直翅目，和蝗虫、蟋蟀、杖枝虫、叶
形虫等同目，和鞘翅目大不相同。

普通的东方蟑螂学名叫 *Blatta orientalis*，确实是深褐色。林奈替它取名时，
说是 *Ferrugineofusca*，就是铁锈般的褐色。英国本来没有，据说是 16 世纪通商
时带进来的。至于从哪里带来，却不得而知。不过在克里米亚半岛的石下和枯
叶下，曾发现标本，使我们怀疑俄国南部是它的老家，现在世界各处都有了。
它一定是从较暖的地方迁入英国无疑。因为再到更北的国内去，就非寄居在人
家里不可了。普通蟑螂有个近亲，叫作"日耳曼蟑螂"，学名 *Blattela germani-
ca*，色暗赭，或老黄。这又是一种外来而归化了的动物。在欧洲和亚洲的较中
央和较北的部分，原有野生的。好谈政治的人也许爱听：这种贪食凶残又好舒
适的动物，在俄国绰号叫"普鲁士人"，而在普鲁士绰号又叫"俄罗斯人"，这

也不过一种譬喻而已。

英国人有了这两种"黑甲虫"已经够讨厌，可是英国不幸还有别的。像大型美洲蟑螂，就是蜚蠊，在一些商埠经常见到。又有澳大利亚蟑螂，学名叫*Periplaneta australasioe*（澳洲蜚蠊），极善于毁物，大约是由亚洲东南部或非洲中部传到英国的。这些品种里带的某某国某某地方等字样并不一定准。有些蟑螂原在各国露天而居，很困窘，一旦附上商船，跟到别的国家，竟然很快散布开来，成了温暖和有荫庇的地方的住户了。这点非常有科学上的价值。从这例子可以看出人力如何影响到动物的生活。讲到英国，自从冰河期以后，动物种数虽然没有减少，但是得到兔和鼠，又失去驯鹿和溪狸；得到蟑螂和臭虫，又失去狼和壮美的爱尔兰麋。在量上没有损失，可是在质上有大损失，算起来真是可惜。

卢卡斯讲到英国直翅目昆虫时说，凡是昆虫有两个本国名字的，一定是常见种。我们既说"黑甲虫"是个谬误名称，就该想到英语 Cockroach。据说这是西班牙语"Cucaracha"讹传而来的，大概本来指某种甲虫（Bug，西班牙语为 Cuco）。如果这是真的，那么我们要对另一位专门研究直翅目昆虫的名家谢尔福德表示同情，因为他说美国人要割除 Cockroach 一词的前一个有效缀音，单称蟑螂为 Roach，占据了欧洲一种淡水鱼的名称，实在太不应该。

普通蟑螂和日耳曼蟑螂——不必讲别种——本来都不是英国土著，何以能活得这么成功？英国本来有的三种蟑螂（学名叫 *Ectobius* 属）住在户外，竟不如它活得滋润，甚至几乎没有人提起。外来物种同化后之所以能生活得很好，有许多原因。它夜出活动，跑得快，身体扁得多，容易钻进狭缝。等到住到人家里，更不怕自然的天敌了。还有食物范围很广，这性质也大有生存价值。1921 年，弗雷德里克·莱因所著《蟑螂》出版，由英国博物馆刊行小册子。书里头说："它们不论碰着可吃不可吃的东西，一点也不放过。连墙上糊的纸、刷的粉、书籍、靴鞋、毛发等，对它们来讲都是美味。"它还极嗜好啤酒。迈

335

阿尔和丹尼两位教授写了一本很有名的书，是专讲蟑螂的。他们说，"它们也要吃瓜，可是吃了肠胃受不了"，甚至试尝墨水，吞吃自己蜕下的皮、自己的空卵衣和同类的死尸！只要未曾长成，它还有一样大的优势，就是偶尔长触须或瘦长腿断了，还能重生——只要还剩一小段桩或根，做新触须或新腿的起点就行。

在性别比例上，普通蟑螂雌多于雄约 3 倍，雌的有残余的翅。夏天它们交配，产卵时，每次约 16 枚，产在一个暗褐色的卵囊里。等幼者准备出来时，卵囊就裂开。弗雷德里克·莱因观察到，大多数例子里，16 枚卵里只有 10~11 枚孵得出。幼蟑螂不该叫幼虫，因为已和父母几乎完全一样，只是小些。初生时，它很娇弱，色彩很淡，长得很慢，要 5 年才能长成。通常每年蜕皮一次。我们为进行科学的观察起见，用人工供给些制约。天生的动物到了这些制约下，恐怕就活动得没有在自然状态下那样快。我们也并不愿意它活动得更快。莱因注意到 3 只雌蟑螂，从 4 月关到 9 月，产了 25 个卵囊。"如果每一只雌蟑螂平均产 8 个卵囊，每个卵囊平均产出 10 只幼虫，一只雌蟑螂便产 80 个子女。这就怪不得厨房里蟑螂那么多了。"

日耳曼蟑螂只有普通蟑螂一半大，色暗黄或浅褐，雌的也和雄的一样有翅，并且比雄的多得多。每一卵囊平均装 40 个卵，由母蟑螂带着卵胞移动，直到 2~4 周后，幼者将要孵出为止。也像普通种，卵囊破裂，幼蟑螂钻出头来。不过母蟑螂仍旧关心，并帮助它们脱出。这点和普通种不同。初孵出的日耳曼蟑螂形如圆柱，色白，马上就能跑；不久就变扁，颜色也转深。长得很快，约过 5 个月就长成了。每月蜕皮一次，每蜕皮一次，颜色变白一次。

"黑甲虫"不见得有什么怪诞，只是它身上的蜡腺和唾液发出恶劣的臭味让人讨厌。我们用"味"字，因为蟑螂吃暴露在外的食物，食物便不能再吃。但是没有成见的人绝不会嫌它难看。我们在英国进口的香蕉上见过一只绿蟑螂，可以说很美观。日耳曼蟑螂还微微显露出爱子的心。据谢尔福德说，他看见过另外一种，带着初生的幼子跑来跑去。

蟑螂太贪吃，常染污人类的食物，又带恶臭，所以人类非常厌恶它。莱因在他的佳作里说："人们家里有了蟑螂，或多或少，都会影响到住的人心理，认为房屋不干净，住在里头不舒服。"他教人用笼来诱捕它，用氮化钠和除虫菊粉的混合物来杀死它。但是我们又可以从一个较广的观察点上着想，要怪自己太随便地丢弃食物或其他碎屑，又让房屋器具各处多生不需要的缝隙。蟑螂善于盘踞阴暗的地方而繁殖，就像鼠一样。我们虽然还不能证实蟑螂传播何种病菌来害人，可是莱因说普通蟑螂是一种病源杆菌的第二寄主，而这杆菌进了鼠的身体，可以让鼠生癌。

蟑螂除了捕食臭虫有功外，固然没有什么可称赞的。可是谈到蟑螂，我们有理由祝贺我们自己，就是蟑螂的极盛时代已经过去了。它由来已久，当含煤的岩系构成时，正是它极盛的时候。1920 年，英国蕾氏学会刊行英国直翅目昆虫专记。卢卡斯说："自从古生代以后，蟑螂好像大大减少，体形也缩小了些。现在所存在的算一个濒临灭绝的种族的残余。勤勉谨慎的主妇们听了这话，各自去图安慰罢了。无论如何，她们知道石炭纪已过，总要快活的。因为她们不用再费尽心力，去攻击远古时热湿气候中那样繁多的大队蟑螂了。"

衣　　鱼

"衣鱼"这个怪名称是指若干种无翅小昆虫，是在家庭和货栈里所常见的。有人要问为什么放着那些让人愉快的大动物不讲，而注意到这些渺小的昆虫，我们的回答是每样都得举例，所以细大不捐。衣鱼自有衣鱼的趣味，甚至胜过大象。可是同时我们凭着良心，也不能说衣鱼对于人类有什么好处。

衣鱼是动物界里不重要的细目之一，是旧式的无翅昆虫，长到 0.5 英寸长就算很大。它们常在厨房里乱跑。曾有一家厨房，灶旁聚了一大堆，它们是远古留下的古董。

达尔文爵士写过一些饶有趣味的回忆录。他说他年幼时不信上帝，所以在教堂礼拜时，非常不耐烦，有时便异想天开，扯出他所穿的礼拜靴旁的宽紧带里的线，一条一条绷成小琴弦，偷偷地在圣地上轻弹，既高兴又害怕，不亦乐乎。他长大后不但成为有名的植物学教授，并且成为奇异的乐器的考据家。我们离开本题太远了。他说他还有一种消遣法，就是看祈祷书里或粗呢垫下爬来爬去的衣鱼。他说这样消遣，要比偷弹琴弦更值得原谅。我们也承认，我们曾经做这样的消遣。衣鱼实在有奇趣，我们相信衣鱼找旧书脊缝里所涂的浆糊的干屑来吃，可见它们吃一点东西就能过很久。它们极爱吃碎糖屑，这也不是教堂里绝对没有的。达尔文爵士讲到衣鱼，曾有一个很适当的比方，他说："我五十年来不曾见到衣鱼了。我若相信衣鱼们像小鲲，驾着看不见的小轮来来去去，也许就错了。"其实这是对的。衣鱼的银色是细鳞上极细的线条使光曲折而成。普通衣鱼和几种近亲的鳞可以用作测验物，来决定显微镜的优劣。衣鱼的鳞具有特别的美，可惜肉眼看不出，尝试放在显微镜下来观察，则能看见图案极细致。这些鳞各不相同，所以十分适合用作区别其他种的依据。凡是原始无翅昆虫鳞片都会不同，专家看见一片鳞，往往就能断定它属于什么昆虫。对于衣鱼也是如此！

树林荫蔽的池塘里，有时有一群弹尾目昆虫浮着，这些是水跳虫，它们的色彩和形状都极像浮着的铁屑。这一科还有别的，叫雪蚤或冰川蚤，常结成大队在冰雪上旅行。大约是在那里搬家，从冬居的泥里迁到池水中，准备度过夏天。据说构造大致相同的动物，越小的越不怕冷和热。不论如何，弹尾虫除了怕旱、怕阳光外，差不多什么都不怕。1912 年，发洛特在夏蒙尼冰海里冰上融成的小水洼里，看见一大群罕见的弹尾目昆虫，它们的学名叫 *Desoria nivalis*。它们浮在一片 20 米宽 2 000 米长的冰川上，数量足有 4 千万之多。

还有一种虫学名叫 *Anurida maritima*，住在英国海滨水面上，它也是成群结队，对环境很有适应性。涨潮时，它躲在石缝里，虽然浸了很久也不要紧，它几乎不会沾濡。因为当它在水外时，全身细毛丛里藏了些空气，等它进水，这空气能把水隔开很久。弹尾目和鬃尾目都靠自然赏赐碎屑给它们吃，在它们看来，人类也是自然的一部分。我们知道它们好吃植物碎屑，可惜我们了解的还不够多，它们没有多少"习惯"，不过我们也不要太把它们看作小鳅，驾着看不见的轮，四处找寻别的动物所找不着的碎屑来吃。它们自有它们的较细腻的行为。卢波克讲到一种圆跳虫，英国草地上常见。他说："雄圆跳虫极爱雌圆跳虫，并用触须环抱它们，异常亲昵。"可见自然界到处都充满着"食"与"色"！

博物学家为什么要如此注意这些无翅的狡黠的小动物？第一，因为它美观。虽然不是明显的美观，而是奇特的美观；它有自己的个性，与众不同；还有就是因为我们了解它还不深。第二，因为它是原始旧式的动物，连一点翅的痕迹都没有，而生着古式的口器，腹上生肢，是别的应得名的长成昆虫所没有的，并且也没有经过一点变化，和别的昆虫大不相同，它是远古的遗留者。第三，因为它们虽缺乏竞争的利器，而竟能活到今天，不但还活着，并且极成功。这完全得力于它形体小，昼伏夜行，趋暗避明，进退迅捷，不嫌碎食，所以能求得生存机会。这叫作"狡黠者的成功"，是演化中的一个现象，颇容易为人所忽略。

蜈蚣和马陆

试着翻起路旁的垃圾堆，或劈开霉烂的树桩，常会惊动一群奇特动物，其中就有百足虫，即蜈蚣。蜈蚣多半单独行动，一旦受到惊扰，立刻逃窜。也有千足虫，即马陆，多成小群，动起来很从容。试着把手指按在蜈蚣身上，它就盘绕在手指上，并会咬人。试着提起马陆，它便卷上来，成个圆盘，像钟表发

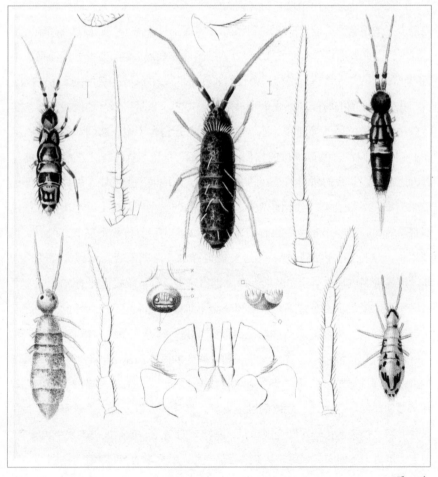

_跳 虫

条一样。

这些动物是极端善于扭曲的动物，也许它们是蛇的雏形，因而受人憎恶。其实它们并不丑恶，动起来也不算不美。也许因为我们不喜欢同样的东西屡次重复，所以讨厌它们身上重复连接着许多同样的环节和脚，虽说百足千足等俗名言过其实，可是它们的环节可真够多，节节同样，数起来，一时也颇费力气。这些环节上还各附节肢。也许因为蜈蚣有毒爪，有时伤人，让人疼痛，就使许多人憎恨它们。至于马陆，并无毒爪，但是人类既恨蜈蚣，自然而然也会恨马陆。英国产普通蜈蚣有时长 1.5 英寸，学名叫石蜈蚣，也有马陆，略小些，学名叫 *Julus*。在热带地区，两样都会长到 8 英寸多，大蜈蚣外貌颇凶横，很怕人。

我们在安闲的时候观察蜈蚣和马陆，起初的印象是它们行动便捷。蜈蚣走得极快，总像忙得不可开交，马陆要快走时，走得也不慢，它们都会凭空在地面掘洞。它们性喜狭道，扭曲它们的各环节，绕着方角而行，它们又像能倒行，尾在前面。我们所见的是众腿齐撑地面，或地面下的泥块，每只节肢好比陆船的桨。多足虫像只地下的划船。普通马陆的腿小到路边上看不出。蜈蚣的腿替换着力，当一组向后撑地时，邻近别组就向前移，好踏定在前方地面，再来用力。这些都很容易验视，不过要说得详确，可就不容易，因为腿动得太快，连最著名的动物学家兰基斯特爵士都自认难以分析蜈蚣运腿的次序。

不过主要的事实是许多有节的腿充满了肌肉，当桨用，使蜈蚣向前划起来快得被人当作小火车。蜈蚣和马陆虽然都怕亮，都有多条腿，都有许多环节，都好钻地，我们细看仍可看出一些差别。蜈蚣的身体是从上向下扁平的，马陆的身体是圆柱形的；马陆每节生两对腿，蜈蚣每节生一对，马陆的每两个相邻环节活像已经联合为一；蜈蚣的触须较长，且分许多节，马陆的触须较短，且只分几节；蜈蚣的第一对腿变成毒爪，马陆没有毒爪，就是抓破人皮，也无害；至于口器更大不相同，雌蜈蚣从身的后部产卵，雌马陆的产卵孔在身的前部。

我们已经举出某些差别，此外还有。从这里可以辟出有趣的新天地，而进一步观察动物界的一桩秘密。我们越多加研究蜈蚣和马陆（常总称为多足动物），发现的差别也越多。所谓秘密乃指两样动物分隶两目，并非近亲。它们的相似，学术上叫作"趋同"。有时两种或多种不相近的动物，因为受相似的生活制约，逐渐适应，就呈现出相似的外表。蜈蚣和马陆本来不是近亲，但双方相像得无可否认，这是因为两样动物都成了适于钻洞隙的虫。海豚和鲛有些相似，都有流线体的外形，利于迅速地游泳，可是前者是哺乳动物，后者是鱼。蜈蚣和马陆相隔当然不及兽和鱼那么远，但比褐雨燕和燕要远些。褐雨燕和燕分隶鸟纲里两个截然不同的目。

我们说过蜈蚣和马陆受扰时有不同的反应。蜈蚣激烈暴躁得多，你要是惹了它，它就横冲直撞，就来咬你，它是一个沉着勇猛的猎人。马陆比较迟钝些，它好装死，盘成一团而不动，只靠从身旁皮孔里放出一种恶臭的液体来报复。它的性子很和平，专吃植物，常好群居。

园丁有时滥杀蜈蚣和马陆，不分青红皂白，这是不对的。因为蜈蚣是肉食

_ 蜈 蚣

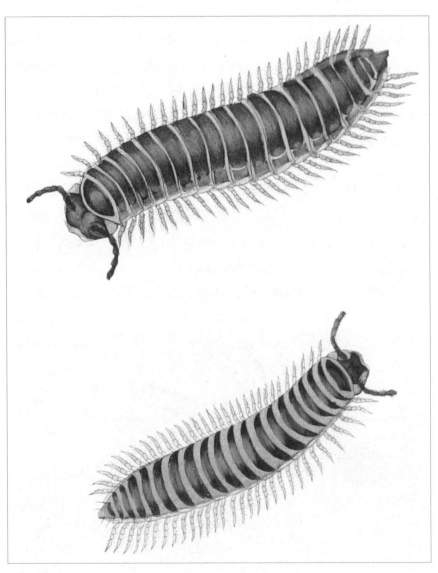

_马 陆

的，常捕吃许多害虫，而马陆是草食的，常为园圃之害。热的地方常有大马陆，不过没有大蜈蚣那么可怕。总之，它们各行其是，并不相关。

我们还得谈谈多足动物的生活圈怎样和高等两足动物的生活圈相关。大蜈蚣的第一对腿弄伤了人，就注射些毒液进去，使皮肉肿痛，有时能使人头晕并头痛，可见这种毒对于神经系统一定会起作用。蜈蚣也像蠼螋，好钻狭缝，身体的多方面受挤，这样的特性也许驱使它偶尔钻进人的鼻孔。有时我们不慎吃了蜈蚣和马陆下去，它们竟可能在食道里存活一段时间。

数百万年前，蚯蚓的老祖宗发现了地下的世界，于是得以享丰食，得以避危险，可谓到了黄金时代。不过它不能长久独享，跟着就有蜈蚣也钻进地下，凶暴、残忍而又顽强，与蚯蚓为敌。直到今日，我们可在路旁看到蜈蚣攻击蚯蚓，用毒爪来捉住它，毒质有时麻醉了蚯蚓，蚯蚓僵卧不动了。但有时，蚯蚓会像痉挛般扭动，并且这环形动物会将蜈蚣抛开很远。但蜈蚣回来再次攻击，有时射进第二次毒液，有时不射，而是用大颚来咬蚯蚓。这些咬具只是利刃，而不含毒。它吃蚯蚓时，好像在嚼体壁，紧按它的口器在蚯蚓身上。有时它在蚯蚓身上一段地方咬上许多口，口口相近，把那段或那块咬下来，慢慢地吃。而蚯蚓的剩余部分仍然爬去，带着伤痛，也许危险地流着血，也许有蝇在它的创口里产卵，后一种情形比前者还要坏。不过有时蚯蚓的受创处会自愈，新尾生出来，补充了失掉的。

在生存竞争上，一种动物只要稍微再强一点，也许可以翻转全盘局势。像蜈蚣如果所含的毒再厉害些，也许可以更容易地制服蚯蚓；蚯蚓要是有再强些的再生能力，可以遭受更大的伤残而随即长起来。蜈蚣很伶俐，蚯蚓一进洞，它便跟进去，所以蜈蚣越伶俐越易于捕蚯蚓；但是蚯蚓虽然一只足也没有，却有的是肌肉，而且感觉又非常灵敏，竟可以挡住或闪避蜈蚣的攻击。连蠕虫都会挺身而起，抛掷一只蜈蚣，或像蟒那样缠住它。

蝘 蟧

the Outline of Natural History

第十六章

不失秩序的
原始动物

若在船上打桨，
桨上会滴下亮的水点，
那么当船在缓行的时候，
你如果把手浸在水里拖曳过去，
便会有许多夜光虫缠绕在手指上。

动 物 生 活 史

世界上有些动物，比珊瑚和海绵还要简单，它们是极微小的单细胞——没有真实躯体的生活质单位。有几种单细胞动物和白垩纪的有孔虫目相近。它们常常在浅水中的海草上爬行，有很好看的石灰质的壳。此外还有滴虫借着身体上纤毛及鞭毛的推进，在水里敏捷地行动。滴虫中有一种叫作"夜光虫"，只有针头那么大，在夏天晚上，它发出很亮的磷光。若在船上打桨，桨上会滴下亮的水点，那么当船在缓行的时候，你如果把手浸在水里拖曳过去，便会有许多夜光虫缠绕在手指上。有许多滴虫生存在海岸旁水潭里，其余聚合了无数同住在空阔的海洋里。在这种地方，它们喂饱了小甲壳动物的肚子，而小甲壳动物则更喂饱了鲱鱼和鲭鱼的肚子。

变 形 虫

在淡水中最普遍的，也是人们最不熟悉的动物之一，就是变形虫。人们不熟悉它的原因是我们的肉眼不能够看见它。严格地讲起来，我们不应当单说"变形虫"三字，就像不应单说"蚯蚓"二字一样，因为变形虫种类甚多，正和蚯蚓有许多种类一样。大部分变形虫生活在淡水中，在泥土、石子和水草上面爬来爬去，少数住在湿土里，还有些寄生在人类和其他动物的体内。变形虫的种数，有时算起来，大约有 60 种，但有时计算起来，却可以减少到 4 种。无论如何，它们确切的种数常在这两端之间。各种变形虫的区别需要从许多细微处才能鉴别出来。它们的变异性，不比许多高等动物厉害。它们不会因环境的影响而发生什么明显变迁。

当博物学家发现有特点的新物种——如霍加狓、栉蚕、文昌鱼、水螅、鸭嘴兽，我们常常会很仰慕他，就如我们尤其敬佩在 1755 年发现变形虫的罗色霍夫。他不但对他所称为"小盲螈"的这种生物加以解释，还亲自检验它那像手指形的突起部是怎样伸缩的，又注意到它身体外面的变化同内部液体流动有什么关系——我们应该知道，这正是一项重要的观察。一只典型的变形虫可算是一个紧缩的完全动物，它的直径只有 0.01 英寸，在一定范围内，它常常改变它的体形，又滑动而行，与众不同。当它吞食的时候，常把它的俘虏包围在两个一突一陷的指形物——谬称之为"伪足"——之间而吞之。变形虫如果遇到干燥或不宜生存的环境时，便收缩它的突出部，变成圆形，且分泌出一种保护自己的胞囊，静伏其中，可以静候很久。如再次遇到潮湿或适宜的环境时，变形虫又脱胞囊而出，开始它的新生活。

普通人以为变形虫是无形状、无结构，而具有生命的一团物质，是种原始的生物。其实它也有形状，不过变化不定罢了。它的内部组织也很复杂，它的世系虽然从数百万年以前起，然而不能视为最初的生物之一，因为在它之前，还有很长的生物演化史。

在变形虫的乳状物质里面，有一个核。在核内，另有一个小世界，在核外的物质是有生命的，不过其中包围了一些没有生命的部分，里面有粒子和小滴，有些含有预先贮藏的物质，有些含有废料。在食物颗粒的四周，又围着水泡，有两个排泄泡或伸缩泡，可以连续地张开和收缩，好像小的心脏一般。它们把生活物质里的液态废物和多余的水分排出体外。它们有时像水泡那样破裂

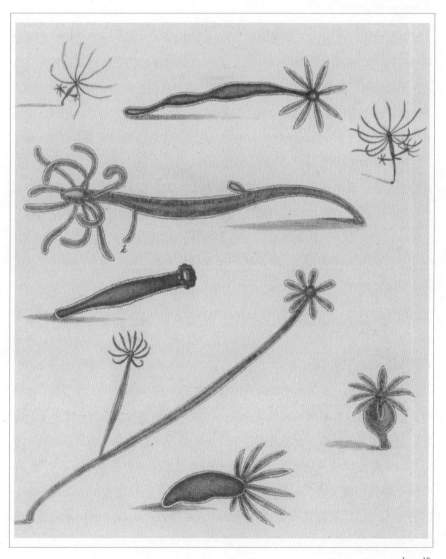

水螅

不见，隔了几秒钟，又从原处现出来。变形虫里面靠边缘部位的物质，比内部的较凝固且透明。在高度显微镜下，边上显出细的放射线状，有些像横纹肌纤维上的横纹。

变形虫也可以叫作"多侧动物"，它身体的各方位都能包吞食物；能收缩到任何方向；各部分都能感知外力；它能避开刺激性的化学药品；能爬近食料；能爬到可以爬的地方去。如果一只变形虫单独在水中，它就能伸出纤细的突出部，四下去探寻固态物。我们能感到变形虫能够行动、感觉、消化、呼吸及排泄，正和大象一般，但全在 0.01 英寸的范围以内，我们不由得重视变形虫了。如果要去解释它这样小的体积，怎么能做多种事情，便要产生疑惑。对此只能解释说：在生活物质之内，有一种显微镜下才能见的薄隔层，和化学实验室里的隔间一样。这是多细胞生物有了许多细胞后才能达到的。变形虫好比是单间的房屋，各种家务都杂在里面进行，而不失秩序。高等动物好比一所大厦，中间有许多房间——厨房、餐室、休息室、洗衣处、储藏所、会客室等。换一句话说，高等动物实行分工制，变形虫则较少。所以读高等动物的生理学比较容易，因为学者可以分别研究不同器官的功能——例如肾脏和心脏相离很远，各有各的用途——但在变形虫，则一切日常职务，都在直径 0.01 英寸的小地方内进行。

当食料充足，吸收大于消耗的时候，变形虫便生长。它增加它的生活原料，但并不是没有限制地生长下去的，因为每一种变形虫总有一个生长的限度，到了这限度以后，便不能再生长了——普通动物也是如此。它长到一个最适宜生存的体格，到那时，里面含有的原形质正好充分吸收表面的给养。变形虫靠表面吸取食料、氧和水，并排除二氧化碳和废物，所以体积不能增加到太大，以致超过所能照料的面积。变形虫长到极限时，就分裂为两只，这是最简单的繁殖法。偶尔也有一只变形虫分成许多很小的单位，或称胞子，有时两只变形虫合成一个，这是一个生殖的过程，而不是繁殖的过程。

变形虫没有真实的身躯，不过是一种单位小点的有生命的物质，所以生理上不像多细胞生物那样常常产生各种消耗。它繁殖时，在生理上也没有耗费什么，不像大多数动物传代时，有极重的负担。天然的死亡是动物具有身躯后所应付的代价，变形虫似乎可免，它的"机体不死"使我们更加钦佩了。我们用显微镜所观察的池中的变形虫，或肉眼在黑暗的背景前所看见的细小白点，也许已经生活了数百万年。我们曾经说过一个单体分成两个单体，那第一个单体在一方面可以说是绝迹了，但是它没有留下躯壳终归不能说是死了！

变形虫的行动还有许多不明了的地方。这种行动并非胡乱的行动，有时它常对准一定目的地前进。也不能称作"随便的行动"，因为变形虫没有受到特别刺激的时候，常循一种螺旋线而运动，也像其他多种动物，或像蒙住眼睛的人在那里游泳。我们若再仔细观察，则变形虫游来游去时——速度为每分钟600微米——表现出一种像环带轮的前进状态。在前端的上面可以看得见的微粒隐去了，过些时候，再从后端出现，于是再向前移动。

1920年，谢弗教授在他的《变形虫的运动》一书中描述——在变形虫的体中，和有些缓行的简单生物一样，它有一个能活动的外层，和原形质深处的流动层，像白血球在有些高等生物的细胞里那样的。变形虫的移行能力大都由于表面张力而来。

关于变形虫有一个最有趣的事实，就是它能表现出最原始的行为。它向硅藻、纤毛虫等微小生物行去，便伸出原形质手臂围绕它们，可以说是包在它们的外面。詹宁斯教授告诉我们一个故事：有只大变形虫（以 A 代之）去捉一只小变形虫（以 a 代之），大家知道变形虫有时也要同类相食。A 追到 a 并且包围它，但是 a 利用 A 的运动所给它的机会，竟从里面逃出来，因此 A 便转换方向追 a，a 于是第二次被擒。但是 a 要活命，我们以为这是和表面张力现象不同的，a 再逃掉——比《旧约圣经》所记载先知约拿被大鱼吞入腹内，三天三夜后安全脱险，还要强悍！第三次没有被擒住。所以在生命的起点，我们已看出有效果的行为，是在为某个目的出发的。假使有一只如大象一般大的变形虫，像坦克车似地向我们滚来，我想我们总不会还要先争论它是否有目的了。

the Outline of Natural History

第十七章

生命的秘密

心灵的演化到了最高级的人类便表现得最显明，
人的理解力、仁慈心和控制力都在进化，
这样的演化现在仍在进行中。

动 物 生 活 史

生物的充盈

达尔文十六七岁时到爱丁堡大学去学医。他在第一封家信中，提及对这座美丽城市的几个印象。最打动他的一个巨大景观——"我所看见的最奇怪的东西"——便是"桥街"。因为他横穿过别的街道来到此处，原以为必定有一条美丽的河（这是他所说的），而当这个青年学生凭着栏墙下望时，他却看见一群来往的人低低在下，那就是我们在大自然里常常遇到的。忙碌的生物彼此交错，没有一角是空着的，熙熙攘攘。空中有很多动物——云集的蚊和蝇，大队的蝗虫，大群的鸟。地面之上也有很多动物——牧场上慌张的野兔；在初夏时，大群幼蛙都离水而迁至陆地，我们几乎一走过去，便会踏死几只。地面之下也充满着动物——我们在高尔夫球场上照球杆的长度画地为圆，圈里就曾数出 40 处蚯蚓窝。在热带，群蚁钻进地道，声势常像瀑布。在包围着地球的水中，也充满许多动物——加拿大河流里，鲑鱼多到互相拥塞；路旁池中也这样充满着小动物。我们读了大诗人丁尼生的"上帝有何等伟大的想象啊"一句后，不怪他觉得惊异。现在要讲到海里的动物了，如成群的海豚，一队一队的游鱼，专供大动物吞食的微细动物。后者为数众多，甚至在 1 加仑（1 加仑约合 4.54 升）水里所含的，比我们在晴夜看见的星还要多。斯宾塞说得好："海里成熟的种子，比陆上实在多得多。"

再讲到硅藻和海洋中的其他微细动物，这些构成穆雷爵士所称的"漂浮的海中草场"。从这一说法被提出来之后，我们用来形容各种植物。明亮的浅水里含有许多的海藻，在热带海岸生于茄藤树间——有极繁茂的植物，有时候分裂成堆，形成浮岛。茂草中极多叶片，栉比着向上生长，互相并列，而不重叠。无论在热带森林或丛莽里，或家园旁无人照管的篱落间，植物对于位置、清新空气和阳光，都在激烈地争取。植物界和动物界充盈着一样的勃勃生机，常常会盛满而且溢出。

这里有两件事要做区别——个体的众多和种类的众多。一条鳕鱼据说能产 200 万颗卵，假如全部都生长而成幼鳕，那么渔业马上要告终了，因为大海都被塞满了！英国有一种海盘车海星，在一年内可产 3 亿颗卵，一个牡蛎可以生 6 000 万颗卵，产量较少的美洲牡蛎平均一年也产 1 600 万颗卵。假使一个牡蛎的后裔都能成熟并繁殖的话，那么它的后代要多到"66"之后加上 33 个"0"的数目，它的后代的壳堆积起来，要比地球大 8 倍。我们知道这种可能性是不会实现的，因为死亡的几率非常大，动物时时受到自然法则的淘汰和削减。但是当鼠疫盛行时，或旅鼠过境时，或蝗虫云集时，我们就可以看出，如果没有"天然的平衡"会产生怎样的后果。

有些动物繁殖起来比别的要快得多，不过并不是繁殖最多的就最适合于生存。一个母蟾蜍可以生 7 000 颗卵，但它们并不都能变成蝌蚪，蝌蚪也不都能变成幼蟾蜍，幼蟾蜍也并不都能变成大蟾蜍。在许多地方，一年一年过去，蟾蜍的数量似乎总是不变的。生命好似著名的麦秆桥，开始过桥时数目极多，但能到半途的已占少数。大部分生物的后代，都会死于幼时。这就是人类和普通动物大不同的一点，人类已经学到怎样避免自然界里进行着的严酷的淘汰了。

　　数目多的一种动物也不一定就有很强的适应能力，我们用行旅鸽的历史很容易证明。这种鸽子几年以前繁盛得以百万计，但是现在都没有了！行旅鸽非常强健而俊美，一般是群体生活，并且每天常常为饥饿所驱，而飞到很远的地方去寻找食物。据说在有些森林中，被这种鸟的巢占去了一大块面积，有时一棵树上竟造了一百个鸟窠。美国博物学家威尔逊曾举一例说，肯塔基州有一个鸽群区，纵40英里，横数英里，里边的鸽有2亿之多。鸽大约会在4月10日前后飞到巢里来，到5月25日以前就同雏鸽到别处去。这些鸽是候鸟，常常依时从一处迁移到别处。

　　艾略特在《河畔博物学》一书中说道："大鸽群来时，情景是很可观的。大队未来之前，早有一种像大风的声音，愈近愈响，直到它们冲进所选定的宿场。那时鸟翼相击声，争夺位置声，接连移位声，树枝压断声，哄闹异常，不但人语听不清，就是枪声也会被遮掩了。"

　　鸷鸟常聚集在鸽巢附近，偷袭新孵出的小肥鸽。后来大群的人到来，在"广大的育婴房"附近屯扎定居，然后砍倒许多树木。在小鸽刚快能起飞之前，许多鸽都被屠杀了。一年一年过去，无处申诉的行旅鸽的群落逐渐凋零，终至完全绝迹。

　　这种行旅鸽，美国人也常叫作"野鸽"，大小与斑鸠差不多，不过有一条长而带楔形的尾。飞行迅捷而持久，每分钟可飞1英里。雄性背部暗灰蓝色，腹部是栗色而微带紫色，颈部有像虹的彩色纹；雌性背部带褐色，腹部暗白色。它们常常损害农作物，如稻谷等。但行旅鸽给我们的主要兴趣只在它从前曾多到不可思议，简直能遮天蔽日，然而不过数年间，竟绝种了！

　　一粒沙在海岸上时，算是在它的恰当位置；但它若到钟表的机械里去，我们便要叫它作尘污。毛茛草在野地上，和白屈菜生长在树林中，都是在它们的适当位置，但若生在花园里，便成为讨厌的莠草了。有些莠草是很美丽的，当我们称一棵植物为莠草时，我们并不是说这棵植物长得难看。我们的意思是说它已出乎它的天然居留地，又太无阻碍地繁殖起来了。我们再可以看出"生物的充盈"。如有一花园，我们就能注意到莠草怎样骚扰和蹂躏其他有用植物的，任其自然而不加修理，在短时期内，莠草就会丛生而逼死许多花卉，随后其他杂草再阻遏这些草的生长。几年以后，花园里除了繁缕和杂草外，恐怕没有别的植物了。

达尔文的同事华勒斯博士在他的《达尔文学说》一书中，举了几个莠草蔓延的例子："在几十平方英里的拉普拉塔平原上，近年来长满了两三种欧洲蓟，而其他植物几乎尽在被排斥之列。"平常的水田芥传入新西兰之后，已经泛滥得不能用笔墨来表达，它的茎有 12 英尺高，0.75 英寸粗，有时竟可以阻遏河水流动，以致河水泛滥成灾。但是如果种杨柳在河岸上，柳根不消多时便长得很多，而挤出水田芥的根。这真是一物降一物啊！

有一种普通的英国植物叫庭菖蒲，就是俗称"篱芥"的一种，一般会产生出 75 万颗种子。假如这些种子个个都能发芽，而幼苗也都能长大再生种子的话，则三年以后，全地球表面都容不下这种莠草了。但是我们不要误会，以为莠草之所以危险，只因生种子太多。因为有些生子也很少（如毛莨），莠草到一个新地方之所以变为有害，就因为在那里不再像平常般严受选择和淘汰，得以滋长。假设有一棵植物每年生子两个，而只生活一年，那么 21 年后，便有 1 048 576 棵植物，如果没有动物吃掉它们，没有邻居去践踏它们，每个种子都散到适当的地方的话……幸亏这些"如果"不是都会实现的。

我们既说有冰山——浮起来的成山状的冰块——从大冰川的岸头分裂开来，也就可以说有鸟山，就指那些有无数鸟巢的大海崖，常常成岛状的，许多鸟山在英国北海岸或在北海岸之外。关于英国我们可以举出弗兰伯勒角、巴斯岩、艾尔萨岩、鸡崖和富拉岛等地来。这些地方都有成千成万的凹凸的山层和石洞，正好给鸟类驻足和筑巢，于是就被许多多少有些相似的鸟占据。有些今年住在这里，像鸬鹚和三趾鸥；有些短期驻足只为生育，像海鸥和角嘴海雀。

假若我们到鸟山去参观一番，便可以更明了生物繁衍的繁盛状况了。我们曾到过一个叫作"罕达岛"的鸟山，位于萨瑟兰郡的西岸斯考里外 1 英里。罕达是由沙石和砾岩堆积而成的；向苏格兰一方有一道斜长的草坡，西面和北面有险峻的悬崖，北面遥眺格陵兰岛，西面看得见路易斯角和哈里斯的山。这座岛上有大约 300 只绵羊和许多野兔。本来有几间房子，但是现在只有一处避雨间，当羊生羔时，有牧人来住 6 星期罢了。我们之所以要说这事，是因为参观人少，所以鸟异常驯顺。它们见人走近到几英尺之外都不怕。不过游人要当心峭壁，不要走得太靠边。

我们一行游人爬上了那长草坡，忽然到了一座很陡峭的海崖的边际，有 150 英尺高，好像巨人的书柜，由一层一层的沙石造起来的。这些石层有 1~1.5 英尺的间距，里面住有几万只鸟。它们常常挤得身躯彼此相接触，头颈彼此交错。各种鸟类大都分住，各住在"岩上镇"的各条街道里。最低的街道是三趾鸥街，稍上是海鸥或刀嘴海雀的区域，其中石层约有 30 层，一一堆叠起来，顶上有草和土，是快乐的角嘴海雀的巢穴。有些地方，一段石壁只住着海鸥，还有一个地方住着很多刀嘴海雀。这种鸟和它们表亲的区别，可以从左右挤扁的嘴看出来。有时三趾鸥占了独自伸出的阔嘴，伏在巢上，旁边围绕着几千只海鸥。

我们越走越高，在峭壁的边缘上很当心地走着，谁也不敢保证石片不会松动滑落。我们走到一带有 300 码长，400 英尺高的峭壁上。我们再次看出到处充盈着生命——三趾鸥、海鸥、刀嘴海雀和角嘴海雀等排成长列，一列在一列上。有些石层上面，海鸥和刀嘴海雀挺立，突出白胸，朝着大海，但大多数都是背向外，身体紧靠着岩石。它们的有蹼的长足一定便于用来按着向下斜的石层，但是一等到飞来另外一只鸟，坚持要在已住满的石层上降下时，它们便常常失去立足之地，因此发出争斗的叫声和哀鸣的怨声，震耳欲聋。不过大体而言，它们终究是很和善的，而且常常互相让步。幼鸟将能飞翔的时候，也不致受到什么伤害。7月底以前，它们完全飞向外海和南方大陆的海岸上去，竟没有一只海鸥，或一只刀嘴海雀，或一只善知鸟，留在峭壁上面！这真是使当时一行游人难以相信的，以上三种鸟原来只在夏季才到英国而已。

这里的峭壁有一断面宽约 400 英尺，高约 300 码。我们估计鸟的数量一年少说也有 40 万只。为什么有这样多呢？第一个原因是：因为适宜筑巢的有石层的海崖不多，远近地方的鸟都来，而且是每年都来。第二个原因是：除人以外，天敌很少。海鹰或白尾鹫现在很少了，秃鹫虽然仍生活在斯考里，但很不容易在无数尖嘴海鸥群中冒险。就是飞来飞去贪得无厌的大黑背鸥也只能捕食些弱雏。当它第一次冒险飞到海面去的时候，有些幼鸟会跌出石层，坠入大海，不过这样危险的事不会常有。还有一事要记得：海鸥、刀嘴海雀、角嘴海雀之类每次只生一个卵。第三个原因就是：海里的鱼很多，大群的鱼——我们看见许多鸟叼了它们去喂小鸟吃——可以供养大群的鸟。那些鱼又靠吃甲壳动物而生活，而甲壳动物又吃微小的动物和植物，世界就是这样周行不息。

生物的驳杂

有些事物是很感人的。像大群的绵羊走过，大约要用一个小时的时间才能走完；像白嘴鸦集合了一大群，能使一块田变黑；夜间椋鸟成千成万在它们的栖息地上方飞绕，好像从火山口喷出的热灰团一般；成群的鲭鱼；云集的飞蜂；我们在大蚁穴上看见的蚁队；我们整个下午划船看见过的行进中的水母群等。但是有一桩事比一种动物密集地住在一角还要有趣，即动物种类的驳杂。保守地估算，人类已经发现并命名过的脊椎动物约有 25 000 种，包括哺乳动物、鸟、爬行动物、两栖动物和鱼五类。还要加上一些绝种脊椎动物，尤以鱼类为最多。这些只在岩石——过去动物的葬地——中留下些化石而已。

我们试着去数数已知且已命名的无脊椎动物的种类，那就比脊椎动物多得多了，种数至少有 25 万。但是我们要记得，节肢动物就占了 4/5，其中昆虫最多，不过还剩有 5 万种的软体动物，包括蠕虫、海盘车海星、腔肠动物、海绵和单细胞动物。在这个无脊椎动物的大名单上，还要加上一笔化石动物，它们从前生活在世上，但早已灭绝了。

在一个明净的夜晚，一个人能凭肉眼看见 4 000~5 000 颗星，但是新昆虫一年工夫也会有 4 000~5 000 种出现，我们可以说英国产鸟的种数只有在晴朗夜空所见星数的 1/10，现在英国约有 460 种鸟——但有很多种数量已经是很少很少了。

动物的种类为什么比植物多？其一是因为大部分植物（除了水中植物和寄生在其他植物上的植物以外）必须在地下生根，所以它们没有像动物这样多的机会能行动，能掘穴，能爬，能飞。换句话说，动物从适应自然的生存方式上得益比植物多。我们可以说大多数植物是株守的，听命的，虽然也有能铤而走险的，如捕蝇草。

数目的众多并不是真正打动我们之处。我们是和一个植物学家同去的，坐在高尔夫球场上，不必站起来，在他目所能及的范围以内，他能指出十多种不同的植物。如果走到 1 英里外，到了其他地方，也有许多，不过这次是十几种别的植物了！如果你坐在海滨与高潮痕相近的干沙上，你很容易伸手就寻找到十几种不同的小动物，至少也能寻得到它们的碎块。我们曾有一次发现一块石头，上面附有 14 种动物！

这里有两个难点是要弄清楚的。藏在岩石里的化石动物，至今有些同类还在海里生活。例如海豆芽属在数百万年前是繁盛的，现在依然繁盛。没有人要调查活着的同时又是化石的动物的种数，因为那等于重复计算一种动物两次。但有些化石动物就是现在动物的老祖宗，和它多少有些不同，像绝种的三趾马，便是现在仗着每肢中的一指的趾尖来奔跑的马的老祖宗。这三趾的马和现存的马，当然都要列入名单。在昆士兰的河里，有一种很有趣的肺鱼，叫作

海　绵

"新澳大利亚"肺鱼，能用肺和鳃呼吸，这是自鱼纲进化到两栖纲的过渡物。这种奇怪的双呼吸者在古时就有较简单的祖宗，以澳大利亚肺鱼作为代表，这两种也要加在调查表上的。有不少化石动物已绝种，现在没有生存的子孙了。它们是已死绝的动物种族，已经完全被淘汰了，例如飞龙、鱼蜥、古代的海蛇和大海蝎子，但它们必须包括在名单中。它们曾和我们一样在地球上生活过。那么化石可以是古代和现有动物的遗骸变成的石质遗留物，可以是现存动物的祖宗，也可以是未曾直接传到现存的动物界的已绝种的动物，这样应该很清楚了。

第二个难点是：所谓"一个种类"究竟是什么意思？我们在生物调查表中计数的是什么？一个种类或一种（Species）是指一群个体，彼此有许多特征相同，并且一代一代传下去时，子孙也大致相同的生物。一种中的各个个体都能在本种里相交配而繁殖，但是和相关的异种交配不易繁殖，所以野兔和家兔决不能相互交尾。凡同种个体间彼此相同的特征就是该种取得种名的根据。这些特征必定比一族里各个体间的差异要大些。滨蟹有许多颜色，但绝不能因颜色不同而分别命名，因为一族之中的兄弟姐妹间也有这样不同的颜色。种的特性必须重要取一个特别的名称，这个特别的名称是写在第二个字的，像家雀的学名叫 *Passer domesticus*，树雀叫 *Passer montanus*，区别从第二个字上就能看出来。像 *Felis leo* 是狮子，*Felis tigris* 是老虎，*Folis catus* 是野猫等，不同种类的猫科动物都包括在较大的一群即猫属之内。有时一属中只含一种，例如，只有一种斑点楔齿蜥。有时在一国里只有一属中的一种，像在英国只有一种翠鸟，如遇许多近似的种类时——像鳟鱼、红腹鳟——便发生困难了。博物家于是发生争论：怎样才算种性够强。

海中和陆上的栖息

世界是一个大舞台，百万年来，动物一直上演着活剧。演员已经随时代而改换了——总体上改换得更加精致；舞台也已经改变了——总体上变得更加精美；戏剧结构也已经改变——越变越繁复。虽然这些东西样样都变，但从一个意思上说来，样样都不变。这个舞台仍是老地球，男女演员仍是全都相关的生物，表演永离不掉两个大动机——觅食与寻偶。诗人曾说过"哲学家尽管争辩，'食'与'色'解决世界上的一切问题"。

无论如何，我们必须研究三大事物：舞台、演员和表演的动作。在生物学上说起来，就是环境、生物和官能。

我们所谓"生活"的那种动作，不过是动物和植物对它们的环境迎拒周旋罢了。至于生物等级，则内心的思想、感觉意志等也非常重要。

一年一年过去，我们常见一块地方在那里变迁——有些地方明显些。一位老博物学家曾经见过河里无中生有地生出一个小岛，岛上还长出许多柳树和赤杨。

洪水泛滥时，能改变山谷的样貌和河道的流向；有时森林大火后，损毁各种东西，连动植物与地面的样貌都改变了；有时大风暴雨发起来，能摧毁一大块岩石，或挟沙来掩埋几块田庄。既然这些变化可以在短时期内发生，那么我们想到百万年的演进中，变化真可以多得多很啊！这是很重要的，因为生命的戏剧有一部分就是要适应环境的变迁。

雨水停在石头的缝隙中，冻结起来，能使石头爆裂，好像有千百个尖楔劈开它似的；几小股的水能将碎屑挟带到溪涧的底部，并磨细成沙；海水将石子猛掷在海崖某部，我们可以听见它们互相撞击的声音；冰川能开出一条山谷，能掘出一座湖；较大规模的变迁，还有火山会爆发，地壳会隆起。地球表面时时改变，改变起来有几十种不同的路可以走。这就足够专家研究了。一个地方所剥蚀下来的物质堆积在其他地方，去做未来新岩石的材料。只要时间够长，桑田会变成沧海，大地也会变成海洋。

开幕剧却有些令人灰心，演员们说：

我们脚下的大地起源于一股股飘忽去来的热气，

后来好像碰巧赋得些形状，

又受循环暴风来侵蚀。

第一幅图画是地球开始冷却时的景象。在烟烬中的地壳还不适合生物寄居，连大气都沉闷，因为成分是以二氧化碳、水蒸气和氮气为主，只有很少量的氧气。差不多全体生物都倚靠大气里的氧，而氧却靠绿色植物受日光作用从二氧化碳里造出来。

后来地壳渐渐冷了，水蒸气也凝缩成小湖泊里的水了，湖水聚集起来，便汇成大海，遂溶解了地壳里的盐。有些学者以为从前有一个时期，地球表面是一片汪洋。他们说的也是对的。至于一个大洋也罢，许多海也罢，这都无关紧要。我们所要知道的是有许多半动物半植物的微生物在水中游来游去，我们不知道它怎样产生出来的。它吃空气、水和盐类，也能分解出二氧化碳，固留着碳，而放出氧。一切生物都依靠这个过程。近年来发现，若将某种光线慢慢地通入水和二氧化碳的混合物之中，就生出一种简单混合物名叫甲醛水溶液。百万年前，最初的生物是这样做的，现在每片绿叶天天这样做。

地壳的若干部分隆皱起来，便形成了大陆和海洋。近岸浅水之处较似植物的原始发生地，因为有光线，植物得以安顿下来，以后就长成细条及片状，海藻类遂渐渐繁殖。我们应当趁低潮的时候，到海岸岩石旁边去尽情地看这些古老复杂并且美丽的植物。

有几种简单的植物逐渐穿进河口及沼泽，而到淡水里去，其后便长到较干燥的陆地上，或藓、苔、羊齿等，最后竟有显花植物出现了。但是有些植物学家，像丘奇博士便相信古时海滨常常慢慢升高，于是常有几种高等海藻逐渐变为陆栖植物，居然生出真正的根和叶。无论如何，总是水栖植物得到了充分时间，进化为陆栖植物。

但是我们必须再讲到近岸的浅水。有桩事大有可能性，当简单植物刚开始进化成为彻底的植物时，那里长出其他生物——最初的动物，它以掠夺为生，它不再满足于空气、水和盐类，它吃植物已经制好的复杂食物，如糖和其他碳水化合物，所以得有很多能力而得以过活动的生活。它走各条路去尝试，因而得以进化为海绵、植虫、珊瑚和水母等。经过一段很长的时间，海里便充满这些动物了。

最初的动物大约生存在近岸的浅水里，在海藻之间爬着或游着，但是有些博物学者以为动物起源于外海。我们不能确定哪一种见解是对的，还是说"不在大海，便在岸边"，较为妥当。最初的家当不在海底，因为这种地方对于生命的起源而言太困难了。海底见不着日光，而日光才是"生命力的大源泉"。我们也可以把旱地除外，因为陆地上很不容易供简单动物生长，实在是在植物没有先开路长到陆地上之前，动物不能在这种地方生存的。

我们敢说，现在安然栖息在陆上的每种动物的原祖，都在水中经过长时期的训练。哺乳动物和鸟从爬虫进化而来，爬虫又从两栖动物（半居水中半居陆上）进化而来，而两栖动物又从鱼进化而来——鱼很少有能离水太久的。

那么剩下的是最简单的动物发源于淡水的一说了，但是也有几个理由反对此说。最古老的化石植物是海藻，而植物起源的地方一定也就是动物起源的地方。最古的化石动物大半近于现在的海栖动物，像水母、珊瑚、海百合、海豆芽。如果你研究到最初真正演化成躯体的动物，即海绵，你可以知道在海中有好几百种，而在淡水里却只有一种。这就给我们指示了一条路径，如果你研究到再下一大群动物，即腔肠动物们，你可以知道在海中有数千种——植虫、游泳钟、水母、海葵、珊瑚——但在淡水中却只有五六种，这又指示我们一条路径。海洋确实是各种生物的故乡。

还有一种奇怪的议论。当我们割破手指时，把它放进嘴里，就可以知道血有咸味。血里溶有几种盐类，而这几种盐类也是海水里所含最多的。进一步讲，我们的血里各种盐所占的成分和海水中这些盐所占成分，几乎一样，这就

水　母

证明当血最初被划出做动物内部的液体时，除了它还溶解些食物在内，它和海水没有多大不同。这样就不能不归到一个结论：第一种有血的动物（可将今日的纽虫作为代表）是住在海里的。

现在要回到我们的问题："动物发源于哪里？"我们必须这样回答：它是发源于大海中，或沿岸浅水中的海藻堆里。据我们观察所知，最初成功的第一种生物是大海生物，半像植物半像动物，能用振动的鞭毛游水，能吃空气、水和盐类。再后来，海藻类已经在浅水底滋生得很繁盛，又出了一派生物，即最初的动物，吃细微的植物和微小的动物碎屑。现在大海里还有许多鞭毛生物，或称鞭毛藻，它似乎至今还介于植物界和动物界之间。

如果第一类真正的动物是在近岸光线充足的浅水海藻之间发源的话，那么它的第一项事业便是扩张它的版图，因为沿岸区分为若干地段，而每带依次被动物探索过且占据了，所以有些动物在倾斜岸最低处的红色海藻里繁殖，有些在褐色海藻（例如昆布和海带）里滋生，有些喜欢极多的光线，就住在岸边水潭中的绿海藻（例如海白菜）堆里。其实各种海藻都有叶绿素，可以利用日光，不过这种叶绿素常为别的色素所遮掩，而呈褐色和红色。海岸上最大胆的动物敢在高低潮痕中间的地段活动，当潮低落时，只有性耐干旱的动物能繁盛，例如我们现在看见的峨螺、藤壶等。

许多海岸动物是固定的，像海绵、植虫、海葵等，另一部分则是会游泳的，所以渐渐就离开海岸变为海洋动物。造成这种状况的原因有两个：一是许多漂流的食物容易漂到海外去；二是大海中比较安静些。

此外，还有一个理由使大海里的生物逐渐增加。许多海岸动物幼时常能自行游泳，或被冲到海里去，岸边的海潮和波浪给它造成种种艰难辛苦，生活到外海去比较容易，所以滨蟹、藤壶、海盘车海星和海胆等，幼时都在海中生活，直到长大强健以后，才回到沿岸来。有时这些幼年动物（它们在科学上叫海面幼虫）停留在外海，能适应新环境，而变成一种新动物。当然这不是一时能发现的，必须经过长时期才能成功。大海里有些动物（永久的幼体）看起来略像没有长成的小孩，例如腰轮虫很像一种海栖蠕虫的担轮幼虫。

我们再举一个稍稍不同的例子。岸边像植物的植虫（或拟螅体）在夏季里靠发芽而生出美丽的游泳钟（或拟水母），在水面漂泊着。它振动钟形的身体而游泳，其体质同水几乎一样透明。有时它的嘴垂下，像风铃中的舌。许多游泳钟不比黑醋栗大，有的大若胡桃，或更大些。它的触手上有善蜇的细胞，这是用来刺麻并捉牢小动物以便供其食用的。

这些游泳钟生卵和精子，卵受了精后，就发育而成自由游泳的胚。到后来，这些细小的胚安顿在近岸水里的石、贝壳和海藻上。靠继续出芽几百次，长成所谓植虫的群落。这个故事是很繁复的，但也是很有趣的。

植虫发芽而长出游泳钟受精卵，发育成为自由游泳的胚安顿下来，出芽而长成为植虫。这就叫世代交迭，与苔和羊齿的生活史中有奇特的相似处。但是现在要讲的，乃是大海里有许多像游泳钟的动物，和植虫无关。这些或者是从

_ 海 葵

拟水母来的，它取消了安静不动的植虫的一时期，而与岸地分离。有复杂生命史的动物常倾向于延长这一期，而缩短另一期。光线明照的浅水到了尽头，就是海藻也到了尽头，从那里起，海底渐渐地或突然地倾斜，直到深渊里去。在中间有一条"泥线"，这里是岸上的细微的沉淀物聚集的终点。此类沉淀物的一部分是碎石屑，一部分是死的或活的海藻和海藻动物的小粒。在这里有大群的动物聚集着，例如蠕虫和双壳贝，海蛇尾和海参。它们多是所谓的软嘴动物，靠进食微小生物或碎屑为生。和它们相反，有所谓硬嘴动物，例如蟹和乌贼等，有坚强的颚，宜于吃粗硬的食物。

因为岸边的碎屑逐渐下沉，有些岸上的动物也跟着下去，最后它也能生活在黑暗冰冷的深海里。我们相信这就是深海动物的起源，因为深海动物和靠近岸边浅水的动物常常有密切的关系。有时地壳一部分陷下，岸地一段也渐渐沉入水里，这或许是深海动物的另一起源。但我们必须注意，今日生存于海洋深渊的动物只有少数可以称为很古老或最原始的。

普通的鲽会到离海十几英里的河水里去，这是很有趣的。因为鲽的同类如箬鳎和斑鲽是生活在咸水里的，并且鲽最初也是海里的鱼，它正在学怎样在淡水里生活，但当它产子时，它仍要入海，而幼年时代也必须在海里生活的。无论如何，鲽的小史总可以表现出淡水里的殖民可以怎样起始。假如一种鱼，能像鲽一样尝试，积久学会在淡水里产子并发育，那么又可帮助我们解决这个问题的其余一部分："在淡水里怎样扩展领域？"我们所假设的并不是谎言，因为有几种鱼在海水和淡水里都能生活的。例如三棘鲺在池塘和河流里筑巢，然而也会到近海岸的咸水潴，甚至直接到海里去。此外，还有其他鱼，如鲱鱼、海鳟，也可以往来于大海和河流之间，这也是淡水中殖民的一种途径。

有时候因为海平面的改变，海湾会成为一个内陆湖，里面的水接受流进的淡水，而有些盐质又被水中植物摄去，会慢慢变淡。在坦噶尼喀湖内，有一种美丽的水蜗牛，名叫 *Typhobia horei*，它的近亲就是住在海里的。这个例子可以证

海　星

明，目前有些淡水动物，说不定以前是生活于海中的，或者它另有祖宗原先住在海中。最有趣的是亚洲极大的贝加尔湖离开海洋极远，湖里却有海豹。海豹当然是海栖哺乳动物，并非淡水哺乳动物，现在它居然住在淡水湖里，就是因为这个湖从前是海的一部分，或是和海相连的。

在印度洋极东，爪哇岛以南 200 英里，有一个小岛叫圣诞岛。据说从前为鸟类常居之处，因为现在有极厚的磷酸盐层，可以做极好的肥料，这或许是鸟类遗下的粪，经年累月堆积而成的。海洋学鼻祖之一，已故的穆雷爵士组织远征队，于 1873—1876 年乘挑战号船发现了此岛资源。英政府出售磷酸盐所得的收入，除付远征队的开支外，尚有余利。岛里成为岩石的鸟粪，用舟载到农业国里去化成壳类和其他植物的肥料。我们专讲圣诞岛，因为这里是一种特殊动物——椰子蟹的家乡。此蟹是从水里侵入陆地的动物之一，所以它很有趣。它的身体颇大，有的可以 1 英尺长，6 英寸宽。它与寄居蟹之关系，比与寻常蟹要深。这蟹原来的确是海栖动物，因为它具有冒险性，常常离开海岸，深入内地，爬上椰子树，偷食其果。它先撕去椰子外层紧密的纤维，用其巨螯敲击椰壳凹陷处，敲出一小孔，再伸较狭的腿进去，掏出甘美的椰汁。椰子蟹因为喜欢到房屋或工厂内偷东西而得名。有时它竟可以背负一个空的贮肉铁罐，遮盖着它的尾部逃走！

龙虾、鱼等水中动物大都用鳃呼吸。鳃是羽状的突出部，里面分布的血液吸收周围水内的氧。鳃状似带毛的羽，或似犬牙交错的海岸线，这样便会有很大的面积。当水冲洗时，氧容易透进，没用的二氧化碳也容易排出，本来呼吸作用就是吸取氧并排除二氧化碳。不过现在有一个问题：为什么海栖动物好用鳃在陆地上呼吸干燥空气呢？大多数陆栖动物用肺呼吸，或用体内像肺的空囊，囊壁内布满了血液。椰子蟹仍有鳃的几部分的痕迹，但是鳃室的壁上有许多细嫩的突出物，内中含有血液，又能吸收干空气。

一年一度，这种蟹会离开住所，到海边去产卵，它的卵散于海中。幼蟹先

寄居蟹

能游泳，其后常在岸上爬行，等身体强壮以后，就到陆地去探险，那时父蟹和母蟹却早已回到椰子树间的家里去了。

椰子树并不是圣诞岛的土产，也不是东方海岛的土产。大约有椰子偶然借着海潮漂流而去，随后就长稳了。所以此蟹必是比较新近才学会爬上椰子树，并敲碎果壳的。

我们拿椰子蟹来做一个例子，证明有些动物能离开海面而侵入陆地。世界各处还有许多其他陆蟹都必须回到水里去传代。

你试着翻转不生根的石子，或撕开开始腐烂的断树的皮，就看见短肥的木虱跑来跑去。你还能寻找出它的壳——已死的壳（角质层），这是木虱脱落下来的，因为脱下才能长大。若是你拿起这个壳，你就可以看出这就像木虱的像。这是从全身的外面脱下，有些像蛇蜕，还显出各肢的壳。若从此壳或死木虱身上，试着数它的肢数，并用一对有柄针在黑纸上一对一对地分拨出来，你第一次一定不会数得正确！等你数对了，应得 19 对。这是很有趣味的，因为龙虾、小虾、斑节虾差不多都有 19 对。木虱和这些动物的肢数一样。这是许多证据之一，可以证明它虽是陆地动物，却是从海栖等脚甲壳动物（专名叫等足目）演化而来的。在高低潮痕间常见有几种踪迹，好像才起首步入木虱旧日冒险事业的后尘。

但是当我们更进一步去研究这件事实时，可以发现有些等足目是生活在淡水中的，所以我们相信大概陆上的木虱从淡水等足目演化而来，而淡水等足目又由它的海边的祖先演化而来。据此，我们可以说，最纯粹的陆栖动物中的蚯蚓（吃土、钻土）是从淡水蠕虫演化出来的。最有趣的是有几种蚯蚓，例如阿尔玛和第洛在近头的一端有鳃状的小突块。

自古以来，有过三类动物侵入陆地，每次都有很重要的结果：（1）蠕虫侵入，演变成今日的蚯蚓，造成壤土和肥土。（2）蜈蚣、马陆、昆虫、蜘蛛侵入。这些都是节足的呼吸空气的动物，最大的结果就是使花和采花的昆虫发生了关系。（3）两栖动物侵入，大概自淡水鱼开始。古代两栖动物可以说是一足在水里，一足在岸上。从其中出了爬虫，完全离开水，除非改变方针再回去。从爬虫里又演出鸟和哺乳动物，所以第三次侵略有伟大的结果，就是高等动物崛起，去冒险。

此外还有不重要的陆地侵略者，其领导动物就像木虱和椰子蟹、某几种水蜗牛（陆蜗牛和无壳的蛞蝓的祖宗）。不过最紧要的是蠕虫侵略、昆虫侵略和两栖纲侵略，因为它们都创造了历史。

陆地是动物各种特质的试验场，因为在地上活动不如在海中自由，各种动作必须敏捷，否则就要借助于隐匿和保护色。地上冬夏和日夜的变迁比海里厉害得多，非得有自己的保护策略不可，又有曝晒、尘埋、风沙等危险，所以陆地动物备有各种方法以防卫。有些动物刚上陆又想要回海。蚯蚓掘穴而居，雨蛙爬上树木，蛞蝓则昼伏夜出。

最厉害最重大的变化乃是动物征服天空。在动物史上，有过四次侵入空间的大举动：（1）昆虫侵略——演变成现在的蜻蜓、双翅目小昆虫、蝴蝶和蜜蜂；（2）飞龙或翼龙侵入空中，这种侵略仅在短时间内取得成功。它们中较小的像雀一样，大的张翼宽达 15 英尺，不久即灭绝；（3）鸟纲侵犯空间，它们是获得最大胜利的；（4）哺乳动物中的蝙蝠侵入天空。

生物的进步

在数百万年以前，植物已经散布在海陆，差不多在每一个人类可以居住的地方都立住了脚跟，除了海洋下黑暗深渊里没有植物可以生长。这种海陆扩张事业，即使是当生命显然没有进到更美满更自由的地位时，也能发生的。照人类说起来，在远古的时候，文化没有发达以前，原始人已经分布在海陆各处了。动物和人类未大踏步前进时，已经用了许多岁月来占据地球。我们已经描写过世界舞台上几幕变化，现在让我们想想男女演员的变化吧。

在《天方夜谭》和相类的故事里面，我们读到一个魔鬼转瞬间能变形，一只鸟一霎间就能变成蛇，再变而成蝇，三变而成谷粒的故事，这是怎样神奇的事情啊！地球上生物出世以来，已经有数千百万年了，形体也不停地改变，不过与魔鬼不同之处，就是变化得非常缓慢，不像幻术那样神奇突兀。动物个体或植物个体也不能大大地改变——除非迁移到新环境后能如此——不过像父母和子女间，兄和弟间互相有些差异罢了。现在我们就可以看出这些变异来：在牛或者猫的种族里，发现一只没有角的犊或一只没有尾的小猫，或是山鸟孵出一只白山鸟，或白绵羊生出一只黑绵羊，或一颗铜色叶的山毛榉忽然出现，或垂柳忽生，或长鬣委地的奇马，或有尾羽多于平常两倍的鸽子，或裂叶的大白屈菜，或无毛的中国冠毛犬，或多一歧趾的豚鼠等突然出现。有些动物和植物变化大些；有些变一些时候，以后又不大变；可是一代一代传下来，新变异总有发现。这种新变迁名曰变异和突变。在生存竞争中，具有这些变异的个体就入选，而适于生存的就成功，不怎么适宜的就逐渐被淘汰，越来越少，或者竟然绝种了。庞尼特教授曾经统计过：假如在 1 000 只动物中，忽然有 10% 起了相似的变化，而这些占 5% 优势，这样传到一百代后，所有动物都成了从前所谓新变种那样了！

我们在赛犬会上会看到许多变种犬。按照英文名称字母排列，有艾尔谷犬、寻血猎犬、牧羊犬、腊肠犬、爱斯基摩犬、猎狐梗、灵缇，等等，差不多每个字母下都有一种。它们都是狼和胡狼的后裔。变种时时发生，这是很神秘的。人类就挑出最爱的分开来，和同样的变种相配，就养出许多变种家犬。既然人们经历短时间就能做到，自然界经历极长的时间还做不到吗？生存竞争就代替了人类计划，像挑选、修整、接枝、择种、刈芟等手续，一方是自动，一方是人力所为。

我们到赛鸽会去，就看见扇尾鸽、凸胸鸽、翻飞鸽、毛领鸽、信鸽、快马鸽和许多别的变种，都是从野鸽传下来的。这种鸟仍住在苏格兰和别处海岸的穴里。人们挑选偶然出现的新品种来交配，就养出以上各变种。人类能在短时间内造出这么多品种，那么大自然自从侏罗纪刚开始有鸟起，经过千百万年的长时期，做出的事情当然更可观了！

我们再看不同的苹果变种，都是前人利用道旁的山楂树的善变性而栽植出来的。还有甘蓝菜的各种变种——如花椰菜、西兰花、抱子甘蓝、绿卷心菜等——都是从海岸野生的海甘蓝培育出来的。我们看了这些就会有同样的感想吧。

在古代，旧地壳各处隆起或下陷，成为大陆、海洋、高原和低地。地壳凸出后就会经历风化作用，而泥、沙和砾迁移到别处，受压力渐渐变硬，成为泥板岩、砂岩和砾岩，所以地面是由旧岩石一层一层重新堆积而成的，最古老的常在最下层，然而有时显出奇特的倾斜或其他杂乱的组织。古代海底和湖底堆积而成的岩石中，常有动物和植物的遗迹。从这些化石里，我们可以知道以往生物的最可靠的历史信息。这岩石的记载像一所图书馆。最老的书在书架最下层，稍新的书在稍高的一层，那最近所放置的书则在最高层。但是不幸书架损坏极多，并有毁于火灾的，那些书籍亦有遗失，所以各部都不大全，不过大体上我们仍可看出过去年代中文化的变更。

岩石里的化石也就是这样一个图书馆。它们虽不会说谎，但要我们细心去研究，这些化石很明显地告诉我们：千百万年以前，动物都是没有脊椎的，如海绵、珊瑚、蠕虫、海百合、三叶虫和海豆芽。后来鱼类出现了，起初是软骨的，后来是硬骨的。再过了很久，到了前石炭纪，开始有两栖动物出现。这时脊椎动物已能在陆地上立足，但还没有比两栖纲再高的动物。那些两栖动物是现在的蛙和蟾蜍的远亲。在石炭世，两栖纲曾有过它的黄金时代。那时沼泽中石松和木贼崩溃下来，堆积而成大煤层。再后的一纪（二叠纪）便开始有爬虫出现。有些古时的爬虫早已绝种，但未绝之前，就传下了后来的鸟和哺乳动物。

这就是生物演进的意义。一个时代一个时代下去，动物越演越精致，越来越能自主，动物的行为越来越自由，智力越来越敏捷，仁爱越来越深厚。在过去的时光里，生物慢慢地向上进行，有时突然跃进，直至最后人类出现。

凡适合于动物的理论也必适合于植物。一直过了很久，植物只有海藻和霉菌（藻和菌类），后来植物便占据了旱地。在一个时期（化石很少留下）繁生着简单植物，有点像今天的地钱和苔等，再过许久，地上植物大多数像羊齿一类——包含许多种羊齿和桫椤、木贼和石松。最后在羊齿类之间，生出最初的种子植物，之后更演变出真显花植物。这些终于占据了现在的植物的大半。这是一篇长且难叙的故事，但现在只要认清，植物界里也和动物界里一般，也有过长期的转变过程，大体上是越变越精致，越美丽。但是我们不知道高等动物所分明具有的心灵，是否也会在植物中活动过。

斯蒂芬孙最初发明火车，有一辆叫"蒸汽小火车"，这种机车极不完美！如果碰着了一头牛，还不知道谁要撞倒谁。这"蒸汽小火车"和现在的精良机关车比较就有天壤之别了。有两个最大不同之点：（1）现代的机车比"蒸汽小火车"复杂10倍，像鸟就比蚯蚓复杂得多；（2）现代机车易于控制得多，全部机关极其协调。鸟和蚯蚓不同之处也是这样。这就是高等动物的特点。

前面所讲的也可以用来解释动物的两种演化：（1）动物（器官功能）的演化渐渐变为更加复杂，分工也更加细化；（2）它们同时却又变得较易于调制，较为统一，较为整合。这是由于身体有了神经系统，而各部位又紧紧互相连贯，血液能周行全身，又有化学性质的使者，即"激素"对于和谐生活的调整有很大的功劳。

动物生命进化有一个要素，就是调整它的身体构造和机能，以便更适应于特别功用或所处的环境。试举非洲一种食卵蛇属的蛇为例子——它常常偷地穴里的卵为食，它没有好牙齿，数量也不多，但是能在口内咬住卵。若是卵壳在那时被咬破了，就损失不少养料。它能把下颚的右边伸前，紧紧地把卵咬在左边，然后用右边咬住卵，而伸展左边，这样将卵移动至口腔的后部。等卵落到多肌肉的吞咽部分（一切动物的咽）里，再整个不破地送下食道。这是很奇特的、不可思议的。它的食道的顶部竟生出带珐琅质的尖的牙齿，当卵下去时，卵壳恰恰被截破，没有一点东西流出口外。破了的卵壳之后从嘴里吐出，这蛇常常送回已空的蛋壳！这是多少种适应性突变联在一起啊——有固持东西用的牙齿，有两边会分动的颚，有死咬不放的口腔部分，有弹性的食道，有食道牙齿。这只是全部动物界均需要适合于环境的例子中特别明显的一个而已，植物界亦然。但是我们不得不想想，食道上怎样能生牙齿呢？原来这许多都是向下伸长而尖锐的突出物，自颈部脊骨的下面长出。脊椎动物常有这样的突出物，只有这种蛇长得长而锐利，以便适合于它的特别习性。这就是大自然的奇妙。

动物界里另一个大进步，无疑是倾向于感情、意志、理解等内心生活，即所称心灵，这使生活比较丰富，比较自由。我们已知道，蚂蚁或蜜蜂的心与猴或鸟的心不同，但也有相同之点——享乐、进取。生命上升的重大事实就是内心愈变愈重要。生命征服了物质，而心又指挥着生命。演化论的故事中不少是讲心怎样增加自由的故事。变形虫里只有些闪光，珊瑚只有些梦，蚁有些微光，逐步演进而成白昼。

总而言之，生物很早便布满海陆，不留一点空隙。它们经历很长的时间后，变得更复杂，越变越适合于环境。而在动物界里，生命则变得更丰满，更自由，因为有了心智的进化。

演化的成因

有机演化就是一种生成的过程。现在的动物区系和植物区系是由大体较简单些的先前的动物区系和植物区系衍化来的。我们可再向前找寻它的根源，但回溯到生物的原始时代，就很模糊了。巴特勒氏用音乐来譬喻生物的演化。音乐里的主题和反主题既已披露以后就再没有什么新奇，可是件件又都不陈旧。生物演化是段拖长的走法，其中主题和反主题可以说是饥饿和恋爱。目前天然的生物是渐渐从种族的变化而来，这就是演化概念所作的概括。然而，自一时代到一时代的进化（有时是退化）中的工作成因却不能这样阐明，这是演化原因论上的问题。现在演化原因理论还很幼稚。干练的博物学家们全都承认演化这一事实，但对于演化的成因，却不明了，仍不确定或全然不知。但是有些人一半因为头脑不清，一半由于学识上的不忠实，把专家自己承认对于演化成因不予论断一事，曲解成对于演化这一概括观念，专家犹豫不决。干练的博物学家断不至于这样犹豫。

我们可以对于有机演化另加以定义吗？这是很艰难的。我们暂且描述如下：有机演化就是种族变化的天然方法，向一定的方向进行，或不同的部分向几个确定的方向进行，经过一段时期，就有新的形体产生，出现新的变异，渐渐稳定而繁茂，与其祖先同时并进，或取而代之。"有机演化"须与"发育"区别清楚，因为发育是指个体的生成，例如一只松鼠或一株山毛榉从卵细胞长出。有机演化又不同于人类历史，因为人类知道过去，能操纵将来，又能计算身体以外社会遗产上的演化成绩，这都非别的动物所能做的。太阳系的形成也应该改叫别名，像"起源"一词或可适用。地球和其他行星从太阳上分离出来，和有机演化里的淘汰过程完全不同。星云里原有的"物质和能量"（须连成一体而论）经分化而变成太阳系，其中是没有选择的。在有机演化里，许多种加入竞争的生物到后来灭绝了，并非所有演化结果都有希望生存。

无机世界里与有机演化最相似的就是放射变化，像铀经过许多变化，就成氦和铅的一式，这种质变有点像物种的变化。然而现在知道的物理和化学的钟的发条都渐渐地松弛，只有有机的钟的发条仍旧能自行卷紧。前进的演化（例如从马和象的家系上所见），比后退的演化（如对寄生生活或安静株守生活的适应）更多，而且更突显生物的特色。现代化学家所发明创造的综合很像生活演化的综合。我们可以拿这些成绩来比作孟德尔派配种家或培种家所造出的混合种。离开人类的无生物里有无综合过程在进行中，现在很难研究。生物界里的演化却兼程前进，新的变异很是普通，盲螈仍旧踊跃，生命仍向上发展。

当我们想象到数万年有机演化史里的宏壮过程，我们不得不大为感动。在这个过程中产生了许多种不同的生命，现存共有 25 万多种各不相仿的动物。自古至今，从海洋到陆地，从地面到空中，无一处不充满着生命，各种不同的生物占据着四面八方，这是值得惊叹的。它能因环境而发生极细微的变迁，以期愈加适合而能生存，这也是一件惊人的事，在长时间里，生命向上进行，而智力继续发展，这是尤其重要的事实。

生命的中心秘密就是新样子的起源，譬如音乐家或画家的中心秘密是创造。有一种很可爱的鸟叫作"流苏鹬"，很少有两只雄的是同样的，因此名为"善变性"。每一只流苏鹬就是它自己，和其他不同。就是儿童也是如此。我们常说"酷似父亲"或"活像他的母亲"等，但在生物界里，实在并非如此！小孩的外貌或有像父母之处，唯有许多异点便不为人注意。骄傲的父母说得很对，因为世界上没有另外一个孩子恰像他们自己的孩子。也许他们的小孩并不特别强健、聪慧、好看，然而除了同样的孪生儿外，他总是单独无双的，一家人往往会相差得很远，这就叫"善变性"。

我们已经说过赛鸽会内有扇尾鸽、凸胸鸽、毛领鸽、快马鸽、信鸽、翻飞鸽和许多别的变种。从野鸽一种就变化出各变种家鸽来。这种野鸽至今在英国很多海崖上还很多。同样地，像交趾鸡、杜金鸡、汉堡鸡、安达卢西亚鸡、怀恩多特鸡、乌当鸡、丝羽乌骨鸡、爪哇鸡（即矮脚鸡），都自原鸡演变而来。在印度森林里，目前还有很多原鸡。我们试看自 16 世纪以后，金丝雀出了多少种族，甘蔗、苹果和小麦添了多少变种，又该怎样解说呢？像家犬和家马的系统内，虽然杂有野种血统，可是我们看到生物如此善变，仍不免惊讶失措。

人类豢养家畜，又栽培植物，因用人力可以保障随时出现的新变种，否则任其自然，这个变种将急速地消亡。然而自然界里也不是没有变化的，重大的事实即高尔顿爵士所说的"生物的变动"。无疑，有数种生物长久保持着不变，例如缸鱼，数百万年后好像仍是一样。可是在大多数生物种里，从某一种的许多个体里总常有新奇的变种被发现。岸边搁浅的水母、杜鹃所产各色的卵、树懒的脊椎、猿的牙齿、犬峨螺的壳、马铃薯甲虫的斑纹、荸荠的形状或三色堇的颜色，这许多都可以证明野生生物也像家畜和农作物一样有变异。但是自然界不像人类那样有包容性，许多尝试者方生方死。一只鸽的嘴太短，不能破卵壳而出，就不能在自然界里生存了。我们所饲养的变种犬，有许多如果在自然环境里，便要很快灭绝。

同种生物彼此间所显出的差异点，不尽有同等的演化研究价值，有些只是因为环境、食物、习惯不同，而只是稍稍改变所生的痕迹罢了，有些却因生殖细胞的神秘内容发生变化，而表现出来。前者的变化能否遗传，我们不敢肯定。至于后一类，的确能供给演化研究的原料。我们应当重视后者。用科学语气说，从"观测值差"的总数里，减去按理所能承认的"偶然变化"，留下来的只有"变异"。这些就造就了有效的新变种。

我们参观一位研究鳞翅目昆虫变种的专家所搜集的标本。我们如要看醋栗蛾一类，他就微笑并给我们三个抽屉看，里面有许多不同的变种标本，其余还有不少的例子也如此。总之，还是流苏鹬那句旧话。不过我们或者要对搜集家所藏的"变种"标本存疑，有些只是暂时的偶然变化，恰似营养不足的小孩面带苍白而已，这些对于演化方面并无多大价值。

假如有一大卷电影胶片，能够演出生物的演化史，以各个地质时期和各段生物年代为事例，自上午9点起以匀速播出，一刻不停地连播一天，那么人类要到午夜前数分钟才会露面！在各种生物中，只有人类知道有这出漫长的戏剧，可是连我们自己也未能参透这出大戏中的角色安排。

虽然博物学家对于有机演化的成因至今并不清楚，哲学家又不能去解释演化的用意，真正去发现些什么，可是远古以来，的确接连取得了许多成绩。这件事无可否认，毁灭、退化、恶化、寄生、死路都曾经有过。但从全局看来，有机演化到底是前进的，一代代过去，常有更高级、更精良的生物出现，例如感情、知觉和控制力的增加，即心灵逐渐发展。心灵的演化到了最高级的人类便表现得最显明，人的理解力、仁慈心和控制力都在进化，这样的演化现在仍在进行中。